纺织职业技术教育教材

纺织设备维修管理基础

夏鑫　主编

刘国亮　边继玲　副主编

中国纺织出版社

内 容 提 要

本书主要介绍了维修保养纺织设备所必需的钳工基本技能、机械基础知识、气压和液压知识、电气基础知识、零部件装配知识等，还介绍了管理纺织设备所必需的选型、购置、安装、试车等知识，以及光、电、气、液新技术在纺织设备上的应用情况。本书将传统实用的纺织设备维修技术与现代维修新技术相结合，突出了纺织设备维修的工作方法与过程，并列举了纺织设备的应用实例及对纺织生产和产品质量的影响，在力求系统性的基础上，以突出实践性、实用性和适用性。

本书可作为纺织类高职高专院校、技师学院和中等职业学校相关专业、课程的教材，也可作为纺织院校成人教育和企业职工培训的教材，并可供从事纺织设备维修管理的工程技术人员和保全保养工人学习参考。

图书在版编目（CIP）数据

纺织设备维修管理基础/夏鑫主编. —北京：中国纺织出版社，2014.3（2025.2重印）

纺织职业技术教育教材

ISBN 978 – 7 – 5180 – 0405 – 8

Ⅰ.①纺⋯ Ⅱ.①夏⋯ Ⅲ.①棉纺织设备—维修—技术教育—教材 ②棉纺织设备—设备管理—技术教育—教材 Ⅳ.①TS112

中国版本图书馆 CIP 数据核字（2014）第 010241 号

策划编辑：王军锋 责任编辑：王雷鸣 责任校对：楼旭红
责任设计：何 建 责任印制：何 艳

中国纺织出版社出版发行
地址：北京市朝阳区百子湾东里 A407 号楼 邮政编码：100124
销售电话：010—87155894 传真：010—87155801
http://www.c-textilep.com
官方微博：http://weibo.com/2119887771
北京虎彩文化传播有限公司印刷 各地新华书店经销
2025 年 2 月第 3 次印刷
开本：787×1092 1/16 印张：17.5
字数：300 千字 定价：42.00 元

前　言

　　随着科学技术的发展,新材料、新技术、新工艺在纺织设备上的广泛应用,新型纺织设备逐步实现机、电、光、气、液一体化。因此,如何用好、管好日益先进的纺织设备是纺织企业顺利生产的保证。目前纺织类院校开设的相关课程多侧重于对纺织设备及生产工艺作感性了解,而实际上,约有三分之一的学生以后所从事的工作主要是对纺织设备进行管理、操作、维护维修、革新改造等,以至于学生毕业后到生产企业才发现,自己的设备维修管理基础知识非常匮乏,难以适应企业要求。本书就是针对这一问题,以实用、够用的原则,突出操作技能,以图解的形式,配以简明的文字来说明具体的操作过程与操作工艺,有很强的针对性和实用性,克服了传统培训教材中理论内容偏深、偏多、抽象的弊端,突出了理论与实践的结合。本书使纺织类专业教学与纺织设备维修管理所涉及的知识相适应、相配合,也能够使学生全面了解和掌握纺织设备方面的综合知识。

　　本书具体介绍了维修管理新型纺织设备所必需的保全钳工操作技能、机械基础知识、气压和液压知识、电气基础知识、零部件装配知识等,还穿插介绍了光、电、气、液新技术在纺织设备上的应用情况。本书最大的特点是,对能够在各种标准中查到的内容简要介绍,针对影响设备运行和纺织品质量的要点尽量点出;对纺织设备零部件装配、维修所需要的基本知识具体介绍,以突出实践性、实用性和适用性。本书介绍的具体内容是从业者应掌握的基本知识和基本操作技能,书中提供的操作实例都是成熟的操作方法,便于学习者模仿和借鉴,避免在学习中走弯路,使其能更方便、更好地运用到实际生产中去。同时,本书在编写时力求简明扼要,联系实际,采用图文对照、列表说明,尽量做到例图清晰、形象准确,文字描述生动易懂。

　　本书在内容选取及表现形式上,切合职业教育人才培养模式改革要求,突出了教学过程的实践性、开放性和职业性理念,力求能够满足高职高专的学生在进行工程实践与实训的需要,指导实际操作,获得初步的操作技能;满足中等职业学校纺织类专业对纺织机械、机电相关课程教学和实训要求。由于本书实践性较强,故也可作为纺织企业中设备管理和技术管理人员的参考用书,还可以作为纺织设备维修工人的自学和培训资料。

　　本书的编写者均为纺织专业教师和纺织企业的设备维修管理人员。本书的主编为夏鑫(新疆大学),副主编为刘国亮(盐城工学院)和边继玲(山东淄川职业教育中心),参加编写的有杨国安(洛阳白马集团有限责任公司)、孙妍妍(安徽工程大学)、王显方(陕西工业职业技术学院)、吴卫平(沙洲职业工学院)、罗光崟(山东淄川职业教育中心)、夏志伟(濮阳新三强纺织有限公司)、方斌(浙江绍兴华通色纺有限公司)和张彦红。另外,景树波、朱新亮和王利华绘制了部分插图。本书在编写过程中,参考了其他教材和资料的内容,在此谨向有关参考资料的作者表示最诚挚的谢意。

由于光、电、液、气等技术在纺织设备上的应用技术发展较快,加之编者本身能力有限,本书在反映新技术、新装备等方面的知识和操作技能可能会有所疏漏和错误,不当之处恳请读者批评与指正。

编著者

2014.01

目　录

第一章 钳工常用的设备、工具和量具

纺织设备的维修工作由保全工承担。保全工实际就是负责专业化的装配和修理的钳工,在纺织企业一般被称为修机工、机修工、机工。因此,保全工必须具备相当的钳工知识和技术。

第一节 钳工常用设备

一、钳台

一般钳工用的钳台如图 1-1 所示。

(1)钳台的用途。钳台用木材或钢材制成,除用于收藏和放置钳工常用的各种工具、量具和准备加工的工件外,主要作用是安装台虎钳。

(2)钳台长、宽、高尺寸的确定。钳台台面一般是长方形,高度一般以 800～900mm 为宜,让钳口的高度与一般操作者的手肘平齐,使操作方便省力。

(3)钳台的放置。钳台要求安装牢固、平稳,一般要求必须紧靠墙壁,人站在一面工作,对面不准有人。如大型钳台对面有人工作时,中间必须安装密度适当的防护网。

(4)钳台的照明。如果钳台需要安装照明灯,那么其电压应是 36V 以下的安全电压。

(5)钳台上的杂物要及时清理,工具和工件要放在指定的地方。

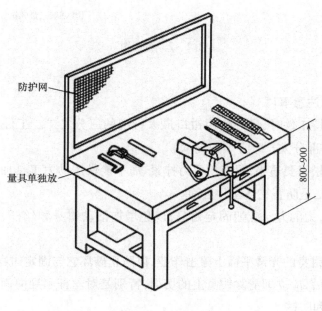

防护网

量具单独放

800～900

图 1-1 钳台

二、台虎钳

1. 台虎钳的用途、规格类型

（1）用途。台虎钳是专门夹持工件的。

（2）规格。台虎钳规格是指钳口的宽度，常用100mm、125mm、150mm等。

（3）类型。台虎钳有固定式和回转式两种（图1-2）。固定式台虎钳钳口的大小可转动手柄调节。回转式台虎钳除钳口可以调节外，钳身还可以相对于底座回转，能满足不同方位加工需要，使用方便、应用广泛。

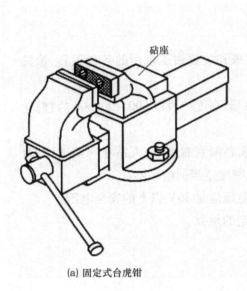

（a）固定式台虎钳

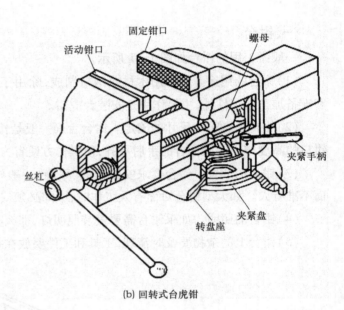

（b）回转式台虎钳

图1-2　台虎钳

2. 使用台虎钳的注意事项

（1）用台虎钳夹持工件时，只许使用钳口最大行程的三分之二。工件要放正，台虎钳手柄朝下。工件超出钳口部分太长时必须加支承。

（2）夹紧工件时松紧要适当，只能用手力拧紧，而不能借用助力工具加力，一是防止丝杠与螺母及钳身受损坏，二是防止夹坏工件表面。

（3）强力作业时，力的方向应朝固定钳身，以免增加活动钳身和丝杠、螺母的负载，影响其使用寿命。

（4）不能在活动钳身的光滑平面上敲击作业，以防止破坏它与固定钳身的配合性。

（5）台虎钳用完后，应立即清除钳身上的切屑，特别是对丝杠和导向面应擦干净，并加注适量机油，有利于润滑和防锈。

三、砂轮机

1.砂轮机的用途

砂轮机主要用来磨削各种刀具或工具(图1-3)。它的一些具体使用方法将在第二章中叙述。

2.砂轮机使用时的注意事项

(1)砂轮机禁止安装在正对着附近设备及操作人员或经常有人过往的地方,一般较大的车间应设置专用的砂轮机房。

(2)砂轮在经过整形修整后或在工作中发现不平衡时,应重复进行静平衡。这一方面防止加工工件表面产生多角形振痕;另一方面防止主轴的振动和轴承的磨损,避免造成砂轮破裂,甚至造成事故。

(3)砂轮机使用动力线,因此设备的外壳必须有良好的接地保护装置。

(4)使用砂轮机磨削工件时,操作者应站在砂轮的侧面,不得站在砂轮的正面进行操作,以免砂轮出故障时,砂轮飞出或砂轮破碎飞出伤人。

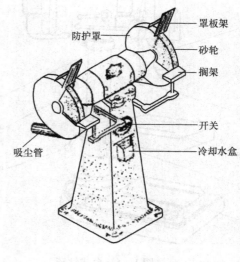

图1-3　砂轮机

(5)工件不可向砂轮猛击或撞击,必须逐渐施加压力。禁止操作者用力过大,因为砂轮都有一定的强度,用力过大会造成砂轮破碎,甚至伤人。

(6)砂轮机必须安装防护罩,搁架边缘不能离开砂轮工作面太远,以防工件被砂轮卷入。待砂轮正常运转后,再进行工作;在运转过程中,不能调整搁架或移动防护罩,以免发生危险。

(7)根据材料性质选用砂轮,轮面应保持洁净。

四、钻床

钻床是加工孔的设备。钳工常用的钻床有以下几种。一般台式钻床最为常用,所以详细介绍。

1.台式钻床

(1)台式钻床的结构特点。台式钻床(简称台钻)是一种小型钻床,一般用来钻直径为13mm以下的孔,规格是指所钻孔的最大直径,常用有6mm、12mm等几种规格。这种钻床具有很大的灵活性,能适应各种情况的钻孔需要。因台钻的加工孔径很小,故主轴转速往往很高(在400r/min以上),因此不宜在台钻上进行锪孔、绞孔和攻螺纹等操作。图1-4所示是一种常用的台式钻床,为方便观察其结构,上边的安全罩去掉了。台钻的布局形状跟立钻相似,但结构较简单。为保持主轴运转平稳,常采用V带传动,并由五级塔形带轮来进行速度变换。其中1级转速最高,5级转速最低。台钻调速的方法是使V带与不同带轮直径间进行连接(图1-5)。

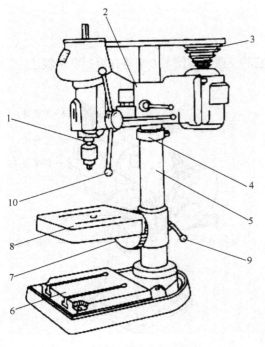

图1-4 台式钻床

1—主轴 2—头架 3—塔形带轮 4—保险环
5—立柱 6—底座 7—转盘 8—工作台
9—锁紧手柄 10—给进手柄

需说明的是，台钻主轴的进给只有手动进给，一般都具有控制钻孔深度的装置。钻孔后，主轴能在蜗圈弹簧的作用下自动复位。

（2）台钻的操作步骤。

①主轴转速的调整。需根据钻头直径和加工材料的不同，来选择合适的转速。调整时应先停止主轴的运转，打开罩壳，用手转动带轮，并将V带挂在小带轮上，然后再挂在大带轮上，直至将V带挂到适当的带轮上为止。

②工作台上下、左右位置的调整。先用左手托住工作台，再用右手松开锁紧手柄，并摆动工作台使其向下或向上移动到所需位置，然后再将锁紧手柄锁紧。

③主轴进给位置的调整。主轴的进给是靠转动进给手柄来实现的。钻孔前应先将主轴升降一下，以检查工件放置高度是否合适。

（3）台钻的使用维护注意事项。

①用压板压紧工件后再进行钻孔。当孔将钻透时，要减少进给量，以防工件甩出。

②钻孔时，工作台面上不准放置刀具、量具等物品。钻通孔时，须使钻头通过工作台面，要在刀孔或工件下面垫一垫块。

③台钻的工作台面要经常保持清洁。使用完毕，须将台钻外露的滑动面和工作台面擦干净，并加注适量润滑油。

1级
2级
3级
4级
5级

图1-5 台钻的调速

2.立式钻床

立式钻床一般用来钻中小型工件上的孔,其规格有 25mm、35mm、40mm、50mm 等几种规格。这种钻床的结构比较完善,功率较大,可以获得较高的生产效率和加工精度。它的主轴转速和机动进给量都有较大的变动范围,因而可以适应于不同材料的加工和进行钻孔、扩孔、锪孔、铰孔及攻螺纹等多种工作。

3.摇臂钻床

摇臂钻床(图 1 - 6)用于大工件及多孔工件的钻孔,除了钻孔外还能扩孔、锪平面、锪孔、铰孔、镗孔、套切大圆孔和攻螺纹等。

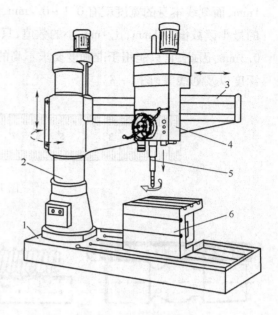

五、合理安排工作场地的几点要求

(1)合理的布局主要设备。

(2)毛坯和工件的摆放要整齐。

(3)合理整齐存放工、量具,并考虑到取用方便。

(4)保持工作场地的整洁。

图 1 - 6 摇臂钻床

1—底座 2—立柱 3—摇臂 4—主轴箱

5—主轴 6—工作台

第二节 钳工常用的量具

在维修纺织设备工作中,为保证工作质量,常常需要测量和检验设备安装状态和加工的工件尺寸,这些测量和检验所用的工具称为量具。由于测量和检验的要求不同,所用的量具也不尽相同。量具的种类很多,常用的量具有钢直尺、直角仪、卡钳、塞尺、游标卡尺等。现将它们的质量要求、正确使用方法、简易检验和维护要点介绍如下。

一、钢直尺

钢直尺为普通测量长度用的简单量具,一般用矩形不锈钢片制成,两边刻有线纹。

1.钢直尺的规格

钢直尺的测量范围有 0 ~ 150mm、0 ~ 300mm、0 ~ 500mm、0 ~ 600mm、0 ~ 1000mm、0 ~ 1500mm、0 ~ 2000mm 等七种规格。钢直尺的一端呈方形为工作端,另一端呈半圆形并附悬挂孔可用于悬挂。钢直尺的刻线间距为 1mm,也有的在起始 50mm 内加刻了刻线间距为 0.5mm 的刻度线。图 1 - 7 是常用的 150mm 钢直尺。

2.钢直尺的用途

钢直尺用于测量零件的长度尺寸,它的测量结果不太准确。这是由于钢直尺的刻线间距为

1mm,而刻线本身的宽度就有 0.1 ~ 0.2mm,所以测量时读数误差比较大,只能读出毫米数,即它的最小读数值为 1mm,比 1mm 小的数值,只能估计而得。由于钢直尺的允许误差为 ±0.15 ~ ±0.3mm,因此,它只能用于准确度要求不高的零件进行测量,可用于测量长度、螺距、宽度、孔径、深度以及划线等(图 1 - 8)。

图 1 - 7　钢直尺

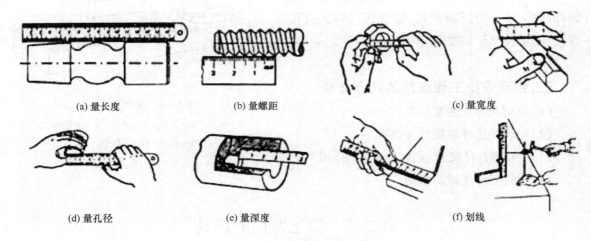

(a) 量长度　　　　　　　(b) 量螺距　　　　　　　(c) 量宽度

(d) 量孔径　　　　　　　(e) 量深度　　　　　　　(f) 划线

图 1 - 8　钢直尺的使用方法

3. 钢直尺使用的注意事项

(1)钢直尺使用时必须经常保持良好状态,尺的纵边必须光洁,不得有毛刺、锋口和锉痕等现象;尺的工作端边应光滑平直,并与纵边垂直;尺的工作面不得有碰伤和影响使用的明显斑点、划痕,线纹必须均匀明晰。

(2)钢直尺的测量位置,应根据零件形状确定。如测量矩形零件尺寸时,应使钢直尺的端面与零件的被测量面垂直。测量圆柱形零件时,应使钢直尺刻线面与圆柱形零件的轴线平行。测量圆柱零件的外径或内径时,应使尺端靠在零件的一边,另一端前后移动,求得最大读数值,即为零件的测量值。

(3)如果用钢直尺直接去测量零件的直径尺寸(轴径或孔径),则测量精度更差。其原因是:除了钢直尺本身的读数误差比较大以外,还由于钢直尺无法正好放在零件直径的正确位置。所以,零件直径尺寸的测量,也可以利用钢直尺和内外卡钳配合起来进行。

二、直角尺

直角尺主要用于工件直角的检验和划线,一般用金属制作。常用直角尺的形式有圆柱直角尺、三角形直角尺、刀口形直角尺、矩形直角尺、平面形直角尺、宽座直角尺几种,这里主要介绍宽座直角尺。宽座直角尺也俗称直角尺。

1. 直角尺的规格

直角尺如图 1-9 所示。其精度等级有 0 级、1 级和 2 级三种。0 级精度一般用于检验精密量具;1 级精度可用于精密工作的检验;2 级精度可用于一般工件的检验。纺织保全工一般用 2 级精度的直角尺。直角尺的规格用长边(L)×短边(B)表示,从 63mm×40mm 到 1600mm×1000mm 共 15 种规格。

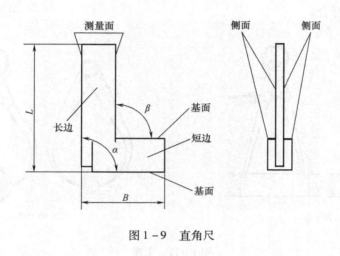

图 1-9 直角尺

2. 直角尺的使用和注意事项

(1)使用前应先检查各测量面和边缘是否有锈蚀、磁性、碰伤、毛刺等缺陷,然后将直角尺的测量面与被测量面擦拭干净。

(2)直角尺长边的前、后面和短边的上、下面都是工作面,长边的前面和短边的下面互相构成 90°角,也就是外角 α。长边的后面和短边的上面互相构成 90°角,也就是内角 β。

(3)使用时,将直角尺放在被测工件的工作面上,用光隙法来检查被测工件的角度是否正确。检验工件外角时,须使直角尺的内边与被测工件接触。检验内角时,则使直角尺的外边与被测工件接触,如图 1-10 所示。

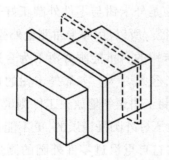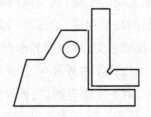

图 1-10 用角尺检查内、外角

（4）测量时，应注意直角尺的测量位置，不得倾斜。在使用和放置工件边较大的直角尺时，应注意防止弯曲变形。

三、卡钳

卡钳是最简单的比较量具，图1-11是常见的两种卡钳。外卡钳是用来测量外径和平面的，内卡钳是用来测量内径和凹槽。它们本身都不能直接读出测量结果，而是把测量得的长度尺寸（直径也属于长度尺寸），在钢直尺上进行读数；或在钢直尺上先取下所需尺寸，再去检验零件的直径是否符合。

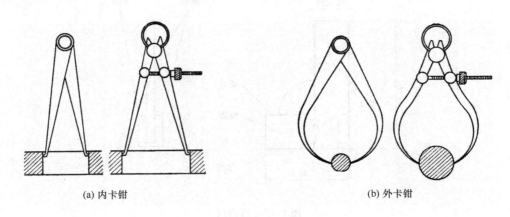

(a) 内卡钳 　　　　　　　　　　　　　(b) 外卡钳

图1-11　卡钳

1. 卡钳开度的调节

调节卡钳的开度时，应轻轻敲击卡钳脚的两侧面。先用两手把卡钳调整到和工件尺寸相近的开口，然后轻敲卡钳的外侧来减小卡钳的开口，敲击卡钳内侧来增大卡钳的开口。

2. 外卡钳的使用

外卡钳在钢直尺上取下尺寸时，如图1-12(a)。一个钳脚的测量面靠在钢直尺的端面上，另一个钳脚的测量面对准所需尺寸刻线的中间，且两个测量面的连线应与钢直尺平行，人的视线要垂直于钢直尺。

用已在钢直尺上取好尺寸的外卡钳去测量外径时，要使两个测量面的连线垂直零件的轴线，靠外卡钳的自重滑过零件外圆时，手的感觉应该是外卡钳与零件外圆正好是点接触。此时外卡钳两个测量面之间的距离，就是被测零件的外径。所以，用外卡钳测量外径，就是比较外卡钳与零件外圆接触的松紧程度，如图1-12(b)以卡钳的自重能刚好滑下为合适。如当卡钳滑过外圆时，手没有接触感觉，就说明外卡钳比零件外径尺寸大。如靠外卡钳的自重不能滑过零件外圆，就说明外卡钳比零件外径尺寸小。切不可将卡钳歪斜地放上工件测量，这样有误差，如图1-12(c)所示。由于卡钳有弹性，把外卡钳用力压过外圆是错误的，更不能把卡钳横着卡上去，如图1-12(d)所示。对于大尺寸的外卡钳，靠它自重滑过零件外圆的测量压力已经太大了，此时应托住卡钳进行测量，如图1-12(e)所示。

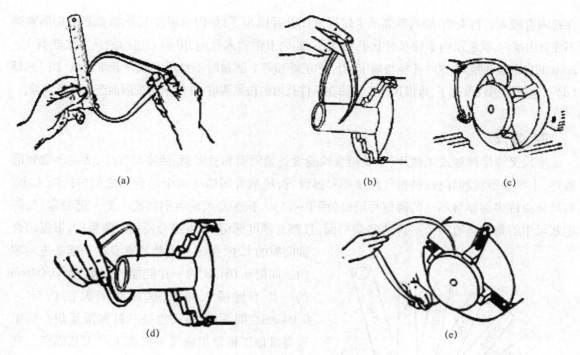

图 1 - 12　外卡钳的使用

3. 内卡钳的使用

用内卡钳测量内径时,应使两个钳脚的测量面的连线正好垂直相交于内孔的轴线,即钳脚的两个测量面应是内孔直径的两端点。因此,测量时应将下面的钳脚的测量面停在孔壁上作为支点[图 1 - 13(a)],上面的钳脚由孔口略往里面一些,逐渐向外试探,并沿孔壁圆周方向摆动。当沿孔壁圆周方向能摆动的距离为最小时,则表示内卡钳脚的两个测量面已处于内孔直径的两端点了。再将卡钳由外至里慢慢移动,可检验孔的圆度公差,如图 1 - 13(b)所示。用已在钢直尺上取好尺寸的内卡钳去测量内径[图 1 - 13(c)],就是比较内卡钳在零件孔内的松紧程度。如内卡钳

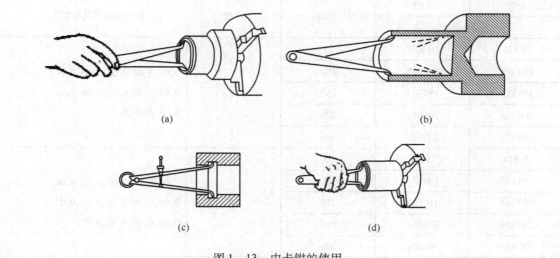

图 1 - 13　内卡钳的使用

在孔内有较大的自由摆动时,就表示卡钳尺寸比孔径内小了;如内卡钳放不进,或放进孔内后紧得不能自由摆动,就表示内卡钳尺寸比孔径大了;如内卡钳放入孔内,按照上述的测量方法能有1～2mm的自由摆动距离,这时孔径与内卡钳尺寸正好相等。测量时不要用手抓住卡钳测量[图1-13(d)],这样手感就没有了,难以比较内卡钳在零件孔内的松紧程度,并使卡钳变形而产生测量误差。

四、塞尺

塞尺又称厚薄规或测微片,主要用来检验设备紧固面和紧固面、活塞与气缸、活塞环槽和活塞环、十字头滑板和导板、进排气阀顶端和摇臂、齿轮啮合间隙等两个结合面之间的间隙大小。塞尺是由许多层厚薄不一的薄钢片组成(图1-14)。按照塞尺的组别制成一把一把的塞尺,每把塞尺中的每片具有两个平行的测量平面,且都有厚度标记,以供组合使用。测量时,根据结合面间隙的大小,用一片或数片重叠在一起塞进间隙内。如用0.03mm的一片能插入间隙,而0.04mm的一片不能插入间隙,这说明间隙在0.03～0.04mm之间,所以塞尺也是一种界限量规。纺织设备维修工也常用塞尺来检查生产工艺隔距。塞尺的规格见表1-1。

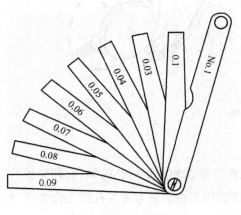

图1-14 塞尺

使用塞尺时必须注意下列几点。

(1)根据结合面的间隙情况选用塞尺片数,但片数愈少愈好。

(2)测量时不能用力太大,以免塞尺遭受弯曲和折断。

(3)由于塞尺有热胀性质,所以不能测量温度较高的工件。

表1-1 塞尺的规格

A型	B型	塞尺片长度(mm)	片数	塞尺的厚度及组装顺序
组别标记				
75A13	75B13	75		
100A13	100B13	100	13	0.02,0.02,0.03,0.03,0.04,
150A13	150B13	150		0.04,0.05,0.05,0.06,0.07,
200A13	200B13	200		0.08,0.09,0.10
300A13	300B13	300		
75A14	75B14	75		
100A14	100B14	100		1.00,0.05,0.06,0.07,0.08,
150A14	150B14	150	14	0.09,0.19,0.15,0.20,0.25,
200A14	200B14	200		0.30,0.40,0.50,0.75
300A14	300B14	300		

A 型	B 型	塞尺片长度(mm)	片数	塞尺的厚度及组装顺序
组别标记				
75A17	75B17	75		
100A17	100B17	100	17	0.50,0.02,0.03,0.04,0.05,
150A17	150B17	150		0.06,0.07,0.08,0.09,0.10, 0.15,0.20,0.25,0.30,0.35,
200A17	200B17	200		0.40,0.45
300A17	300B17	300		

五、游标卡尺

游标卡尺是一种常用的量具,具有结构简单、使用方便、精度中等和测量的尺寸范围大等特点,可以用它来测量零件的外径、内径、长度、宽度、厚度、深度和孔距等,应用范围很广。

1. 游标卡尺的结构形式

游标卡尺根据测量方式不同分为三种结构形式。

(1)测量范围为 0～125mm 的游标卡尺,制成带有刀口形的上下卡脚和带有深度尺的形式,如图 1 – 15 所示。

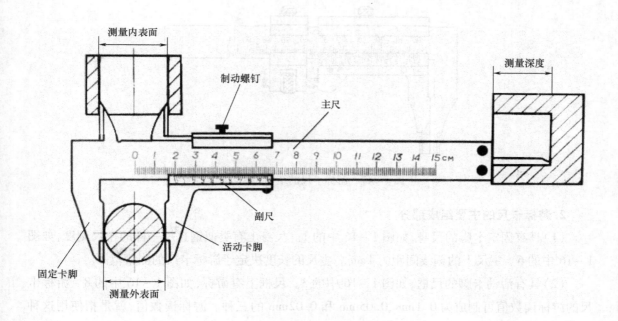

图 1 – 15　游标卡尺的结构形式之一

(2)测量范围为 0～200mm 和 0～300mm 的游标卡尺,可制成带有内外测量面的下卡脚和带有刀口形的上卡脚的形式,如图 1 – 16 所示。

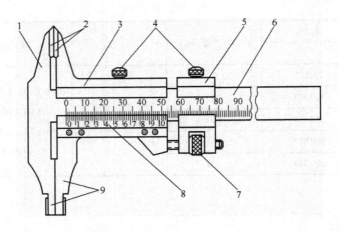

图 1 - 16　游标卡尺的结构形式之二

1—尺身　2—上卡脚　3—尺框　4—紧固螺钉　5—微动装置

6—主尺　7—微动螺母　8—游标　9—下卡脚

（3）测量范围为 0～200mm 和 0～300mm 的游标卡尺，也可制成只带有内外测量面的下卡脚的形式，如图 1 - 17 所示。而测量范围大于 300mm 的游标卡尺，只制成这种仅带有下卡脚的形式。

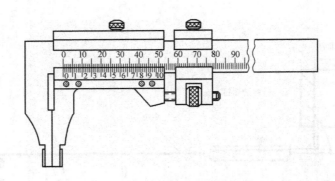

图 1 - 17　游标卡尺的结构形式之三

2. 游标卡尺的主要组成部分

（1）具有固定卡脚的尺身，如图 1 - 16 中的 1。尺身上有类似钢直尺一样的主尺刻度，如图 1 - 16 中的 6。主尺上的刻线间距为 1mm。主尺的长度决定于游标卡尺的测量范围。

（2）具有活动卡脚的尺框，如图 1 - 16 中的 3。尺框上有游标，如图 1 - 16 中的 8。游标卡尺的游标读数值可制成为 0.1mm、0.05mm 和 0.02mm 的三种。游标读数值，就是指使用这种游标卡尺测量零件尺寸时，卡尺上能够读出的最小数值。

（3）在 0～125mm 的游标卡尺上，还带有测量深度的深度尺，如图 1 - 15 所示。深度尺固定在尺框的背面，能随着尺框在尺身的导向凹槽中移动。测量深度时，应把尺身尾部的端面靠紧在零件的测量基准平面上。

（4）测量范围等于和大于 200mm 的游标卡尺，带有随尺框作微动调整的微动装置，如图 1-16中的 5。使用时，先用固定螺钉4 把微动装置 5 固定在尺身上，再转动微动螺母 7，活动卡脚就能随同尺框 3 作微量的前进或后退。微动装置的作用，是使游标卡尺在测量时用力均匀，便于调整测量压力，减少测量误差。

目前我国生产的游标卡尺的测量范围及其游标读数值见表 1-2。

表 1-2　游标卡尺的测量范围和游标卡尺读数值　　　　　　　mm

测量范围	游标读数值	测量范围	游标读数值
0~25	0.02,0.05,0.10	300~800	0.05,0.10
0~200	0.02,0.05,0.10	400~1000	0.05,0.10
0~300	0.02,0.05,0.10	600~1500	0.05,0.10
0~500	0.05,0.10	800~2000	0.10

3. 游标卡尺的读数原理和读数方法

（1）读数原理。游标卡尺是利用尺身的刻线间距与游标的刻线间距差来进行分度的。尺身刻线间距为 1mm，当游标的零刻线与尺身的零刻线对准时，尺身刻线的第 9 格（9mm）与游标刻线的第 10 格对齐，游标的刻线间距为：$9 \div 10 = 0.9（\mathrm{mm}）$。尺身与游标的刻线间距差为 0.1mm，游标卡尺的分度值就是 0.1mm，如图 1-18（a）所示。当游标零刻线后的第 n 条刻线与尺身的对应刻线对准时，其被测尺寸的小数部分等于 n 与分度值的乘数。当 $n=5$ 时，如图 1-18（b）所示。同理，把游标的格数分别增加到 20 格、50 格，尺身的刻线间距不变，当游标的零刻线与尺身的零刻线对准时，游标的尾刻线分别对准尺身刻线的第 19 格和 49 格，此时游标的刻线间距为 0.95mm 和 0.98mm，尺身与游标的刻线间距差为 0.05mm 和 0.02mm，这样就得到了分度值为 0.05mm 和 0.02mm 的游标量具。

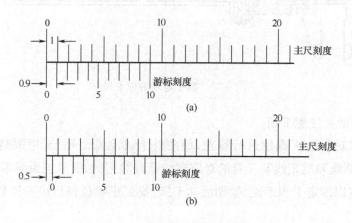

图 1-18　游标卡尺的读数原理

（2）读数方法。游标卡尺的读数是由毫米的整数部分和毫米的小数部分组成，读数方法如下。

①整数部分。游标零刻线左边尺身上第一条刻线开始,读到的是毫米的整数部分。

②小数部分。游标零刻线右边第几条刻线与尺身某一刻线对正,游标的格数乘以量具的分度值,为毫米的小数部分。如游标刻线不能与尺身刻线对正,对在比某一值大,比另一值小的位置,可读分度值的平均值。

③相加确定测量值。将毫米的整数部分与毫米的小数部分相加起来,就是被测工件的测量值。

4. 可视游标卡尺

以上所介绍的各种游标卡尺都存在一个共同的问题,就是读数不很清晰,容易读错。现在有一种游标卡尺装有测微表,称为带表卡尺(图1-19),便于读数准确,提高了测量精度;还有一种带有数字显示装置的游标卡尺(图1-20),这种游标卡尺在零件表面上量得尺寸时,就直接用数字显示出来,其使用极为方便。

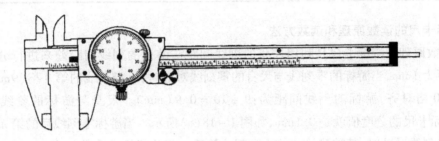

图1-19 带表卡尺

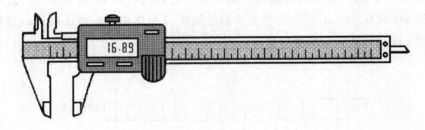

图1-20 数字显示游标卡尺

5. 游标卡尺的使用注意事项

(1)使用前,应对零值正确性进行检查,使两外卡脚测量面贴合,用眼睛观察应无明显光隙,观察游标的零刻线和尾刻线与尺身的对应刻线是否对正,如没对正说明零值不准确。

(2)测量时,应以固定卡脚定位,摆动活动卡脚,找到正确位置后进行读数。测量时两卡脚不应倾斜。

(3)用带深度的游标卡尺测量深度尺寸时,以游标卡尺尺身端面定位,然后推动尺框使深度尺测量面与被测表面贴合。同时应保证深度尺与测量尺寸方向一致,不得向任意方向倾斜。

(4)由于游标卡尺没有测力装置,测量时要掌握好测力。游标卡尺测量面与被测工件表面应保持正常滑动。有微动装置的游标卡尺,应用微动装置推动活动卡脚与被测表面很好地接触。使用微动装置时,将尺框上的活动卡脚调到接近被测尺寸的位置,拧紧微动装置上的紧固螺钉,转动微动螺母可使卡脚微动。

（5）由于受到位置上的限制或光线上的影响,在测量时不能直接读数时,必须用紧固螺钉将尺框锁紧后,方可离开读数。用下卡脚测量内尺时,除了读游标卡尺上的读数还要加上内卡脚的实际尺寸,才是被测工件的测量值。

六、高度游标卡尺

1. 高度游标卡尺的结构与用途

（1）高度游标卡尺的结构。高度游标卡尺的结构如图 1 – 21 所示,主要由底座、副尺和主尺组成。主尺固定在底座上,并与底座的下平面垂直,尺框下方带有安装测量卡脚和划线卡脚的固定臂。副尺通过螺钉与主尺连接,副尺可以在主尺上滑动,副尺上的紧固螺钉可把尺框固定在尺身的任一位置上,微动部分用于对游标做较小尺寸的调整。测卡脚的下测量面与底座工作面在同一平面时,高度测标卡尺的读数为零,高度游标卡尺是靠改变测卡脚测量面与底座基准面的相对位置进行测量高度和划线的。高度游标卡尺的分度值有 0.10mm、0.05mm、0.02mm 三种,其测量范围有 0 ~ 200mm、0 ~ 300mm、0 ~ 500mm 和 0 ~ 1000mm 四种。

（2）高度游标卡尺的用途。高度游标卡尺可测量精度在 IT14 级或低于 IT14 级工件的高度尺寸,也可做相对位置的测量,安上划线卡脚可做精密划线。

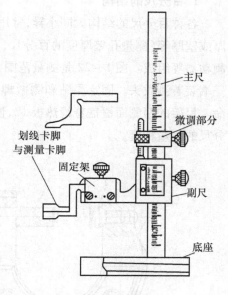

图 1 – 21　高度游标卡尺

2. 高度游标卡尺的使用和注意事项

（1）使用前先进行零值检查,使底座工作面与检验平板贴合,降下尺框使卡脚下测量面与平板贴合,观察游标与尺身零刻线是否对正,再看游标尾刻线与尺身相应刻线是否对正。对正就可以使用,否则就需要调整。

（2）使用时,要擦净测量面与被测表面,不要把铁屑、毛刺、油污等带入卡脚测量面与被测表面、底座工作面与测量基准面之间。

（3）测量外高度尺寸时,使用卡脚的下测量面。测量内高度尺寸时,使用卡脚的上测量面,并在测量值中加入卡脚的厚度,才是所测工件的内高度尺寸。

（4）在测量外高度尺寸时,应将卡脚下测量面提到略大于被测尺寸。测量内高度时,将卡脚测量面降到略下于被测尺寸,再用微动装置使卡脚测量面与被测表面贴合,读出被测尺寸。离开读数时,先用紧固螺钉锁紧尺框后,再离开工作读数。

（5）进行划线时，先换上划线卡脚，使工作的基准面与底座工作面和平板表面接触或使工作的基准面平行于底座工作面。在游标高度尺上定好所需的高度并用紧固螺钉把尺框锁紧，使划线卡脚的刃口与工作表面接触，稍加压力压住底座，同时推动底座，使划线卡脚沿划线的方向移动，就可以在工作表面划出线来。

（6）移动游标高度尺时，应手持底座，不得手握尺身，以免造成尺身变形。

七、百分尺

应用螺旋测微原理制成的量具，称为螺旋测微量具。它们的测量精度比游标卡尺高，并且测量比较灵活，因此，当加工精度要求较高时多被应用。常用的螺旋读数值为 0.01mm 和 0.001mm，相应量具称为百分尺和千分尺。工厂习惯上把百分尺和千分尺统称为百分尺或分厘卡。目前纺织设备维修时，大量用的是读数值为 0.01mm 的、测量工件外径的百分尺，这种百分尺也称为外径百分尺。现介绍百分尺为主，并适当介绍千分尺的使用知识。

1. 百分尺的结构

各种百分尺的结构大同小异，常用百分尺是用以测量或检验零件的外径、凸肩厚度以及板厚或壁厚等（测量孔壁厚度的百分尺，其量面呈球弧形）。百分尺由尺架、测微头、测力装置和制动器等组成。图 1-22 是测量范围为 0~25mm 的百分尺。尺架 1 的一端装着固定测砧 2，另一端装着测微头。固定测砧和测微螺杆的测量面上都镶有硬质合金，以提高测量面的使用寿命。尺架的两侧面覆盖着绝热板 12，使用百分尺时，手拿在绝热板上，防止人体的热量影响百分尺的测量精度。

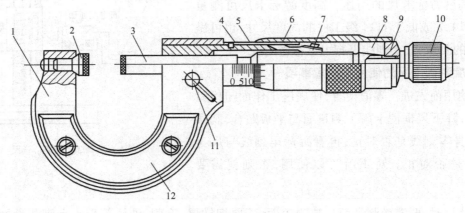

图 1-22　百分尺

1—尺架　2—测砧　3—测微螺杆　4—螺纹轴套　5—固定套管　6—微分筒
7—调节螺母　8—弹簧套　9—垫片　10—测力装置　11—锁紧装置　12—隔热装置

2. 百分尺的工作原理和读数方法

（1）百分尺的工作原理。如外径百分尺的工作原理就是应用螺旋读数机构，它包括一对精密的螺纹——测微螺杆与螺纹轴套，如图 1-22 中的 3 和 4，和一对读数套筒——固定套筒与微分筒,如图1-22中的5和6。

用百分尺测量零件的尺寸,就是把被测零件置于百分尺的两个测量面之间。所以两测砧面之间的距离,就是零件的测量尺寸。当测微螺杆在螺纹轴套中旋转时,由于螺旋线的作用,测量螺杆就有轴向移动,使两测砧面之间的距离发生变化。如测微螺杆按顺时针的方向旋转一周,两测砧面之间的距离就缩小一个螺距。同理,若按逆时针方向旋转一周,则两砧面的距离就增大一个螺距。常用百分尺测微螺杆的螺距为0.5mm。因此,当测微螺杆顺时针旋转一周时,两测砧面之间的距离就缩小0.5mm。当测微螺杆顺时针旋转不到一周时,缩小的距离就小于一个螺距,它的具体数值,可从与测微螺杆结成一体的微分筒的圆周刻度上读出。微分筒的圆周上刻有50个等分线,当微分筒转一周时,测微螺杆就推进或后退0.5mm,微分筒转过它本身圆周刻度的一小格时,两测砧面之间转动的距离为:0.5÷50=0.01(mm)。由此可知:百分尺上的螺旋读数机构,可以正确的读出0.01mm,也就是百分尺的读数值为0.01mm。

(2)百分尺的读数方法。在百分尺的固定套筒上刻有轴向中线,作为微分筒读数的基准线。另外,为了计算测微螺杆旋转的整数转,在固定套筒中线的两侧,刻有两排刻线,刻线间距均为1mm,上下两排相互错开0.5mm。

百分尺的读数值由三部分组成:毫米的整数部分、半毫米部分、小于半毫米的小数部分。百分尺的具体读数方法可分为三步。

①先读毫米的整数部分和半毫米部分。微分筒的端面是毫米和半毫米读数的指示线,读毫米和半毫米时,看微分筒端面左边固定套管上露出的刻线,就是被测工件尺寸的毫米和半毫米部分读数。

②读小于半毫米的小数部分。固定套筒上的纵刻线是微分筒读数的指示线。读数时,从固定套管纵刻线所对正微分筒上的刻线,读出被测工件小于半毫米的小数部分。如果纵刻线处在微分筒上的两条刻线之间,即为千分之几毫米,可用估读法确定。

③相加得测量值。将毫米的整数部分、半毫米部分,小于半毫米的小数部分相加起来,即为被测工件的测量值。

如图1-23(a)所示,在固定套筒上读出的尺寸为8mm,微分筒上读出的尺寸为27(格)×0.01mm=0.27mm,两数相加即得被测零件的尺寸为8.27mm;如图1-23(b)所示,在固定套筒上读出的尺寸为8.5mm,在微分筒上读出的尺寸为27(格)×0.01mm=0.27mm,上两数相加即得被测零件的尺寸为8.77mm。

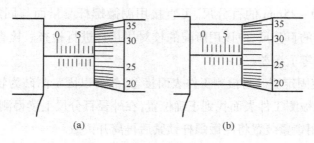

图1-23　百分尺的具体读数方法

在读取百分尺上的测量数值时,要特别留心不要读错0.5mm。

3. 百分尺的使用方法

百分尺使用得是否正确,对保持精密量具的精度和保证产品质量的影响很大。使用人员必须重视量具的正确使用,使测量技术精益求精,务使获得正确的测量结果,确保产品质量。使用百分尺测量零件尺寸时,必须注意以下几点。

(1)使用前,应把百分尺的两个测砧面揩干净,转动测力装置,使两个测砧面接触(若测量上限大于25mm时,在两个测砧面之间放入校对量杆或相应尺寸的量块)。接触面上应没有间隙和漏光现象,同时微分筒和固定套筒要对准零位。

(2)转动测力装置时,微分筒应能自由灵活地沿着固定套筒活动,没有任何阻卡和不灵活的现象。如有不灵活的现象,应送计量站及时检修。

(3)测量前,应把零件的被测量表面揩干净,以免有脏物存在时影响测量精度。绝对不允许用百分尺测量带有研磨剂的表面,以免损伤测量面的精度。用百分尺测量表面粗糙的零件亦是错误的,这样易使测砧面过早磨损。

(4)用百分尺测量零件时,应当手握测力装置的转帽来转动测微螺杆,使测砧表面保持标准的测量压力,即听到嘎嘎的声音,表示压力合适,并可开始读数。要避免因测量压力不等而产生测量误差。

绝对不允许用力旋转微分筒来增加测量压力,使测微螺杆过分压紧零件表面,致使精密螺纹因受力过大而发生变形,损坏百分尺的精度。有时用力旋转微分筒后,虽因微分筒与测微螺杆间的连接不牢固,对精密螺纹的损坏不严重,但是微分筒打滑后,百分尺的零位走动了,就会造成质量事故。

(5)使用百分尺测量零件时,要使测微螺杆与零件被测量的尺寸方向一致。如测量外径时,测微螺杆要与零件的轴线垂直,不要歪斜。测量时,可在旋转测力装置的同时,轻轻地晃动尺架,使测砧面与零件表面接触良好。

(6)用百分尺测量零件时,最好在零件上进行读数,放松后取出百分尺,这样可减少测砧面的磨损。如果必须取下读数时,应用制动器锁紧测微螺杆后,再轻轻滑出零件,把百分尺当卡规使用是错误的,因这样做不但易使测量面过早磨损,甚至会使测微螺杆或尺架发生变形而失去精度。

4. 注意事项

(1)零值检查。0~25mm的百分尺,可直接用测微螺杆测量面与固定测砧贴合来检查零位。测量下限大于零的百分尺,应该用所配的校对用量杆进行检查。检查时,百分尺读数与校对用量杆实际之差为零值误差。

(2)测量时,先使固定测砧与被测工件表面接触,然后以固定测砧为轴心,摆动测微头端使之测微螺杆测量面与被测工件表面找到正确位置,在外径百分尺上读得测量值。如果必须离开被测工件读数时,先用锁紧装置将测微螺杆锁紧后再离开读数。

为了获得正确的测量结果,可在同一位置上再测量一次。尤其是测量圆柱形零件时,应在同一圆周的不同方向测量几次,检查零件外圆有没有圆度误差,再在全长的各个部位测量几次,检查零件外圆有没有圆柱度误差等。对于超常温的工件,不要进行测量,以免产生读数误差。

(3)测量手法。左手指拿在百分尺隔热装置上,接近被测工件,右手放在微分筒上。当百分测量面与被测工件表面相差较远时,右手快速转动微分筒。当测量面与被测面将要接触时,右手换到测力装置上去,应平稳地转动转帽,待测力装置发出"咔,咔……"的响声后,就可以读数了。当测量完毕,要退出时,右手放在微分筒上逆时针转动微分筒退出,不可用测力装置退出,以免测力装置松动。

用单手使用百分尺时[图1-24(a)],可用大拇指和食指或中指捏住活动套筒,小指勾住尺架并压向手掌上,大拇指和食指转动测力装置就可测量。用双手测量时,可按图1-24(b)所示的方法进行。禁止用百分尺测量旋转运动中的工件,因为很容易使百分尺磨损,而且测量也不准确。

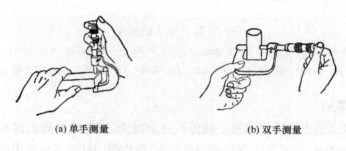

(a) 单手测量　　　　(b) 双手测量

图1-24　测量手法

(4)百分尺不能当卡规或卡钳使用,以免划坏外径百分尺的测量面。

八、百分表

百分表是一种指示式量仪,主要用来测量工件的尺寸、形状和位置误差,也可用于检验机床的几何精度或调整工件的装夹位置偏差,如平直度、圆跳动以及工件的精密找正。百分表的分度值为0.01mm,测量范围一般有0~3mm,0~5mm和0~15mm三种。按制造精度不同,百分表可分为0级、1级和2级。在纺织设备维修过程中,百分表常用来检查轴、辊、筒的平直度、圆跳动情况,作为校直的依据。

1. 百分表的结构和工作原理

百分表有大、小两个表盘,大表盘有100个格,小表盘上刻有每格为1mm的刻线。百分表的结构如图1-25所示,借助齿轮、齿条的传动,测杆做微小的直线位移,大指针也随之转动,从而使指针在表盘上指示出相应的示值。

当大指针转一圈(100个格),小指针就转动一格(为1mm)。即测杆上移动1mm时,大指针转1周。由于大表盘上共等分100格,所以大指针每转1格,表示量杆移动0.01mm。百分表的表圈可带动表盘起转动,用表圈把表盘的外环转到需要的位置上,大指针与表盘的外环可读出毫米的小数部分,小指针与小表盘可读出毫米的整数部分。

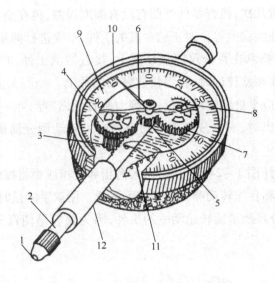

图 1 - 25 百分表的结构

1—测头　2—测杆　3—小齿轮　4、7—大齿轮　5—传动齿轮　6—大指针

8—小指针(毫米指针)　9—表盘　10—表圈　11—拉簧　12—装夹套筒

2. 使用和注意事项

(1)应按被测表面的不同形状采用不同的百分表测头,以保证读数正确和避免百分表损坏。例如球形表面用平面测头;圆柱形表面可用刀形测头;带沟槽圆柱形表面可用凹圆弧形测头。

(2)使用前,应对百分表的外观、各部相互作用、示值稳定性进行检查。不应有影响使用准确的缺陷,各活动部分应灵活可靠,指针不得松动。当测头与工件接触时,轻轻地拉动手提测量杆的圆头,拉起和放松几次,检查指针所指的零位有无改变。当指针的零位稳定后,再开始测量或校正零件的工作。如果是校正零件,此时开始改变零件的相对位置,读出指针的偏摆值,就是零件安装的偏差数值。

(3)百分表应牢固地装夹在表架夹具上(图 1 - 26),但夹紧力不宜过大,以免使装夹套筒变形,卡住测杆。夹紧后应检查测杆移动是否灵活,注意夹紧后再转动百分表。

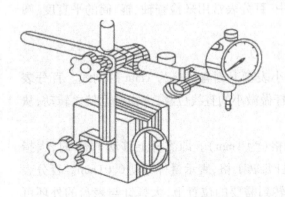

图 1 - 26　百分表安装在磁力表架上

(4)在测量时,应轻轻提起测杆,把工件移至测头下面,缓慢下降测头,使之与工件接触,以保持一定起始测量力。不准把工件强行推入至测头下,也不准急骤下降测头,以免产生瞬时冲击力,损坏百分表的机件而失去精度,给测量带来误差。因此,用百分表测量表面粗糙或有显著凹凸不平的零件是错误的。

在测头与工件接触时,测杆应有 $0.3 \sim 1 mm$ 的压缩量,使指针转过半圈左右,然后转动表圈,使表盘的零位刻线对准指针。

（5）测量时,测杆与被测工件表面必须垂直,否则将产生较大的测量误差。测量圆柱形或球形工件时,测杆轴线应与工件直径方向一致(图1－27),否则测杆升降不灵活,读数不正确。

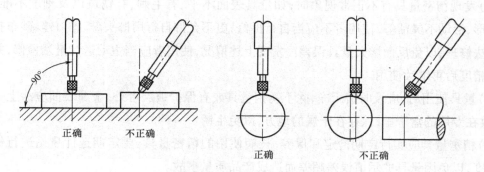

图1－27　百分表的测量方法

（6）测量杆上不要加油,以免油污进入表内,影响表的传动系统和测杆移动的灵活性。

（7）不能用酒精、汽油揩擦表盘上灰尘及油污,以免将刻度字迹擦掉。

（8）百分表失灵时,可送计量部门修理。如自行拆装,要送计量部门鉴定。

九、量具的维护和保养

正确地使用精密量具是保证产品质量的重要条件之一。要保持量具的精度和它工作的可靠性,除了在使用中要按照合理的使用方法进行操作以外,还必须做好量具的维护和保养工作。

（1）在机床上测量零件时,要等零件完全停稳后进行,否则不但使量具的测量面过早磨损而失去精度,且会造成事故。尤其是车工使用外卡时,不要以为卡钳简单,磨损一点无所谓,要注意铸件内常有气孔和缩孔,一旦钳脚落入气孔内,可把操作者的手也拉进去,造成严重事故。

（2）测量前应把量具的测量面和零件的被测量表面都要揩干净,以免因有脏物存在而影响测量精度。用精密量具如游标卡尺、百分尺和百分表等,去测量锻铸件毛坯,或带有研磨剂(如金刚砂等)的表面是错误的,这样易使测量面很快磨损而失去精度。

（3）量具在使用过程中,不要和工具、刀具(如锉刀、榔头、车刀和钻头等)堆放在一起,免碰伤量具。也不要随便放在机床上,免因机床振动而使量具掉下来损坏。尤其是游标卡尺等,应平放在专用盒子里,免使尺身变形。

（4）量具是测量工具,绝对不能作为其他工具的代用品。例如拿游标卡尺划线,拿百分尺当小榔头,拿钢直尺当螺丝刀旋螺钉,以及用钢直尺清理切屑等都是错误的。把量具当玩具,如把百分尺等拿在手中任意挥动或摇转等也是错误的,都是易使量具失去精度的。

（5）温度对测量结果影响很大,零件的精密测量一定要使零件和量具都在20℃的情况下进行测量。一般可在室温下进行测量,但必须使工件与量具的温度一致。否则,由于金属材料的热胀冷缩的特性,使测量结果不准确。

温度对量具精度的影响亦很大,量具不应放在阳光下或床头箱上,因为量具温度升高后,也量不出正确尺寸。更不要把精密量具放在热源(如电炉,热交换器等)附近,以免使量具受热变形而失去精度。

（6）不要把精密量具放在磁场附近，例如磨床的磁性工作台上，以免使量具产生磁性。

（7）发现精密量具有不正常现象时，如量具表面不平、有毛刺、有锈斑以及刻度不准、尺身弯曲变形、活动不灵活等，使用者不应当自行拆修，更不允许自行用榔头敲、锉刀锉、砂布打光等粗糙办法修理，以免反而增大量具误差。发现上述情况，使用者应当主动送计量站检修，并经检定量具精度后再继续使用。

（8）量具使用后，应及时揩干净，除不锈钢量具或有保护镀层者外，金属表面应涂上一层防锈油，放在专用的盒子里，保存在干燥的地方，以免生锈。

（9）精密量具应实行定期检定和保养，长期使用的精密量具，要定期送计量站进行保养和检定精度，以免因量具的示值误差超差而造成产品质量事故。

第三节　通用工具

在维修工作中，正确使用各种工具，可提高维修质量和工作效率，减轻劳动强度，达到多快好省的要求。除正确使用外，对工具还应注意维护，对有精度要求的工具还应定期检修，使工具经常处在良好状态，充分发挥作用。维修纺织设备常用的通用工具有扳手、榔头、钢丝钳、螺丝刀、钢锯、錾子、线锤等。此外，手电钻也经常使用。这些工具的使用、维护注意事项如下。

一、正确使用通用工具

1. 扳手

根据扳手的开口尺寸是否可变，分为活扳手和呆扳手。扳手用 45 号钢或用可锻铸铁制成，开口处的硬度一般为 HRC38 ~ 45，硬度太高易脆断；硬度太低扳口易发毛。常用的扳手如图 1 - 28 所示。

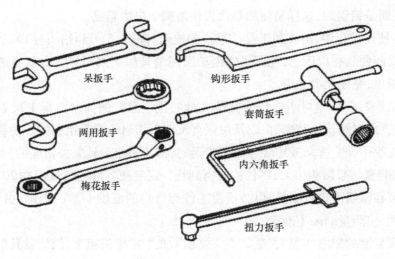

图 1 - 28　常用的扳手

（1）活扳手。活扳手的规格是指活扳手的全长（mm）常用的有 200mm、250mm、300mm 三种，使用时应根据螺母的大小选配。活扳手的扳口尺寸要调节合适，以防打滑发生事故。根据安全操作要求，凡是可用呆扳手的部位，不要使用活扳手。

使用活扳手时，要根据螺母、螺钉头的尺寸施加相适应的力，以免旋合不紧或扳断螺钉。使用时，一般右手握手柄，手越靠后，扳动起来越省力。在拧不动时，切不可采用钢管套在活扳手的手柄上来增加扭力，因为这样极易损伤活扳唇。也不得把活扳手当锤子用。

活扳手开口要灵活而无松动。扳动小螺母时，因需要不断地转动蜗轮，调节扳口的大小，所以手应握在靠近呆扳唇，并用大拇指调制蜗轮，以适应螺母的大小。活络扳手的扳口夹持螺母时，呆扳唇在上，活扳唇在下。活扳手切不可反过来使用。

（2）呆扳手。呆扳手的规格是指开口宽度（毫米）。呆扳手的扳口尺寸应与螺母、螺钉头一致。呆扳手手柄长度，是根据扳紧相应大小的螺母、螺钉头所需的不同力矩而设计的，一般取螺杆直径的 12～15 倍，注意不要接长手柄加大扳紧力矩，以防滑丝或折断零件。呆扳手单头和双头两种，其开口是和螺钉头、螺母尺寸相适应的，并根据标准尺寸做成一套。

①整体扳手有正方形、六角形、十二角形（俗称梅花扳手）。其中梅花扳手应用颇广，它只要转过 30°，就可改变扳动方向，所以在狭窄的地方工作较为方便。

②套筒扳手是由一套尺寸不等的梅花筒组成，使用时用弓形的手柄连续转动，工作效率较高。当螺钉或螺母的尺寸较大或扳手的工作位置很狭窄，就可用棘轮扳手。这种扳手摆动的角度很小，能拧紧和松开螺钉或螺母。拧紧时作顺时针转动手柄。方形的套筒上装有一只撑杆。当手柄向反方向扳回时，撑杆在棘轮齿的斜面中滑出，因而螺钉或螺母不会跟随反转。如果需要松开螺钉或螺母，只需翻转棘轮扳手朝逆时针方向转动即可。

③内六角扳手用于装拆内六角螺钉。

④棘轮扳手。棘轮扳手是一种手动松紧螺母的工具，只能向一个方向旋转，一般配合套管使用，但它的棘轮有最大力矩。这种扳手摆动的角度很小，一般用于拧紧和松开处在狭窄或难于接近的位置的螺栓或螺母。

⑤扭力扳手有一根长的弹性杆，其一端装着手柄，另一端装有方头或六角头，在方头或六角头套装一个可换的套筒用钢珠卡住。在顶端上还装有一个长指针。刻度板固定在柄座上，每格刻度值为 1N（或 kg/m）。当要求一定数值的旋紧力，或几个螺母（或螺钉）需要相同的旋紧力时，则用这种扳手。

2. 榔头

根据零件表面加工状况和材料软硬，分别选用钢榔头、铜榔头或其他软质榔头。榔头的规格是以重量而定。钢榔头硬度一般为 HRC40～45。敲击加工面要用铜榔头和木榔头，不要用钢榔头敲击加工面，以免损伤零件；不要用手柄松动的榔头，以免发生事故。

3. 钢丝钳

使用钢丝钳钳断金属丝时，金属丝愈粗，应离支点愈近，以便保护钳口。不要用钢丝钳代替扳手，以免扳毛螺母、螺钉头。

4. 螺丝刀

螺丝刀用碳钢制造,头部淬火,有一定硬度,其规格是指除木手柄以外的长度(毫米)。使用时,不要用小螺丝刀拧大螺钉,也不要用螺丝刀当凿子使用,以免损伤工具和机件。螺丝刀的头部形状有一字形和十字形两种。

5. 锉刀

根据加工余量、尺寸精度和加工光洁度的要求,分别选用粗、中、细齿锉刀。不要用细锉锉软金属,以免嵌齿打滑。锉刀沾油时,可用粉笔涂在锉刀上,然后用锉刷清除油垢。

6. 锯条

根据材料软硬及尺寸厚度,选用不同齿距、不同硬度的锯条。锯软金属、软钢、铸铁或较厚的零件,可用粗齿(14~18 齿/25mm);锯硬金属、高碳钢、黄铜或较厚的管子,可用中齿(20~24齿/25mm);锯薄管、薄板,可用细齿(32 齿/25mm)。锯铸铁、硬钢、硬钢及较厚的零件,可用全硬锯条,锯软钢或其他韧性材料及较薄的零件,可用软背锯条。

7. 錾子

根据被加工材料软硬,选用不同锋口楔角,一般硬钢为 60°~70°,铸铁及中硬钢为 50°~60°,软钢及其他软金属为 30°~500°。錾子尾部不能碰油,以防打滑发生事故;毛边要随时磨掉,以免飞屑伤人,并使锤打平稳。

8. 手电钻

电钻有手提式电钻和手枪式电钻之分,是一种手提式电动工具,具有体积小、重量轻、使用灵活、携带方便、操作简单等优点。工作前要认真检查接地线是否正常。钻孔时应先在钻心位置上打好样冲眼;操作时,左手应扶住电钻头部并控制钻孔位置,用右手握住开关手柄相互配合,并与钻孔中心线一致。还应注意的是,钻孔时从右手加轴向力并在钻削过程中扶正握紧,以免工具晃动。另外,刚进给时加力要小,预钻后需检查钻削位置是否正确,待钻尖全部进入后再加力,将要钻透时应减少进给力。

二、正确维护通用工具

1. 要经常保持工具工作部位的技术要求

例如,在砂轮上磨錾子或螺丝刀时,要防止退火。如已退火,要重新淬火。锉刀不用时要及时刷去锉屑,以免生锈和影响锉削效率;锉刀不要相互叠压,以免碰伤锉齿。锯条断齿后,应将断齿附近几齿磨成圆弧再用。

2. 不要超负荷使用

例如,不要让活扳手的活扳唇承受主要扳力,以免损坏活动爪;不要用小螺丝刀旋大螺丝钉,以免刀口爆裂;不要用钢丝钳钳断硬钢丝;不要用榔头敲打钢丝钳钳断过粗的金属丝,以免钳口损坏。

3. 不要作不合理的代用

例如,不要用扳手、钢丝钳代替榔头重敲零件,以免损伤工具;不要用锉刀代替砂轮锉削过硬的零件,以免损伤锉齿;不要用螺丝刀代替錾子、撬棒,以免损坏螺丝刀。

习题

1. 保全钳工常用的设备有哪些？并掌握它们的使用操作方法。
2. 保全钳工常用台钻的原理与结构是什么？并掌握其操作方法。
3. 保全钳工常用的量具有哪些？并掌握其使用方法。
4. 保全钳工常用的工具有哪些？并掌握其使用方法。

第二章　钳工的基本技能

所谓钳工工作,一般指使用手工工具进行操作,对机配件进行加工、安装和修理。钳工工作的基本技能有划线、刮削、研磨、錾削、锯削、挫削、孔加工(钻孔、扩孔、锪孔、铰孔)、螺纹加工(攻螺纹与套螺纹)、矫正与弯曲、铆接、技术测量、简单的热处理等,并能对部件或机器进行装配、调试、维修等。通过本章的学习,纺织保全工可以掌握钳工工作中的划线、刮削、研磨、錾削、锯削、锉削、孔加工(钻孔、扩孔、锪孔、铰孔)、螺纹加工(攻螺纹与套螺纹)等的基本操作技能及相关理论知识,为又好又快维修纺织设备打下坚实的基础。

第一节　划线

划线是根据图样的尺寸或技术文件要求,用划针工具在毛坯或半成品上划出待加工部位的轮廓线(或称加工界限)或作为基准的点、线的一种操作方法。划线是机械加工的重要工序之一,广泛应用于单件和小批量生产,是钳工应该掌握的一项重要操作。本节主要介绍划线的作用及种类、划线工量具、划线基准和平面划线的方法等基本知识。

一、划线的作用、种类和要求

1. 划线的作用

(1)确定工件的加工余量,明确尺寸的加工界线。

(2)在板料上按划线下料,可以正确排料,合理使用材料。

(3)便于复杂工件在机床上安装,可以按划线找正定位。

(4)能够及时发现和处理不合格的毛坯,避免加工后造成损失。

(5)采用借料划线可以使误差不大的毛坯得到补救,使加工后的零件仍能符合要求。

2. 划线的种类

(1)平面划线—即在工件的一个平面上划线后即能明确表示加工界限,它与平面作图法类似。

(2)立体划线—是平面划线的复合,是在工件的几相互成不同角度的表面(通常是相互垂直的表面)上都划线,即在长、宽、高三个方向上划线。

3. 划线要求

划线除要求划出的线条清晰均匀外,最重要的是保证定形、定位尺寸准确。在立体划线中还应注意使长、宽、高三个方向的线条互相垂直。当划线发生错误或准确度太低时,就有可能造成工件报废。由于划出的线条总有一定的宽度,以及在使用划线工具和测量调整尺寸时难免产生误差,所以不可能绝对准确。一般划出的线条有一定宽度,划线误差为 0.25 ~ 0.5mm,故通常不能以划线来确定最后尺寸,还是在加工过程中需依靠测量来控制尺寸精度。

二、划线的工量具及其用法

按用途不同划线工具分为基准工具、支承装夹工具、直接绘划工具和量具等。

1. 基准工具

划线的基准工具是划线平台。划线平台由铸铁制成,其平面是划线的基准平面,要求非常平直和光洁。其使用时要注意以下几点。

(1)安放时要平稳牢固、上平面应保持水平。

(2)平板不准碰撞和用锤敲击,以免使其精度降低。

(3)长期不用时,应涂油防锈,并加盖保护罩。

2. 夹持工具

夹持工具包括方箱、千斤顶、V 形铁、角铁等。

(1)方箱。方箱是用铸铁制成的空心立方体,六面都经过精加工。方箱上设有 V 形槽和压紧装置,用于夹持、支承尺寸较小而加工面较多的工件(图 2 - 1)。通过翻转方箱,便可把工件上互相垂直的线在一次安装中全部划出来。

(2)千斤顶。千斤顶是在平板上支承较大及不规划工件时使用,其高度可以调整,以便找正工件(图 2 - 2)。通常用三个千斤顶支承工件。

(3)V 形铁。V 形铁是在平板上用以支承工件的。工件的圆柱面用 V 形铁支承,要使工件轴线与平板平行,如图 2 - 3 所示。

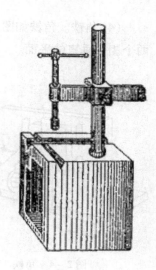

图 2 - 1 方箱

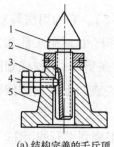 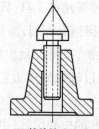

(a) 结构完善的千斤顶　　(b) 简单的千斤顶　　(c) 带钢珠的千斤顶螺杆　　(d) 平端的千斤顶螺杆

图 2 - 2　千斤顶

1—顶杆　2—圆螺母　3—锁紧螺母　4—定向螺母　5—千斤顶座

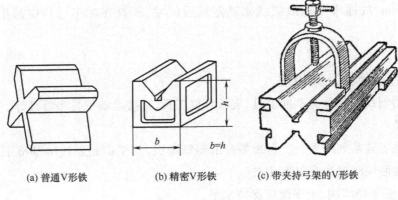

(a) 普通V形铁   (b) 精密V形铁   (c) 带夹持弓架的V形铁

图 2-3   V形铁

（4）角铁。角铁如图 2-4 所示，通常要与压板配合使用，用来夹持需要划线的工件，它有两个相互垂直的平面。

3. 直接绘划工具

直接绘划工具包括划针、划规、划卡、划盘和样冲等。

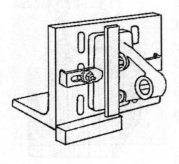

图 2-4   角铁

（1）划针是直接在工件表面划线用的工具。常用的划针用工具钢或弹簧钢制成（有的划针在其尖端部位焊有硬质合金），直径为 3~6mm。其使用注意要点：在用钢直尺和划针连接两点的直线时，应先用划针和钢直尺定好后一点的划线位置，然后调整钢直尺使与另一点的划线位置对准，再划出两点的连接直线；划线时，一只手压紧导向工具，另一只手使针尖靠紧导向工具的边缘，上部向外侧倾斜 10°~15°，向划线移动方向倾斜 45°~75°。针尖要保持尖锐，划线要尽量一次划成，使划出的线条，既清晰又准确。划线时，用力大小要均匀适宜。

（2）划规是划圆或弧线、等分线段及量取尺寸等用的工具（图 2-5）。它的用法与制图的圆规相似。其使用注意要点：划规两脚的长短要磨得稍有不同，而且两脚合拢时脚尖能靠紧，这样才可划出尺寸较小的圆弧；划规的脚尖应保持尖锐，以保证划出的线条清晰；用划规划圆时，作为旋转中心的一脚应加以较大的压力，另一脚则以较轻的压力在工件表面上划出圆或圆弧，以避免中心滑动。

（3）划卡也称单脚划规，主要用于确定轴和孔的中心位置，也可用来划平行线（图 2-6）。

（4）划盘主要用于立体划线和校正工件的位置。它由底座、立杆、划针和锁紧装置等组成。其使用注意要点：使用划线盘时，划针伸出部分应尽量短些，并要牢固地夹紧，以避免划线时产生振动和尺寸变动；使用完后，将划针直头端向下并处于直立状态，以保证安全和减少所占的空间。

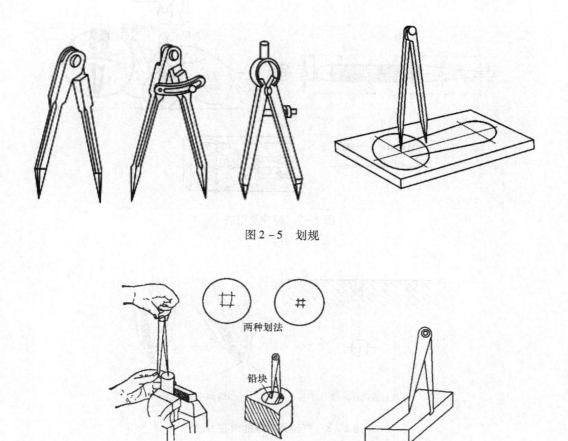

图 2-5 划规

两种划法

铅块

(a) 定轴线　　(b) 定孔中心　　(c) 划平行线

图 2-6 划卡及用法

（5）样冲用于在工件划线点上打出样冲眼,以备所划线模糊后仍能找到原划线的位置。在划圆和钻孔前,应在其中心打样冲眼,以便定心。冲点方法:先将样冲外倾使尖端对准线的正中,然后再将样冲立直冲点。冲点要求:位置要准确,冲点不可偏离线条,样冲眼在线上距离要相等;在曲线上冲点距离要小些,在直线上冲点距离可大些,但短直线至少有三个冲点;在线条的交叉转折处必须冲点;冲点的深浅要掌握适当,在薄壁上或光滑表面上冲点要浅,粗糙表面上要深些(图 2-7)。如果样冲眼打歪了,可采用如图 2-8 所示的方法去纠正。

4.量具

量具包括钢尺、直角尺、高度尺(普通高度尺和高度游标尺)等。

（1）钢尺是简单的测量工具和划直线的导向工具。

（2）直角尺的两条直角边互成精确的 90°角,是钳工常用的测量工具。划线时,直角尺常作为划平行线条和垂直线条的导向工具,也可用来在立体划线时找正工件在平板上的垂直线和垂直面(图 2-9)。

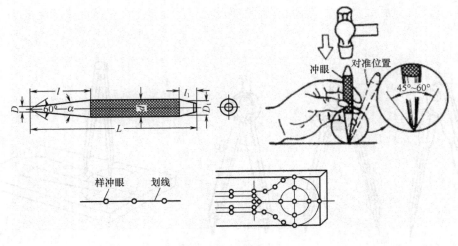

图 2 - 7　样冲及用法

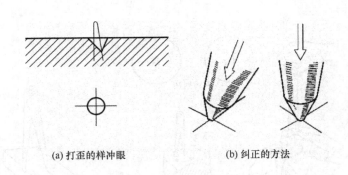

(a) 打歪的样冲眼　　　　　　(b) 纠正的方法

图 2 - 8　打歪样冲眼的纠正方法

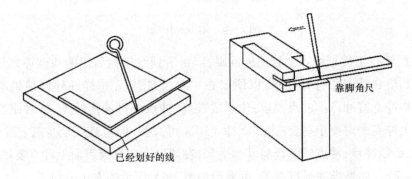

图 2 - 9　直角尺及用法

（3）高度尺有普通高度尺和游标高度尺两种。

①普通高度尺由钢直尺和底座组成,用以给划线盘量取高度尺寸。

②游标高度尺是附有划针脚的精确量具和划线工具,能直接表示出高度尺寸（图 2 - 10）。其读数精度一般为 0.02mm,可作为精密划线工具,常用于在半成品上划线。划线时,应使量爪垂直于工件一次划出。

三、划线前的准备工作

1. 熟悉图纸

划线前应熟悉图纸,做到心中有数;明确需要哪些工具,先划哪些线条,后划哪些线条等。

2. 工件的清理

划线前,应除去工件表面的氧化皮、毛边、残留的污垢等,为涂色和划线做准备。

3. 工件的检查

划线前应对工件进行检查,及时发现缺陷并予修正及剔除废品,以免造成损失。

4. 工件的涂色

为了使划出的线条清晰,一般划线前应在工件的需要划线的表面上涂上一层薄而均匀的涂料。一般铸铁件涂石灰水,小件涂粉笔,半成品涂蓝油(或称蓝钒)或硫酸铜溶液。

5. 在工件孔中装中心塞块

划线前,当在有孔的工件上划圆或等分圆周时,为了在求圆心时能固定划规的一脚,须在孔中塞入塞块。常用的塞块有铅条、木块或可以调的塞块。铅条用于较小的孔,木块和可以调的塞块用于较大的孔。

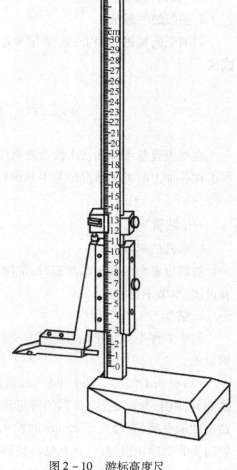

图 2 – 10 游标高度尺

四、基本线条的划线方法

任何工作图样都是由直线、曲线、圆、圆弧等线型组合而成的,为在待加工表面上划出上述线型或工件轮廓,就必须懂得简单线型的划法。它包括划平行线、划垂直线、划角度线、等分圆周作正多边形、划直线与圆弧相切、划圆弧与圆弧相切等。这些线型的划法在机械制图的书中有介绍,这里不再详细讲述。

1. 平行线的划法

(1)用钢直尺或钢直尺与划规配合划平行线。

(2)用单脚规划平行线。

(3)用钢直尺与直角尺配合划平行线。

(4)用划线盘或高度游标卡尺划平行线。

2. 垂直线的划法

(1)用直角尺划垂直线。

31

（2）用划线盘或高度游标卡尺划垂直线。

（3）几何作图法作垂直线。

3. 圆弧线的划法

划圆弧前要先划中心线,确定中心点,在中心点打样冲眼,然后用划规以一定的半径划圆弧。

第二节　钻孔、锪孔、扩孔和铰孔

在纺织设备维修和技术改造过程中,会经常遇到需要钻孔、锪孔和铰孔的工作。故本节主要讲在孔加工时需要掌握的基本知识和基本技能。

一、钻孔

1. 钻孔的机具

纺织设备维修和技术改造时,常用的钻孔机具有台钻和手电钻等。其相关知识在第一章已有讲述,本节不再赘述。

2. 钻头

钻头的种类有麻花钻、扁钻等。麻花钻是钻孔常用的工具,简称麻花钻或钻头,一般用高速钢制成。

（1）钻头的结构。钻头由柄部、颈部和工作部分组成,如图 2 - 11 所示。柄部是钻头的夹持部分,用来传递钻孔时所需的转矩和轴向力。它有直柄和锥柄两种。一般直径小于 13mm 的钻头做成直柄,直径大于 13mm 的钻头做成莫氏锥柄。颈部位于柄部和工作部分之间,用于磨制钻头时供砂轮退刀用,也是钻头规格、商标、材料的打印处。工作部分由切削部分和导向部分组成,是钻头的主要部分。导向部分起引导钻削方向和修光孔壁的作用,是切削部分的备用部分。

麻花钻的切削部分由五刃(两条主切削刃、两条副切削刃和一条横刃)六面(两个前刀面、两个后刀面和两个副后刀面)组成。

（2）钻头的刃磨(图 2 - 12)。操作者站在砂轮的左侧,右手握住钻头的工作部分,食指尽可能靠近切削部分作钻头摆动的支点。将主切削刃与砂轮中心面放置在一个水平面内,且使钻头的轴线与砂轮圆柱面母线在水平面内的夹角为顶角的一半,这是刃磨主切削刃的要领。右手操纵钻头绕自身轴线微量转动,磨削到整个后刀面;左手握住钻柄作上下摆动,磨出不同的后角。两手的动作必须稳定、协调一致,转动的同时上下摆动。磨好一个主切削刃后,钻头与砂轮相对位置不动,翻转180°磨另一个主切削刃。左手摆动钻柄时不得高出水平面,以免磨出负后角。粗磨时,一般后刀面的下部先接触砂轮,左手上摆进行刃磨;精磨时,一般主切削刃先接触砂轮,左手下摆进行刃磨,且磨削量要小,刃磨时间要短。整个刃磨过程中,钻头经常浸水冷却以免退火。

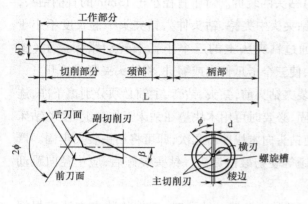

图 2-11　钻头的结构

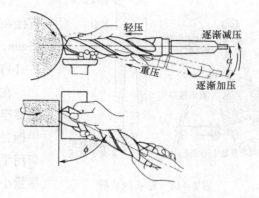

图 2-12　麻花钻的刃磨

3.钻孔方法

（1）钻孔工件的划线。钻孔工件的划线,按孔的尺寸要求,划出十字中心线,然后打上样冲眼,样冲眼的正确、垂直,直接关系到起钻的定心位置。如图 2-13 所示,为了便于及时检查和借正钻孔的位置,可以划出几个大小不等的检查圆。对于尺寸位置要求较高的孔,为避免样冲眼产生的偏差,可在划十字中心线时,同时划出大小不等的方框,作为钻孔时的检查线。

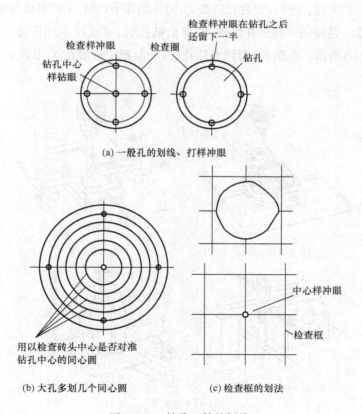

图 2-13　钻孔工件的划线

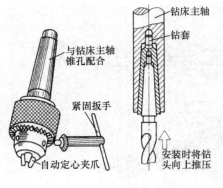

图 2 - 14　钻头的装拆

（2）钻头的装拆。对于直径小于 13mm 的直柄钻头，直接在钻夹头中夹持，钻头伸入钻夹头中的长度不小于 15mm，通过钻夹头上的三个小孔来转动紧固扳手（图 2 - 14），使三个卡爪伸出或缩进，将钻头夹紧或松开。

在装夹钻头前，钻头、钻套、主轴必须分别擦干净，连接要牢固，必要时可用木块垫在钻床工作台上，摆动钻床手柄，使钻头向木块冲击几次，即可将钻头装夹牢固。严禁用手锤等硬物敲击钻头。钻头装好后，应使径向跳动尽量小。

（3）工件的夹持。钻孔时，工件的装夹方法应根据钻孔直径的大小及工件的形状来决定。一般钻削直径小于 8mm 的孔，而工件又可用手握牢时，可用手拿住工件钻孔，但工件上锋利的边角要倒钝，当孔快要钻穿时要特别小心，进给量要小，以防发生事故。除此之外，还可采用其他不同的装夹方法来保证钻孔质量和安全。

①用手虎钳夹紧。在小型工件、板上钻小孔或不能用手握住工件钻孔时，必须将工件放置在定位块上，用手虎钳夹持来钻孔。

②用平口钳夹紧。钻孔直径超过 8mm 且在表面平整的工件上钻孔时，可用平口钳来装夹，如图 2 - 15（a）所示。装夹时，工件应放置在垫铁上，防止钻坏平口钳，工件表面与钻头要保持垂直。

③用压板压紧。遇到钻大孔或在圆轴、套筒上钻孔时，可直接用压板将工件固定在钻床工作台，如图 2 - 15（b）所示。在圆轴、套筒上钻孔时，一般把工件放在 V 形铁上并固定，如图 2 - 15（c）所示。

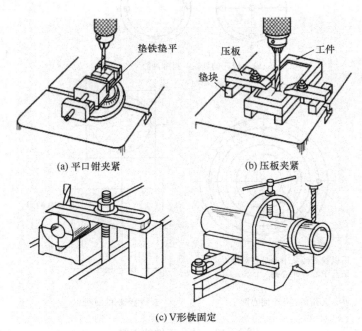

(a) 平口钳夹紧　　　　　　　　　(b) 压板夹紧

(c) V形铁固定

图 2 - 15　工件的夹持

（4）切削液的选择。在钻削过程中，由于钻头处于半封闭状态下工作，钻头与工件的摩擦和切屑的变形等产生大量的切削热，会严重降低钻头的切削能力，甚至引起钻头的退火。为了提高生产效率，延长钻头的使用寿命，保证钻孔质量，钻孔时要注入充足的切削液。切削液一方面有利于切削热的传导，起到冷却作用；另一方面切削液流入钻头与工件的切削部位，有利于减少两者之间的摩擦，降低切削阻力，提高孔壁质量，起到润滑作用。

由于钻削属于粗加工，切削液主要是为了提高钻头的寿命和切削性能，因此以冷却为主。钻削不同的材料要选用不同的切削液（表 2－1）。

表 2－1　切削各类材料的切削液

工件材料	冷却润滑液
各类结构钢	3%～5%乳化液，7%硫化乳液
不锈钢、耐热钢	3%肥皂加2%亚麻油水溶液，硫化切削液
纯铜、黄铜、青铜	不用，5%～8%乳化液
铸铁	不用，5%～8%乳化液，煤油
铝合金	不用，5%～8%乳化液，煤油，煤油与菜油的混合油
有机玻璃	5%～8%乳化液，煤油

（5）转速的调整。用直径较大的钻头钻孔时，主轴转速应较低；用小直径的钻头钻孔时，主轴转速可较高，但进给量要小些。主轴的变速可通过调整带轮组合来实现。

（6）起钻。钻孔时，先使钻头对准样冲中心钻出一浅坑，观察钻孔位置是否正确，通过不断找正使浅坑与钻孔中心同轴。具体借正方法：若偏位较少，可在起钻的同时用力将工件向偏位的反方向推移，达到逐步校正；若偏位较多，可在校正方向打上几个样冲眼或用油槽錾錾出几条槽，以减少此处的切削阻力，达到校正目的。无论采用何种方法，都必须在浅坑外圆小于钻头直径之前完成，否则校正就困难了。

（7）进给操作。当起钻达到钻孔位置要求后，即可按要求完成钻孔。手动进给时，进给用力不应使钻头产生弯曲，以免钻孔轴线歪斜。当孔将要钻穿时，必须减少进给量。如果是采用自动进给，此时最好改为手动进给。因为当钻尖将要钻穿工件材料时，轴向阻力突然减少，由于钻床进给机构的间隙和弹性变形的恢复，将使钻头以很大的进给量自动切入，会造成钻头折断或钻孔质量降低等现象。

钻盲孔（不通孔）时，可按钻孔深度调整挡块，并通过测量实际尺寸来检查钻孔的深度是否达到要求。钻深孔时，钻头要经常退出排屑，防止钻头因切屑堵塞而扭断。直径超过 30mm 的大孔可分两次钻削，先用 0.5～0.7 倍孔径的钻头钻孔，再用所需孔径的钻头扩孔。这样可以减少轴向力，保护钻床，同时又可提高钻孔质量。

4. 钻孔时常见的废品形式及产生原因

钻孔中常出现的废品形式及产生的原因见表 2－2。

表 2 - 2　钻孔时常见的废品形式及产生原因

废品形式	废品产生原因	防止方法
孔径大于规定尺寸	(1)钻头两切削刃长度不等,角度不对称 (2)钻头产生摆动	(1)正确刃磨钻头 (2)重新装夹钻头,消除摆动
孔呈多角形	(1)钻头后角太大 (2)钻头两切削刃长度不等,角度不对称	正确刃磨钻头,检查顶角、后角和切削刃
孔歪斜	(1)工件表面与钻头轴线不垂直 (2)进给量太大钻头弯曲 (3)钻头横刃太长,定心不好	(1)正确装夹工件 (2)选择合适进给量 (3)磨短横刃
孔壁粗糙	(1)钻头不锋利 (2)后角太大 (3)进给量太大 (4)冷却不足,切削液润滑性能差	(1)刃磨钻头,保持切削刃锋利 (2)减小后角 (3)减少进给量 (4)选用润滑性能好的切削液
钻孔位偏移	(1)划线或样冲眼中心不准 (2)工件装夹不准 (3)钻头横刃太长,定心不准	(1)检查划线尺寸和样冲眼位置 (2)工件要装稳夹紧 (3)磨短横刃

二、锪孔

1.锪孔

锪孔的目的是在已钻孔的顶部周围作成圆柱形、锥形凹坑的钻进操作,以便安置螺钉头或垫圈,或者使连接零件能齐平安装(图 2 - 16)。

锪孔的操作方法与钻孔基本相同。小孔锪孔可使用麻花钻,但应将钻头后角磨小一点,一般在 2°以下。在实际工作中,对于要求不高的锪孔,可以直接使用比钻孔直径大的钻头。

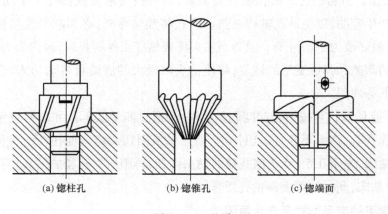

(a)锪柱孔　　　　　(b)锪锥孔　　　　　(c)锪端面

图 2 - 16　锪孔

2. 扩孔

扩孔操作是在钻孔的基础上,对已有孔进行加工的方法(图 2 - 17)。扩孔可以作为孔的最终加工,也可作为铰孔、磨孔前的预加工工序。扩孔后,孔的尺寸精度可达到 IT9 ~ IT10,表面粗糙度可达到 $Ra12.5 \sim 3.5\mu m$。

扩孔时的切削深度 a_p 下式计算

$$a_p = \frac{D - d}{2}$$

式中,D——扩孔后直径,mm;

$\quad d$——预加工孔直径,mm。

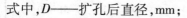

图 2 - 17 扩孔

实际生产中,一般用麻花钻代替扩孔钻使用,扩孔钻多用于成批大量生产。扩孔时的进给量为钻孔的 $1.5 \sim 2.0$ 倍,切削速度为钻孔时的 1/2。

三、铰孔

用铰刀对已经粗加工的孔进行精加工的一种方法,称为铰孔。加工精度高,一般可达到 IT7 ~ IT9 级,表面粗表面粗糙度可达到 $Ra3.2 \sim 0.8\mu m$,甚至更小。

1. 铰刀

铰刀的种类很多,按使用方式可分为手用铰刀和机用铰刀(图 2 - 18)。钳工常用的铰刀为手用铰刀,主要有整体式圆柱铰刀、手用可调节式圆柱铰刀和整体式圆锥铰刀。

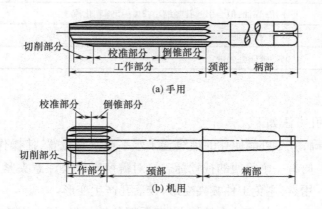

图 2 - 18 铰刀的结构

手用铰刀可用合金工具钢或高速钢制造;机用铰刀一般用高速钢制造;硬材料的孔时,可采用镶硬质合金刀片的机铰刀。

为了便于测量铰刀的直径,铰刀的刀齿数往往采用偶数。铰刀刀齿在刀体圆周上的分布形式有等齿距分布和不等齿距分布两种。

2. 铰孔方法

(1)铰刀使用前的研磨和检测。新的标准圆柱铰刀制造时留有研磨余量,使用前要根据工件的扩张量或收缩量对铰刀进行研磨。使用与铰削孔的精度等级相匹配的塞规检测加工的孔是否合格。

（2）铰削余量。铰削余量不宜太小，也不宜太大。如果铰削余量太小，铰削时就不能把上道工序遗留的加工痕迹全部切除，影响铰孔质量。同时，刀尖圆弧与刃口圆弧的挤压摩擦严重，使铰刀磨损加剧。如果铰削余量太大，则增大刀齿的切削负荷，破坏铰削过程的稳定性，并产生较大的切削热，也将影响铰孔质量。一般铰削余量见表2-3

表2-3　铰削余量

铰孔直径 mm	<5	5~20	21~32	33~50	51~70
铰削余量 mm	0.1~0.2	0.2~0.3	0.3	0.5	0.8

（3）切削液选用。铰削的切屑一般都很细碎，容易黏附在切削刃上，甚至夹在孔壁与铰刀校准部分的刃带之间，将已加工表面拉伤，使孔径扩大。另外，铰削时产生热量较多，切削区域温度升高引起工件和铰刀变形，影响铰削质量和铰刀寿命。为了及时清除切屑和降低切削温度，必须合理选用切削液（表2-4）。

表2-4　铰孔用的切削液

工件材料	切削液体（体积分数）
钢	10%~20%乳化液;铰孔要求较高时,采用30%菜油夹70%浓度为3%~5%乳化液;铰孔要求更高时,采用菜油、柴油、猪油等
铸铁	不用;煤油,但会引起孔径缩小;3%~5%乳化液
铝	煤油、松节油
铜	5%~8%乳化液

（4）铰孔操作方法。

①手用铰刀的铰孔方法如下。

a. 工件装夹要正确，应尽可能使孔的轴线置于水平或垂直位置，使操作者对铰刀的进给方向有一个简便的视觉标志。对薄壁零件要注意夹紧力的大小、方向和作用点，避免工件被夹变形、铰后孔产生变形。

b. 铰刀装在铰杠上，双手握住铰杠柄，用力需均匀平稳，不得有侧向压力，否则铰刀轴心线将出现偏斜，使孔口处出现喇叭口或孔径扩大。为防止铰刀轴心线偏移，也可在钻孔后立即在钻床主轴孔内换上顶尖进行顶铰，如图2-19所示。

c. 铰削过程中要变换每次停歇的位置，以避免在同一处停歇而造成的振痕。

d. 铰削进给时，不能猛力压铰杠。旋转铰杠的速度要均匀，使铰刀缓慢地引进孔内，并均匀地进给，以获得较细的表面粗糙度。

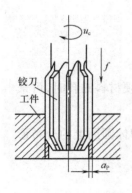

图2-19　顶铰

e.铰刀不能反转,退出时也要顺转,即按铰削方向边旋转边向上提起铰刀。铰刀反转会使切屑卡在孔壁和铰刀后面之间,将孔壁拉毛。同时,铰刀反转也容易磨损,甚至崩铰削钢料时,切屑碎末容易黏附在刀齿上,应注意经常退刀,清除切屑并添加切削液。

f.铰削过程中,如果铰刀被卡住,不能猛力扳转铰杠,以防折断铰刀或崩裂切削刃。而应仔细地退出铰刀,清除切屑和检查铰刀。继续铰削时要缓慢进给,以防在原处再次被卡住。

②机用铰刀的铰孔方法。使用机用铰刀时,除了要注意手用铰刀铰孔的各项要求外,还应注意以下几项要求。

a.要选择适当的铰削余量、切削速度和进给置。

b.必须保证钻床主轴、铰刀和工件孔三者的同轴度要求。当铰孔精度要求较高而上述同轴度要求不能满足时,应选用适当的浮动装夹方式,以调整铰刀的轴线位置。

c.开始铰削时先采用手动进给,当切削部分进入孔内以后再改用自动进给。

d.铰削不通孔时,应经常退出铰刀,清除黏附在刀齿上和孔壁上的切屑,以防切屑拉伤孔壁。

e.铰通孔时,铰刀校准部分不能全部出头,以免将孔的出口处刮坏,而且退出铰刀也困难。

f.在铰削过程中,必须注入足够的切削液,以清除切屑和降低切削温度。

g.铰孔完毕,应退出铰刀后再停车,否则孔壁会拉出刀痕。

3.铰孔常见问题分析

铰孔的精度和表面质量要求很高,如果铰刀质量不好、铰削用量选择不当、润滑冷却不当和操作疏忽等都会产生废品。铰孔常见问题分析见表2-5。

表2-5　铰孔常见问题分析

问题形式	产生原因	防止方法
表面粗糙度达不到要求	(1)铰刀刃口不锋利,刀面粗糙 (2)切削刃上粘有积屑瘤 (3)容屑槽内切屑粘积过多 (4)铰削余量太大或太小 (5)铰刀退出时反转 (6)手铰时铰刀旋转不平稳 (7)切削液不充足或选择不当 (8)铰刀偏摆过大 (9)前角太小	(1)重新刃磨或研磨铰刀 (2)去除积屑瘤 (3)及时退出铰刀清除切屑 (4)选择合适的铰削余量 (5)严格按操作方法操作 (6)采用顶铰,两手用力均匀 (7)合理选择和添加切削液 (8)重新刃磨铰刀或用浮动夹头 (9)根据工件材料选择前角
孔径扩大	(1)机铰刀轴心线与预钻孔轴心线不重合 (2)铰刀直径不符合要求 (3)铰刀偏摆过大 (4)进给量和铰削余量太大 (5)切削速度太高	(1)仔细校正钻床主轴铰刀和工件孔三者同轴度误差 (2)仔细测量、研磨铰刀 (3)重新刃磨铰刀或用浮动夹头 (4)选择合理的进给量和铰削余量 (5)降低切削速度,加冷却切削液
孔径缩小	(1)铰刀直径小于最小极限尺寸 (2)铰刀磨钝 (3)铰削余量太大,引起孔壁弹性恢复	(1)更换新的铰刀 (2)重新刃磨或研磨 (3)合理选择铰削余置
孔呈多棱形	(1)铰削余量太大 (2)铰前孔不圆使铰刀发生弹性变形 (3)钻床主轴振摆太大	(1)减少铰削余量 (2)提高铰孔的加工精度 (3)调整、修复钻床主轴精度

第三节 螺纹加工(攻丝和套丝)

螺纹按用途可分为联接螺纹和传动螺纹两类。在纺织设备维修时,由于各种条件限制,技术人员往往只需要维修联接螺纹,故本节只讲述联接螺纹加工的相关知识。螺纹俗称螺丝,故螺纹加工也称为攻丝和套丝。

一、常用螺纹种类

1.公制螺纹

公制螺纹也叫普通螺纹,螺纹牙型角为60°,分粗牙普通螺纹和细牙普通螺纹两种。粗牙螺纹主要用于连接;细牙螺纹由于螺距小、螺旋升角小、自锁性好,除用于承受击、震动或变载的连接外,还用于调整机构。普通螺纹应用广泛,具体规格见有关国家标准。公制螺纹用代号 M 表示。粗牙普通螺纹只标注螺纹外径,如 M10,其中 10 表示外径 10mm;细牙普通螺纹要将外径和螺距同时标出,如 M10×1.25。

2.英制螺纹

英制螺纹的牙型角为55°,一般在进口纺织设备上使用,只用于修配,国产纺织设备一般不使用。

3.管螺纹

管螺纹是用于管道连接的一种英制螺纹。管螺纹的公称直径为管子的内径。

4.圆锥管螺纹

圆锥管螺纹也是用于管道连接的一种英制螺纹,牙型角有55°和60°两种,锥度为1:16。

英制螺纹一般用在进口纺织机械上。在安装和维修时,如果弄错,就会把螺纹拧坏。其区别方法:一是看螺距大小,英制螺纹的螺距比公制螺纹的螺距大;二是看牙形,两者相比,英制螺纹的牙形略尖一些;三是用对比法,即用一只外径相近且已经知道螺纹种类的螺钉,放在被测定螺纹的上边,看两者是否吻合。如果完全吻合,即可判定螺纹的种类。

二、攻螺纹(攻丝)

1.攻螺纹工具

攻螺纹的工具包括丝锥、铰杠和攻螺纹夹头。

(1)丝锥。丝锥是加工内螺纹并能直接获得螺纹尺寸的一种螺纹刀具。丝锥结构简单,使用方便,所以应用很广泛。

丝锥按使用方法不同,可分为手用丝锥和机用丝锥两类;按其攻制螺纹不同,又可分为普通螺纹丝锥、英制螺纹丝锥、圆柱管螺纹丝锥、圆锥管螺纹丝

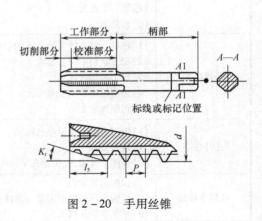

图 2-20 手用丝锥

锥和板牙丝锥等。在纺织设备的维修工作中,常用的是手用丝锥(图2-20)。手用丝锥一般由两三支组成一套,分为头锥、二锥和三锥,头锥用来粗加工螺纹,二锥用来精加工螺纹,三锥用来完成螺纹加工(图2-21)。这些丝锥的外径、中径和内径均相等,只是切削部分的长短和锥角不同。头锥较长,锥角较小,约有6个不完整的齿,以便切入。二锥短些,锥角大些,不完整的齿约为2个。只有对盲孔根部或孔直径大于12mm攻丝时,才用二锥和三锥。

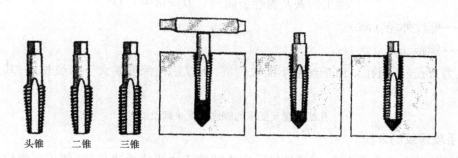

头锥　二锥　三锥

图2-21　螺纹的三攻

(2)铰杠。铰杠是一种手工攻制螺纹时用的辅助工具,分为普通铰杠和丁字铰杠两类(图2-22)。这两类铰杠又都有固定式和可调式。

(3)攻螺纹夹头。在钻床上攻制螺纹时,要用攻螺纹夹头来装夹丝锥及传递转矩。常用的攻螺纹夹头为摩擦式攻螺纹夹头。摩擦式攻螺纹夹头结构简单,使用方便。攻螺纹过载时,摩擦片能起保护作用。

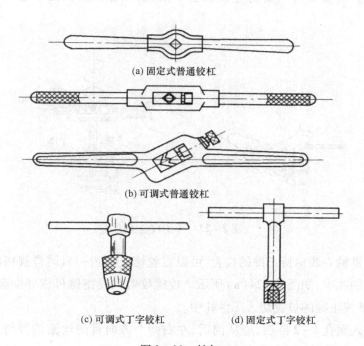

(a) 固定式普通铰杠

(b) 可调式普通铰杠

(c) 可调式丁字铰杠　　(d) 固定式丁字铰杠

图2-22　铰杠

2. 攻螺纹方法

（1）螺纹底孔直径的确定。攻螺纹前要先钻孔。攻丝过程中，丝锥牙齿对材料既有切削作用还有一定的挤压作用，所以一般钻孔直径（钻孔直径）D略大于螺纹的内径，可查表或根据下列经验公式计算。

$$加工钢料及塑性金属时 \quad D = d - P$$
$$加工铸铁及脆性金属时 \quad D = d - 1.1P$$

式中：d——螺纹外径，mm；

$\quad\quad$ P——螺距，mm。

若孔为盲孔（不通孔），由于丝锥不能攻到底，所以钻孔深度要大于螺纹长度，其大小按下式计算：

$$孔的深度 = 要求的螺纹长度 + 螺纹外径$$

（2）手攻螺纹的方法。

①工件的装夹位置要正确，尽量使螺孔中心线置于水平或垂直位置，便于攻螺纹时判断丝锥是否垂直于工件平面。

②选择合适的麻花钻钻出底孔，然后在孔口倒出90°或120°的倒角，倒角的直径略大于螺纹的大径。若是通孔螺纹，两端的孔口都要倒角，便于丝锥切入工件，并防止孔口被丝锥挤压后冒边或崩裂。

③用头锥起攻。起攻时应把丝锥放正，用一只手掌按住铰杠中部，沿丝锥中心线加些压力，并按顺向旋进，另一只手配合作顺向旋转，或用两手握住铰杆两端均匀旋加力，并作顺向旋转，如图2-23所示。施加压力时要防止铰杠上下摇晃，以保证丝锥的中心线与螺孔的中心线重合。

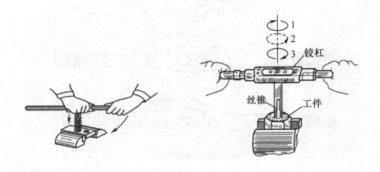

图2-23　手工攻丝方法

④为了使丝锥轴心线保持正确的位置，可以在丝锥上旋进一只同样规格的公制螺母，或将丝锥插入导向套的孔中，如图2-24（a）所示。攻螺纹时只要把螺母或导向套压紧在工件表面上，就容易使丝锥按正确的位置切入工件孔中。

⑤当丝锥攻入底孔1~2圈后，应从前后、左右两个方向目测丝锥是否与工件上平面垂直，或用直角尺等工具进行检查，如图2-24（b）所示。

如果发现丝锥歪,需要及时借正。借正的方法是歪斜一边的手,要比对面的手用力小些,在压力方向上予以借正。

⑥当切削部分全部切入工件后,应停止对丝锥施加压力,只需平稳地转动铰杠,靠丝锥螺纹的自然旋进攻制螺纹。

⑦丝锥每旋进 1 圈,要倒转 1/4 圈左右,使切屑折断后容易排出,否则切屑过长会阻塞丝锥的容屑槽,甚至卡住丝锥、损坏丝锥,或增大螺纹表面粗糙度值。

⑧攻制不通孔螺纹时,要在丝锥上做好深度标记,并经常退出丝锥清除螺孔内的切屑,否则会因切屑堵在孔底而使螺纹深度达到要求。如果工件的位置不便于进行切屑清除,可以用弯曲的小管子吹出切屑,或用磁性铁棒吸出切屑。

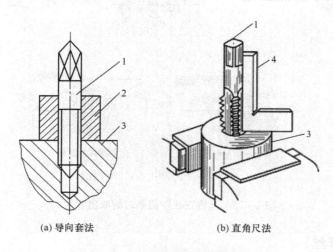

(a) 导向套法　　　　　　(b) 直角尺法

图 2 - 24　保证丝锥正确位置的方法
1—丝锥　2—导向套　3—工件　4—直角尺

⑨当头锥攻螺纹完毕后,顺次换二锥、三锥攻丝。换用另一把丝锥时,应先用手把丝锥旋入已攻出的螺孔中,直到用手旋不动时,再用铰杠攻螺纹。

⑩在攻制材料较硬的螺纹,采用头锥、二锥交替攻削的方法。可减轻头锥切削部分的负荷,防止丝锥折断。

⑪攻制通孔螺纹时,丝锥的校准部分不应全部攻出头,以防伤人或损坏孔口最后几牙螺纹。

⑫丝锥退出时,应先用铰杠平稳地反向转动,若感觉有阻力时,可顺向旋转 1～2 周后再反向旋出。当能用手直接旋动丝锥时,应停止使用铰杠,而改为用手旋出丝锥,以防铰杠带动丝锥摇摆和振动,破坏螺纹的表面粗糙度。

3. 丝锥损坏的原因

在攻丝的过程中,丝锥有时会出现崩牙或扭断,其原因是:工件材料硬度太高,或硬度不均匀;丝锥切削部分前、后角太大;螺纹底孔直径太小;丝锥位置不正,单边受力太大或强行纠正;两手用力不均或用力过猛。如果丝锥在攻丝时扭断,可根据不同条件采用不同的方法取出(图 2 - 25)。

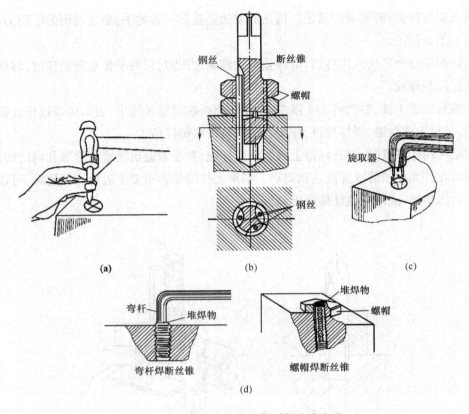

图 2 - 25　丝锥在孔中扭断时的取出方法

三、套螺纹(套丝)

1. 套螺纹工具

(1)板牙。板牙是加工或修整外螺纹的标准刀具(图 2 - 26)。它的基本结构像一个螺母,只是钻出几个容屑孔并形成切削刃。板牙结构简单,制造使用方便,在生产中应用广泛。在给管子套外螺纹时,常用活络管子板牙。

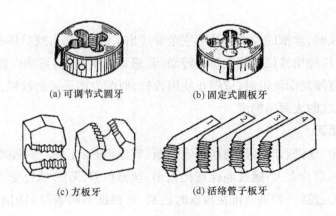

(a) 可调节式圆牙　　　　　　(b) 固定式圆板牙

(c) 方板牙　　　　　　(d) 活络管子板牙

图 2 - 26　板牙

（2）板牙铰杠。板牙铰杠是手工套螺纹时传递转矩的工具,如图2-27所示。

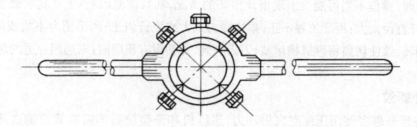

图2-27 板牙铰杠

2.套螺纹方法

套螺纹可以用手工完成,也可在钻床上利用套螺纹夹具进行。在纺织设备维修时,一般情况都采用人工套螺纹。

（1）圆杆直径的确定。板牙套螺纹与丝锥攻螺纹一样,切削刃对工件材料产生挤压作用。为了延长板牙的使用寿命,提高套制螺纹的精度和降低表面粗糙度,圆杆直径应比螺纹大径小一些。圆杆直径可用下列公式计算:

$$d_0 = d - 0.13p$$

式中:d_0——圆杆直径,mm;

d——螺纹公称直径,mm;

p——螺纹螺距,mm。

为了便于板牙切削部分切入工件并作正确的引导,圆杆端部应15°~20°的倒角,小端直径应略小于螺纹直径,以免套螺纹后在螺纹端部出现锋口或卷边。

（2）套螺纹的操作方法。

①套螺纹时切削转矩较大,为了防止圆杆夹持偏斜或夹出痕迹,一般要用厚铜衬作钳口垫,或用V形钳口夹持圆杆,而且要使圆杆套螺纹部分尽量靠近钳口,如图2-28所示。

②起套方法和起攻方法相似,用一只手拿按住铰杠中部,沿圆杆轴线施加压力,并转动板牙铰杠,一只手配合顺向切进。转动要慢,压力要大。

③注意保持板牙的端面与圆杆轴线垂直,否则切出的螺纹牙型一面深一面浅,甚至因单面切削太深而不能继续套削。

④在板牙切入圆杆2~3圈后,再次检查其垂直度误差,如发现歪斜要及时校正。

⑤当板牙切入圆杆3~4圈后,应停止施加轴向压力,让板牙依靠螺纹自然引进免损坏螺纹和板牙。

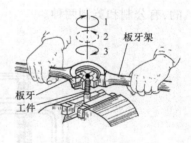

图2-28 套螺纹操作

⑥在套螺纹过程中也应经常反向旋转,以防切屑过长。

⑦在钢件上套螺纹时要加切削液,以降低螺纹表面粗糙度值和延长板牙的使用寿命。常用的切削液有浓乳化液或机油。

3.板牙损坏的原因

在套螺纹时,操作不当可能会出现板牙损坏的情况,其具体原因有:工件材料硬度太高,或硬度不均匀;圆杆直径太大;板牙位置不正,单边受力太大或强行纠正;两手用力不均或用力过猛;板牙没有经常倒转,致使切屑将容屑槽堵塞;刀齿磨钝,并粘附有积屑瘤;未选用合适的切削液。

四、套管螺纹

纺织设备越来越多使用压缩空气做动力,浆纱机和染整设备等需要管道输送蒸汽,以及纺织空调的施工和维修都需要管道。因此,对管子的加工和维修日益增多,其中的一项就是管子的套丝。管子的套丝是指在管子端头切削管螺纹的操作,有机械套丝和手工套丝两种方法。机械套丝是由机械工人用车床或套丝机在车间进行的一种工作,技术人员只要向加工单位提出需要计划和草图就行了,这里不详细介绍。手工套丝是施工人员用管子铰板在现场进行的一种套丝工作,它是管道施工中必须掌握的基本操作技术之一。

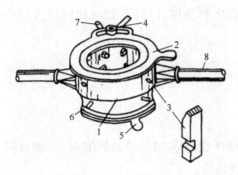

图 2-29　管子铰扳

1—本体　2—前卡扳　3—扳牙　4—前卡扳压紧螺丝
5—后卡扳　6—板牙松紧螺丝　7—拧紧手柄　8—手柄

1.管子铰扳

管子铰扳又称管子板牙架、带丝、套丝板等,是手工套丝的主要工具(图2-29)。管子铰扳由机身、扳牙、扳把三部分组成,分轻便(棘轮)式和普通式两类。

2.管子钳

管子钳有管子台虎钳和普通管子钳两种(图2-30)。管子台虎钳又称龙门压力或龙门钳,用以夹稳金属管材以便进行铰制螺纹或锯割等工作,是管工必不可少的主要工具。普通管子钳又称管子扳手、管钳,用来扳动金属管或其他圆柱形工件,是管路安装和修理工作中常用的工具。管子钳的规格是按手柄的长度来分的,有公制和英制两种。

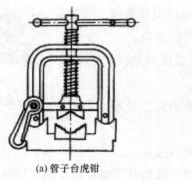
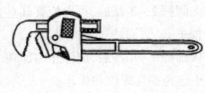

(a) 管子台虎钳　　　　　　　　(b) 普通管子钳

图 2-30　管子钳

3. 管子套丝方法

套丝前要选好与管子相应的管子铰扳、板牙、管钳、管子台虎钳和油壶等工具材料,清理好现场。然后把要加工的管子固定在管子台虎钳上,加工的一端伸出钳口 150mm 左右。把铰扳松扣柄上到底,并使前挡板与管子公称直径相应的刻度标记线对准本体上的"O"标记线,上紧带柄螺母。随后将后挡板套入管内至与板牙接触时,关紧后挡板顶杆(不要太紧或太松)。人站在管端的前方,两腿一前一后叉开,一手扶住机身向前推进,一手以顺时针方向转动扳把。当切削管子进入 2~3 扣时,在切削端加上机油润滑和冷却板牙,然后站在右侧继续均匀用力转动手柄,徐徐而进。

五、加工螺纹时产生废品的原因及防止方法

加工螺纹时产生废品的原因及防止方法见表2-6和表2-7。

表 2-6　攻螺纹时产生废品的原因及防止方法

废品形式	产生废品原因	防止方法
螺纹烂牙	(1)螺纹底孔直径太小丝锥不易切入 (2)交替使用头、二锥时,未先用手将丝锥旋入,造成头、二锥不重合 (3)对塑性好的材料,未加切削液,或攻螺纹时,丝锥不经常倒转排屑 (4)丝锥磨钝或铰杠掌握不稳;螺纹歪斜过多,强行校正	(1)选择合适的底孔直径 (2)先用手将丝锥旋入,再用铰杠攻削 (3)加切削液,并多倒转丝锥排屑 (4)换新丝锥,或磨丝锥前面,双手用力要均衡,防止铰杠歪斜
螺纹形状不完整	(1)攻螺纹前底孔直径太大 (2)丝锥磨钝	(1)选择合适的底孔直径 (2)换新丝锥,或修磨丝锥
螺孔垂直度误差大	(1)攻螺纹时丝锥位置未校正 (2)机攻时,丝锥与螺孔不同轴	(1)要多检查校正 (2)保持丝锥与螺孔的同轴度
螺纹滑牙	(1)丝锥到底仍继续转动丝杠 (2)在强度低的材料上攻小螺纹时,已切出螺纹,仍继续加压	(1)丝锥到底应停止转动丝杠 (2)已切出螺纹时,应停止加压,攻完退出时应取下铰杠

表 2-7　套螺纹时产生废品的原因及防止方法

废品形式	产生废品原因	防止方法
螺纹烂牙	(1)套螺纹时,圆杆直径太大,起套困难 (2)板牙歪斜太多,强行校正 (3)未进行润滑,板牙未经常倒转断屑	(1)选择合适的圆杆直径 (2)要多检查校正 (3)加切削液,并且倒转丝锥断屑
螺纹形状不完整	(1)套螺纹时,圆杆直径太小 (2)圆扳牙的直径调节太大	(1)选择合适的圆杆直径 (2)正确调节圆板牙的直径
套螺纹时螺纹歪斜	(1)扳牙端面与圆杆不垂直 (2)两手用力不均匀,扳牙歪斜	(1)保持板牙端面与圆杆垂直 (2)两手用力均匀,保持平衡

第四节　錾削

錾削就是利用手锤锤击錾子,实现对金属工件切削加工的一种加工方法,是钳工工作中一项较重要的基本操作。錾削主要用于不便机械加工场合,工作范围包括去除凸缘、毛刺、分割材料、錾油槽等,有时也作较小的表面粗加工。通过錾削工作,可提高锤击的准确性,为熟练装拆纺织设备打下基础。

一、錾子的构造和种类

1.錾子的构造

錾子俗称凿子,是錾削的工具,主要由头部、柄部、斜面和切削刃三部分组成(图 2－31)。柄部一般做成八棱形,头部近似为球面形,全长 170mm 左右,直径为 18～20mm。

2.錾子的种类

錾子的种类很多,根据用途不同,大致可分为扁錾(阔錾)、尖錾(窄錾)和油槽錾等(图 2－31)。扁錾的切削刃较长,切削部分扁平,用于平面錾削、去除凸缘、毛刺、飞边、切断材料,应用最广。窄錾的切削刃较短,且刃的两侧面自切削刃起向柄部逐渐变狭窄,以保持在錾削油槽时两侧不会被工件卡住,用于开槽及将板料切割成曲线。油槽錾的切削刃呈圆弧形且很短,切削部分制成弯曲形状,用于切油槽。

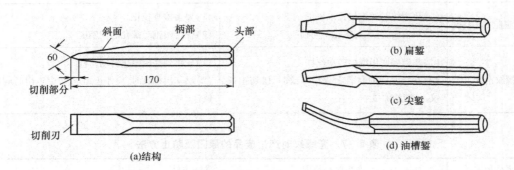

图 2－31　錾子的结构和种类

二、錾子切削的角度

1.楔角 β

楔角 β 是前刀面与后刀面所夹的锐角,如图 2－32 所示。楔角大小决定了切削部分的强度及切削部分的强度及切削阻力大小。楔角越大,刃部的强度就越高,但受到的切削阻力也越大。因此,应在满足强度的前提条件下,刃磨出尽量小的楔角。

2. 后角 α

后角与切削平面所夹的锐角。后角的大小决定了切入深度及切削的难易程度。后角越大,切入深度就越大切削越困难;反之,后角越小,切入就越浅,切削越容易,但切削效率低。后角以 $5° \sim 8°$ 较为适中。

3. 前角 γ

前角为前刀面与基面所夹的锐角,其大小决定切屑变形的程度及切削的难易程度。由于 $\gamma = 90° - (\alpha + \beta)$,因此楔角与后角确定之后前角也就确定下来了。

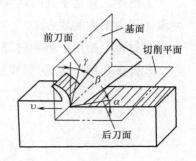

图 2 - 32 錾子切削角度

三、錾子的刃磨

錾子刃口用钝以后,应用砂轮磨锐、磨正。磨刃时,将錾子刃面斜靠在略高于砂轮中心轮缘上,轻加压力,并不断左右移动。錾子刃口磨得是否正确,一般用目测来判断,要求刃口呈一条直线,两边刃面对称。故在錾子的刃磨过程中,要掌握好錾子的方向和位置,以保证刃磨的楔角符合要求;前后两面交替磨,以求对称。另外,在錾子的刃磨过程中,要不断沾水冷却,以免刃口退火,使其或软或脆。

錾子头部经过长时间的击打,若有破裂或毛刺时,也应及时磨掉,以免伤人。

四、手锤

手锤俗称榔头,是必不可少的工具。在纺织设备安装和维修中,校直、錾削和装卸零件等操作中都要用手锤来敲击。

1. 手锤的结构

手锤由锤头和木柄两部分组成。钢制手锤的规格用锤头的重量表示,有 0.25kg、0.5kg 和 1kg 等几种。锤头用碳素工具钢 T7 锻制而成,并经热处理淬硬。木柄选用比较坚固的木材制成,常用的 1kg 锤头的柄长为 350mm 左右。锤头安装木柄的孔呈椭圆形,且两端大,中间小。木柄紧装在孔中后,端部应再打入金属楔子,以防松脱。

2. 手锤的使用

手锤使用时,要掌握握锤法和挥锤法。同时,要根据各种不同加工的需要选择使用手锤,使用中要注意时常检查锤头是否有松脱现象。

(1)握锤法(图 2 - 33)。使用时,一般为右手握锤,常用的方法有紧握锤和松握锤两种。紧握锤是指从挥锤到击锤的全过程中,全部手指一直紧握锤柄。如果在挥锤开始时,全部手指紧握锤柄,随着锤的上举,逐渐依次地将小指、无名指和中指放松。而在锤击的瞬间,迅速将放松的手指又全部握紧,并加快手腕、肘以至臂的运动,则称为松握锤。松握锤可以加强锤击力量,而且不易疲劳。

(2)挥锤的方法有三种,即腕挥、肘挥和臂挥三种(图 2 - 34)。

①腕挥。只是手腕的运动挥锤,锤击力较小。它一般用于錾削的开始和收尾,或油槽、打样冲眼等用力不大的地方。

②肘挥。指用手腕和肘部一起挥锤,它的运动幅度大,锤击力较大,应用广泛。

③臂挥。用手腕、肘部和整个臂一起挥动,其锤击力大,用于需要大力錾削的场合。

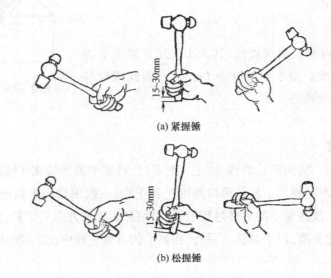

(a) 紧握锤

(b) 松握锤

图 2 - 33　手锤的握法

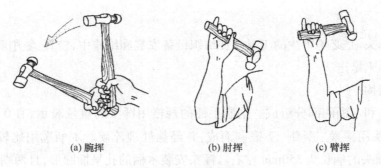

(a) 腕挥　　　　　　　(b) 肘挥　　　　　　　(c) 臂挥

图 2 - 34　手锤的挥法

五、錾子的握法和錾削姿势

正确的握持錾子和錾削姿势,可以提高錾切质量和錾切效率。

1. 錾子的握法

錾子的握法有正握法和反握法两种,如图 2 - 35 所示。

(1)正握法。手心向下,用虎口夹住錾身,拇指和食指自然伸直,其余三指自然弯曲靠拢,握住錾身。这种握法适用于在平面上进行錾削。

(2)反握法。其方法是手心向上,手指自然捏住錾子,手掌悬空。这种握法适用于小的平面或侧面錾削。

（3）立握法。虎口向上，拇指放在錾子的一侧，其余四指放在另一侧捏住錾子。这种握法适用于垂直錾切工件，如錾断材料等。

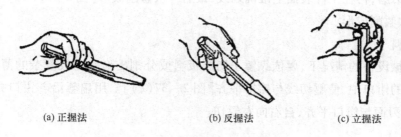

(a) 正握法　　　　　　　(b) 反握法　　　　　　　(c) 立握法

图 2-35　錾子的握法

2. 錾削姿势

錾削时，要在钳台前站好位置，眼睛应盯住錾子切削部位，及时调整錾子的位置（图 2-36）。如果只盯住錾子头部想避免打手，结果反而打手的时候较多。发现錾子头部有破裂或有毛刺时，应及时磨掉，以免划伤或刺伤手。

图 2-36　錾削姿势

六、錾削方法示例

1. 平面的錾削方法

起錾时从工件的边缘的尖角处入手，用锤子轻敲錾子，錾子便容易切入材料。起錾后把錾子逐渐移向中间，使切削刃的全宽参与切削。

（1）錾削较宽平面。在平面上先用窄錾在工件上錾上若干平行槽，再用扁錾将剩余的部分除去[图 2-37(a)]。这样避免錾子的切削部分两侧受工件的卡阻。

（2）錾削较窄平面。应选用扁錾，并使切削刃与錾削的方向倾斜一定角度。其作用是易稳住錾子，防止錾子左右晃动而使錾出的表面不平。

2. 油槽的錾削方法

油槽主要用来储存和输送润滑油。錾削前,首先要根据油槽的断面形状对油槽錾的切削部分进行准确的刃磨,再在工件表面上准确划线,最后一次錾削成形[图2-37(b)]。也可以先錾出浅痕,再一次錾削成形。

3. 錾切板料

在缺乏机械设备的情况下,要依靠錾子切断板料或分割出形状比较复杂的薄板零件,可将板料夹在台钳的钳口中,使錾切线与钳口平齐[图2-37(c)]。用扁錾沿着钳口并斜对着板料约成45°角,下刃面与钳口平齐,自右向左錾切。

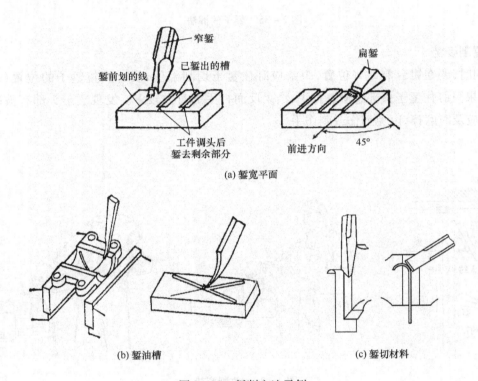

(a) 錾宽平面

(b) 錾油槽 (c) 錾切材料

图2-37 錾削方法示例

第五节 锯削

用锯对材料或工件进行分割或锯槽等加工的方法,称为锯削。锯削精度低,常需进一步加工。锯削的工具有机械锯和手工锯。在纺织设备的维修过程中,一般常用手工锯对较小材料或工件进行手工锯割,故本节只讲述手工锯及其操作的基本知识。

一、手工锯的组成

手工锯由锯弓和锯条组成。

1. 锯弓

锯弓是用来安装和张紧锯条的工具,可分为固定式和可调式两种(图 2-38)。

(1)固定式:弓架是整体的,只能安装一种长度的锯条。

(2)可调式:弓架分为两个部分,长度可以调节,能安装几种长度的锯条。夹头上的销子插入锯条的安装孔后,可以通过旋转翼形螺母来调节锯条的张紧程度。

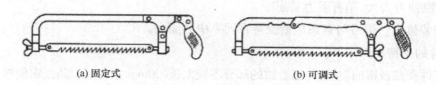

(a) 固定式　　　　　　　　　　　(b) 可调式

图 2-38　锯弓

2. 锯条及其选用

锯条是直接锯削材料或工件的刃具,由碳素工具钢制成,并经淬火处理。锯削时,可根据工件材料及厚度选择合适的锯条。锯条规格以锯条两端安装孔之间的距离表示,常用的锯条约长 300mm、宽 12mm、厚 0.8mm。锯条按锯齿的齿距大小,又可分为粗齿、中齿、细齿 3 种,其用途见表 2-8。

表 2-8　锯条的齿距及用途

锯齿粗细	每 25mm 长度内含齿数目	用途
粗齿	14 ~ 18	锯铜、铝等软金属及厚工件
中齿	24	加工普通钢、铸铁及中等厚度的工件
细齿	32	锯硬钢板料及薄壁管子

锯条齿形如图 2-39 所示。

锯齿形状锯齿粗,容屑空间大;锯齿细,齿间易堵塞。薄工件用细齿,厚工件用粗齿。细齿锯条对于薄壁或管子,主要是为了防止锯齿被钩住甚至使锯条折断。

在制造锯条时,所有的锯齿按一定规则左右错开排成一定形状,有交叉形和波浪形,如图2-40所示。其作用是以减少锯口两侧与锯条间的摩擦,减轻锯条的发热与磨损,延长锯条的使用寿命,提高锯削的效率。

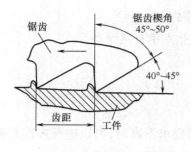

图 2-39　锯条齿形

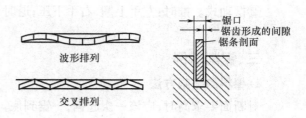

图 2-40　锯齿的排列形状

二、锯削方法

1. 锯条的安装

（1）安装方向。手锯在向前推进时进行切削，回程时不起切削作用，故安装时，锯齿的切削方向应朝前（图2-38）。

（2）安装松紧。锯条的松紧由翼形螺母调节。安装太松，锯条易扭曲折断，锯缝易歪斜；安装太紧，预拉伸力太大，稍有阻力易崩断。

（3）安装位置。锯弓与锯条尽量保持在同一中心面内。

2. 工件的夹持

（1）工件夹在台钳的左侧，伸出台钳的部分不应太长（20mm左右），以防止锯削时产生振动。

（2）锯缝与钳口保持平行，并夹在台虎钳的左边，以便操作。

（3）工件要夹紧，并应同时避免变形和夹坏已加工的表面。

3. 锯削操作要领

（1）手锯的握法。右手握柄，左手扶住锯弓前端（图2-41）。

（2）锯削时的姿势。两脚距离稍近，推锯时身体稍向前。

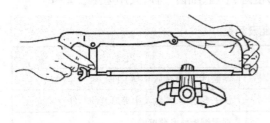

图2-41 手锯的握法

（3）起锯方法。锯条开始锯入工件称为起锯。起锯时，锯条应对工件表面稍倾斜，锯角为10°~15°，但不宜过大，以免崩齿。起锯时，为防止锯条滑动，可用大拇指指甲挡住锯条，先使锯条顺着划好的线锯出一条槽，再进行锯割。起锯时，压力要小，来回距离要短。

（4）锯削时的压力。推力、压力均由右手控制，左手扶正锯弓，几乎不加压力只起一个导向的作用。推锯时加压力，回锯时不加压力。

（5）锯削行程与速度。

①锯削的行程应为锯条长度的2/3，不宜太短。

②锯削时的速度。锯削一般硬度材料，以20~40次/min为宜。硬材料速度应慢一些，软材料速度可以快一些。切削行程推进时，速度应慢一些。返回时，锯条轻轻滑过加工面，速度不宜太快。锯削开始和终了时，压力和速度均应减少。

（6）锯削时，锯弓的运动方式有直线式和摆动式两种。

①直线式适用于锯割要求锯缝底面平直的槽、薄壁零件。

②摆动式。推时：左手上翘，右手下压；退时：右手上抬左手自然浮动。

三、锯削示例

1. 棒料的锯割方法

对断面要求高时，应该一次起锯，一锯到底。对断面要求不高时，可以进行多次起锯，每次锯到距中心有一定的距离，可将工件转动一定角度。这样锯割阻力小，省力。

2. 管子的锯割方法

（1）工件夹持方法。使用两块木制的 V 形槽或方形槽垫块夹持,以防止夹扁管子或夹坏管子表面。

（2）正确的起锯方法。每一个方向只锯到管子的内壁处,然后把管子转过一角度后再起锯,且仍锯到管子的内壁处。如此循环,直到锯断。

3. 薄板料的锯割

（1）将薄板夹在木块或金属块之间,连同木块或金属块一起锯削。这样一来既可以避免锯齿被勾住,又可以增加薄板的刚性。

（2）将薄板料夹在台虎钳上,用手锯作横向斜推,就能使同时参加切削的齿数增多,避免锯齿被勾住,又可以增加薄板的刚性。

（3）锯割部位不可离钳口太远。

4. 深缝的锯割

（1）深缝。当锯缝的深度超过锯弓的高度时称这种缝为深缝。

（2）锯削方法。当锯弓快要碰到工件时,应将锯条拆出旋转 90°重新安装,或把锯条的锯齿朝着锯弓背进行锯削,使锯弓背不与工件相碰。

5. 锯扁钢

锯扁钢时,应从宽面起锯,以保证锯缝浅而齐整。

6. 锯圆管

应在管壁锯透时,先将圆管向推锯方向转一角度,从原锯缝处下锯,然后依次不断转动,直至切断为止。

7. 锯割型钢

锯割型钢时,要从平面起锯。每锯完一面,都要转动工件改变夹持位置,这样可以得到平直、光洁的锯缝。

四、锯削注意事项

（1）锯削时,用力要平稳,动作要协调,切忌猛推或强扭。

（2）要防止锯条折断时从锯弓上弹出伤人。

（3）工件装卡应正确牢靠,并防止锯下部分跌落时砸伤身体。

第六节　锉削

锉削是用锉刀对工件表面进行切削加工的一种方法,也是钳工最基本的操作方法,多用于錾削或锯削之后,用锉刀对工件进行切削加工,使工件达到所要求的尺寸、形状和表面粗糙度。它可以加工内外平面、内外曲面、内外角度面、沟槽和各种复杂形状的表面。锉削加工主要用于不适宜采用机械加工的场合,如纺织设备装配或修理时,对某些零件的修整等。本节主要介绍锉刀结构、种类、选择及其操作基本技能等知识。

一、锉刀的结构

锉刀的材料为碳素工具钢 T12、T12A、T13A,淬火后硬度可达 62HRC 以上。锉齿多是在剁锉机上剁出来的。齿纹呈交叉排列,构成刀齿,形成存屑槽,如图 2-42 所示。

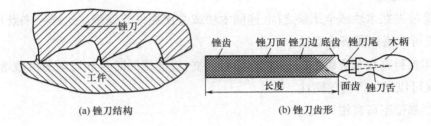

(a) 锉刀结构　　　　　　　　　　(b) 锉刀齿形

图 2-42　锉刀结构及齿形

(1)锉身。指锉梢端至锉肩之间所包含的部分。

(2)锉柄。指锉身以外的部分。

(3)锉身平行部分。指锉身部分母线相互平行的部分。

(4)梢部。指锉身截面尺寸开始逐渐缩小的始点到梢端之间的部分。

(5)主锉纹。指锉刀工作面上起主要切削作用的锉纹。

(6)辅锉纹。指被主锉纹覆盖着的锉纹。

(7)边锉纹。指锉窄边或窄边上的锉纹为边锉纹。

钳工锉刀规格以工作部分的长度表示,一般分 100mm、150mm、200mm、250mm、300mm、350mm、400mm 等 7 种。

二、锉刀的种类及选择

1. 锉刀的种类

(1)根据 GB 5809—86 规定,锉刀编号的组成顺序为:类别—形式—规格—锉纹号。

类别:Q—钳工锉,Y—异形锉,Z—整形锉。

形式:p—普通型,b—薄型,h—厚型,z—窄型,t—特窄型,s—螺旋型。

如 Q—01—300—3,其含义为:Q—为钳工锉,01—为齐头扁锉,300—规格 300mm,3—3 号锉纹。

钳工锉按其断面形状的不同,分为齐头扁锉(板锉)、方锉、半圆锉、三角锉和圆锉等。异形锉用于加工零件的特殊表面,很少应用。整形锉主要用于加工精细的工件,如模具、样板等,它由 5 把、6 把、8 把、10 把或 12 把成一组。

(2)锉刀按每 10mm 锉面上齿数多少划分为粗齿锉、中齿锉、细齿锉和油光锉,其各自的特点及应用见表 2-9。

表 2-9 锉刀刀齿粗细的划分及特点和应用

锉齿粗细	齿数(10mm 长度内)	特点和应用
粗齿	4~12	齿间大,不易堵塞,适宜粗加工或锉铜、铝等有色金属
中齿	13~23	齿间适中,适于粗锉后加工
细齿	30~40	锉光表面或锉硬金属
油光齿	50~62	精加工时修光表面

(3)根据锉刀的尺寸不同,又可分为普通锉和什锦锉两类。普通锉形状及用途如图 2-43 所示。其中,平锉刀用得最多。什锦锉就是整形锉,其尺寸较小,通常以 10 把形状各异的锉刀为一组,用于修锉小型工件以及某些难以进行机械加工的部位,如图 2-44 所示。

此外,根据纺织设备的特点,还有一些专用锉刀,如锉修罗拉座铜衬的罗拉靠山的罗拉锉刀。

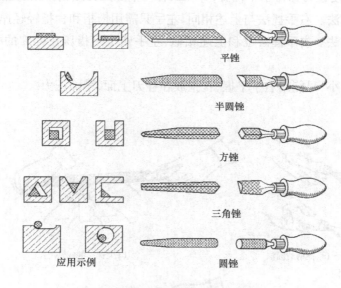

平锉

半圆锉

方锉

三角锉

应用示例　　　　　　　圆锉

图 2-43　普通锉刀形状及用途

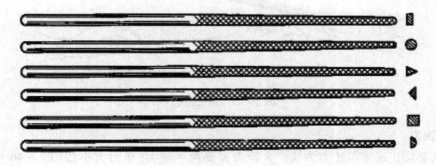

图 2-44　什锦锉刀形状

2.锉刀的选择

（1）锉刀断面形状的选择。锉刀的断面形状应根据工件加工表面的形状进行选择。

（2）锉刀锉纹参数的选择。锉刀的锉纹号应根据工件加工余量的多少、加工精度的高低、表面粗糙度的粗细和工件材料的软硬来选择。锉削软材料时，须用专用的软材料锉刀或用小锉纹号锉刀。锉削较硬材、加工精度要求较高的工件或加工余量软少的工件，可选用锉纹号较大的锉刀。

三、锉刀的使用方法

1.握锉方法

锉刀的握法随锉刀的大小及工件的不同而改变（图2-45）。

（1）较大锉刀的握法。右手拇指放在锉刀柄上面，手心抵住柄端，其余手指由下而上也紧握刀柄；左手拇指根部肌肉轻压在锉刀前端，中指、无名指捏住锉刀头。右手用力推动锉刀，并控制锉削方向，左手使锉刀保持水平位置，并在回程时消除压力或稍微抬起锉刀。

（2）中锉刀的握法。右手握法与上述相同，左手只需用拇指和食指轻轻捏住锉刀头。

（3）小锉刀的握法。右手握法也和上述相似，左手四个手指压在锉刀的中部，可避免锉刀发生弯曲。

（4）整形锉刀太小，只能用右手平握，食指放在锉刀上面，稍加压力。

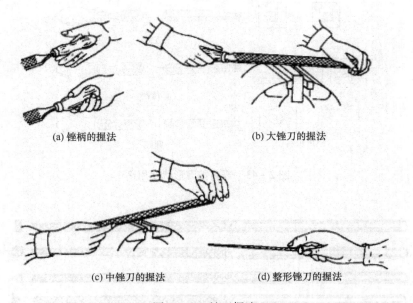

(a) 锉柄的握法   (b) 大锉刀的握法

(c) 中锉刀的握法   (d) 整形锉刀的握法

图2-45　锉刀握法

2.锉削施力

锉削时，必须正确掌握施力方法。大锉刀需要两手施力，压力大小按图2-46所示变化。否则，将会在开始阶段锉柄下偏，锉削终了则前端下垂，形成两边低而中间凸起的鼓形面。

3. 锉削的姿势和动作

锉削时的站立位置，两手握住锉刀放在工件上面，身体与钳口方向约成45°角，右臂弯曲，右小臂与锉刀锉削方向成一直线，左手握住锉刀头部，左手臂呈自然状态，并在锉削过程中，随锉刀运动稍作摆动（图2-47）。

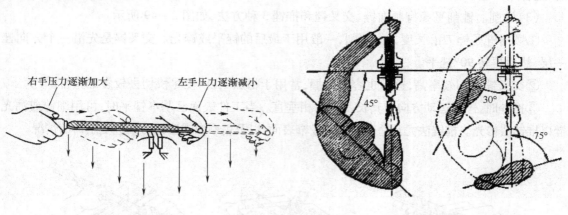

图2-46 锉削施力　　　　　　　　图2-47 锉削时的站立位置

开始锉削时，身体稍向前倾10°左右，重心落在左脚上，右脚伸直，右臂在后准备将锉刀向前推进。当锉刀推至三分之一行程时，身体前倾15°左右，锉刀再推三分之一行程时，身体倾斜到18°左右，当锉刀继续推进最后三分之一行程时，身体随着反作用力退回到15°左右，两臂则继续将锉刀向前推进到头，锉削行程结束时，将锉刀稍微抬起，左脚逐渐伸直，将身体重心后移，并顺势将锉刀退回到初始位置（图2-48）。锉削速度控制在每分钟40次左右。

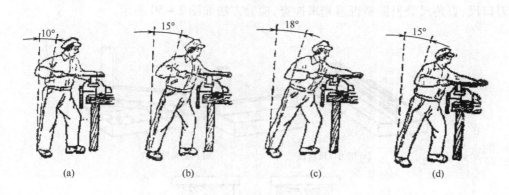

(a)　　　　　　　(b)　　　　　　　(c)　　　　　　　(d)

图2-48 锉削的动作

锉削时，应始终使锉刀保持水平位置。因此右手的压力应随锉刀推进而逐渐增加，左手的压力随锉刀推进而逐渐减小。

四、锉削方法示例

1. 平面锉削

平面锉削是锉削中最常见的。锉削平面步骤如下。

（1）选择锉刀。锉削前应根据金属的硬度、加工表面及加工余量大小、工件表面粗糙度要求来选择锉刀。

（2）装夹工件。工件应牢固地夹在虎钳钳口中部，锉削表面需高于钳口；夹持已加工表面时，应在钳口垫以铜片或铝片。

（3）锉削。锉削平面有顺向锉、交叉锉和推锉3种方法，如图2-49所示。

①顺向锉是锉刀沿长度方向锉削，一般用于最后的锉平或锉光。交叉锉是先沿一个方向锉一层，然后再转90°锉平。

②交叉锉切削效率高，锉刀也容易掌握，常用于粗加工，以便尽快切去较多的余量。

③推锉时，锉刀运动方向与其长度方向相垂直。当工件表面已基本锉平时，可用细锉或油光锉以推锉法修光。推锉法尤其适合于加工较窄表面，以及用顺向锉法锉刀推进受阻碍的情况。

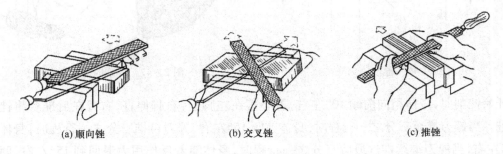

(a) 顺向锉 (b) 交叉锉 (c) 推锉

图2-49 平面锉削方法

（4）检验。锉削时，工件的尺寸可用钢直尺和卡尺检查。工件的直线度、平面度及垂直度可用刀口尺、直角尺等根据是否透光来检查，检验方法如图2-50所示。

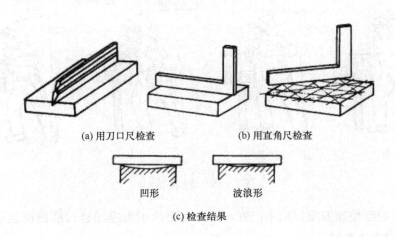

(a) 用刀口尺检查 (b) 用直角尺检查

凹形 波浪形

(c) 检查结果

图2-50 锉削平面的检验

2. 圆弧面锉削

锉削圆弧面时，锉刀既需向前推进，又需绕弧面中心摆动。外圆弧面锉削时常用的方法有顺锉法和滚锉法，如图2-51所示。内圆弧面锉削时常用的方法有顺锉法和滚锉法，如图

2-52 所示。顺锉时,锉刀垂直圆弧面运动。顺锉适宜于粗锉。滚锉时,锉刀顺圆弧摆动锉削。滚锉常用作精锉外圆弧面。

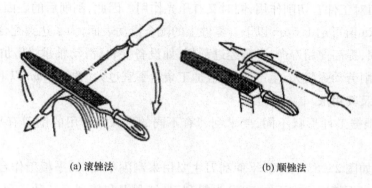

(a) 滚锉法　　　　　　　　　　　(b) 顺锉法

图 2-51　外圆弧面锉削方法

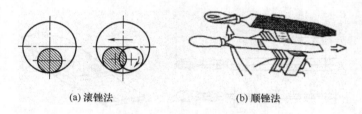

(a) 滚锉法　　　　　　　　　　　(b) 顺锉法

图 2-52　外圆弧面锉削方法

五、锉削操作注意事项

(1)有硬皮或砂粒的铸件、锻件,要用砂轮磨去后,才可用半锋利的锉刀或旧锉刀锉削。

(2)不要用手摸刚锉过的表面,工件和锉刀不要沾上油,以免再锉时打滑。

(3)被锉屑堵塞的锉刀,用钢丝刷或铜丝刷顺锉纹的方向刷去锉屑。若嵌入的锉屑大,则要用铜片剔去。

(4)锉削速度不可太快,否则会打滑。锉削回程时,不要再施加压力,以免锉齿磨损。

(5)锉刀材料硬度高而脆,切不可摔落地下或把锉刀作为敲击物和杠杆,撬其他物件;用油光锉时,不可用力过大,以免折断锉刀。

(6)锉工件时,不要用嘴吹金属屑,以防金属屑飞进眼里。

第七节　刮削和研磨

在纺织设备安装和维修过程中,为了获得较高的形位精度、尺寸精度、接触精度、传动精度以及表面光洁度,就需要对工件进行刮削和研磨。本节主要介绍刮削和研磨用具及使用方法。

一、刮削

用刮刀在工件已加工表面上刮去一层薄金属的加工称为刮削。刮削是钳工中的一种精密加工方法。

刮削时,刮刀对工件有切削作用,同时又有压光作用。因此,刮削后的表面具有良好的平面度,表面粗糙度 Ra 值可达 $1.6\mu m$ 以下。零件上的配合滑动表面,为了达到配合精度,增加接触面,减少摩擦磨损,提高使用寿命,常需经过刮削,如设备导轨、滑动轴承、转动的轴和轴承之间的接触面等。刮削劳动强度大,生产率低,故加工余量不宜过大(约 $0.1mm$ 以下)。

1. 刮削用具及其用法

(1)刮刀。根据工件形状不同,要求刮刀有不同的形式。常用的刮刀有平面刮刀和曲面刮刀。

①平面刮刀如图 2 - 53 所示。平面刮刀主要用来刮削平面,如平板工作台,也可用来刮削外曲面。按所刮表面精度要求不同,可分为粗刮刀、细刮刀和精刮刀三种。刮刀的长短宽窄的选择,并无严格规定,以使用者适当为宜。

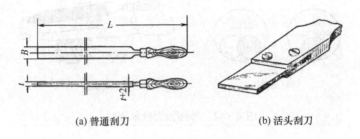

(a) 普通刮刀　　　　　　　　(b) 活头刮刀

图 2 - 53　平面刮刀

②曲面刮刀。曲面刮刀主要用来刮削内曲面,如滑动轴承内孔等。曲面刮刀有多种形状,如三角刮刀、蛇头刮刀等(图 2 - 54)。

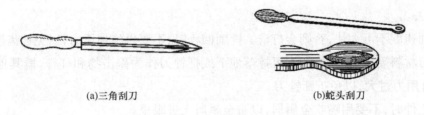

(a)三角刮刀　　　　　　　　(b)蛇头刮刀

图 2 - 54　曲面刮刀

(2)校准工具。校准工具是用来磨研点和检验刮面准确性的工具,有时也称为研具。常用的校准工具有以下几种。

①标准平板。用来校验较宽的平面。标准平板的面积尺寸有多种规格,选用时,它的面积应大于刮面的 3/4。它的结构和形状如图 2 - 55 所示。

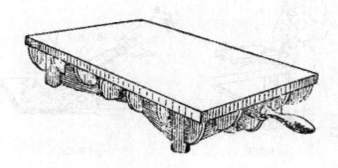

图 2 – 55　标准平板

②校准直尺。用来校验狭长的平面。它的形状如图 2 – 56 所示。图 2 – 56(a)是桥式直尺,用来校验机床较大导轨的。图 2 – 56(b)是工字形直尺,它有单面和双面的两种。这种双面的工字形直尺,常用来校验狭长平面相对位置的准确性。桥式和工字形两种直尺,可根据狭长平面的大小和长短,适当采用。

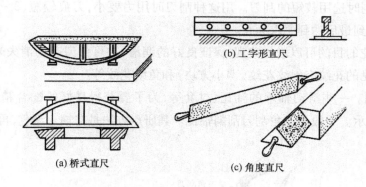

(b) 工字形直尺

(a) 桥式直尺

(c) 角度直尺

图 2 – 56　校准直尺

③角度直尺。用来校验两个刮面成角度的组合平面,如燕尾导轨的角度。其形状如图 2 – 56(c)所示。

④显示剂。为了了解刮削前工件误差的大小和位置就必须用标准工具或与其相配合的工件,合在一起对研。在其中间涂上一层有颜色的涂料,经过对研,凸起处就被着色,根据着色的部位,用刮刀刮去。所用的这种涂料,叫做显示剂。

2. 刮削的基本操作方法

(1)平面刮削。

①平面刮削的姿势如图 2 – 57 所示,右手握刀柄,推动刮刀前进,左手在接近端部的位置施压,并引导刮刀沿刮削方向移动。刮刀与工件倾斜 25° ~ 30° 角。刮削时,用力要均匀,避免划伤工件。

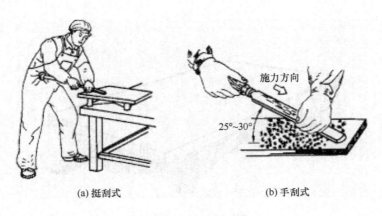

(a) 挺刮式　　　　　(b) 手刮式

图 2 - 57　平面刮削的姿势

②平面刮削方法。平面刮削分为粗刮、细刮、精刮、刮花等。

a. 粗刮。若工件表面比较粗糙,则应先用刮刀将其全部粗刮一次,使其表面较平滑,以免研点时划伤检验平板。粗刮的方向不应与机械加工留下的刀痕方向垂直,以免因刮刀颤动而将表面刮出波纹。

b. 细刮就是将粗刮后的高点刮去,使工件表面的贴合点增加。

c. 精刮。精刮时选用较短的刮刀。用这种刮刀时用力要小,刀痕较短(3 ~ 5mm)。经过反复刮削和研点,直到最后达到要求为止。

d. 刮花。刮花的目的可以增加美观,保证良好的润滑,并可借刀花的消失来判断平面的磨损程度。一般常见的花纹有斜纹花纹(即小方块)和鱼鳞花纹等。

(2)曲面刮削。一些滑动轴承的轴瓦、衬套等,为了要获得良好的配合精度,也需进行刮削,如图 2 - 58 所示。一般用三角刮刀刮削轴瓦。其研点方法是在轴上涂色,再与轴瓦配研。

图 2 - 58　用三角刮刀刮削轴瓦

3. 刮削精度检验

刮削表面的精度通常以研点法来检验,如图 2 - 59 所示。研点法是将工件刮削表面擦净,均匀涂上一层很薄的红丹油,然后与校准工具(如校准平板等)相配研。工件表面上的凸起点经配研后,被磨去红丹油而显出亮点(即贴合点)。刮削表面的精度即是以 25mm × 25mm 的面积内贴合点的数量与分布疏密程度来表示。普通机床的导轨面贴合点为 8 ~ 10 点,精密时为 12 ~ 15 点。

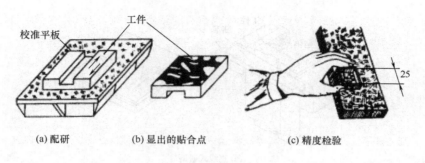

(a) 配研   (b) 显出的贴合点   (c) 精度检验

图 2-59 研点法

4. 刮削时注意事项

(1)刮削前,工件的锐边、锐角必须去掉,防止碰伤手。如不允许倒角者,刮削时应特别注意。

(2)刮削大型工件时,搬动要注意安全,安放要平稳。

(3)刮削时,如因高度不够,人需站在垫脚板上工作时,必须将垫脚板放置平稳后,才可上去操作。以免因垫板不稳,用力后,人跌倒而出工伤事故。

(4)刮削工件边缘时,不能用力过大过猛,避免当刮刀刮出工件时,连刀带人一起冲出去而产生事故。

(5)刮刀用后,最好用纱布包裹好妥善安放。三角刮刀用毕,不要放在经常与手接触的地方。不准将刮刀作其他用途。

二、研磨

用研磨工具和研磨剂,从工件上研去一层极薄表面层的精加工方法称为研磨。经研磨后的表面粗糙度 Ra 为 $0.8 \sim 0.05\mu m$。研磨有手工操作和机械操作。

1. 研具及研磨剂

(1)研具。研具的形状与被研磨表面一样。如平面研磨,则磨具为一块平块。研具材料的硬度一般都要比被研磨工件材料低,但也不能太低,否则磨料会全部嵌进研具而失去研磨作用。灰铸铁是常用研具材料,低碳钢和铜亦可使用。

(2)研磨剂。研磨剂由磨料和研磨液调和而成的混合剂。

2. 平面研磨

平面的研磨一般是在平面非常平整的平板(研具)上进行的。粗研常用平面上制槽的平板,这样可以把多余的研磨剂刮去,保证工件研磨表面与平板的均匀接触;同时可使研磨时的热量从沟槽中散去。精研时,为了获得较小的表面粗糙度,应在光滑的平板上进行。

研磨时要使工件表面各处都受到均匀的切削,手工研磨时合理的运动对提高研磨效率、工件表面质量和研具的耐用度都有直接影响。手工研磨时一般采用直线式、螺旋形、8 字形等几种方式(图 2-60)。8 字形常用于研磨小平面工件。

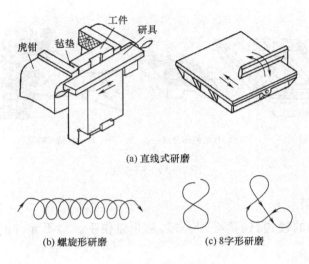

(a) 直线式研磨

(b) 螺旋形研磨　　　　　　(c) 8字形研磨

图 2 - 60　手工研磨方式

研磨前,应先做好平板表面的清洗工作,加上适当的研磨剂,把工件需研磨表面合在平板表面上,采用适当的运动轨迹进行研磨。研磨中的压力和速度要适当,一般在粗研磨或研磨硬度较小工件时,可用大的压力,较慢速度进行;而在精研磨时或对大工件研磨时,就应用小的压力,快速进行研磨。

第八节　校直

纺织设备在搬运、安装和生产运转过程中,其零部件往往因受力而变形,出现弯曲、扭曲等。这时候就需要用手工或机械的方法使其尽量恢复原来的状态,这种操作方法称为校直。手工校直在纺织设备维修工作中经常用到,故本节主要介绍手工校直的一般操作方法及其在纺织设备维修时的应用。

一、校直的基本方法

在纺织设备维修过程中,校直的基本方法有弯曲校直法、扭转校直法、延展校直法和弯曲拉伸校直法等。根据零部件材料的性质和实际变形情况,有时单用一种方法,有时几种方法一起使用。校直的用具为校直台(图 2 - 61)、百分表、锤子、台钳等。

1. 弯曲校直法

弯曲校直法主要用于校直纺织设备上的棒、轴、辊、罗拉和纺纱锭子等,主要使用校直台和百分表。

校直时,把轴搁在两块同样尺寸的搁铁上,根据轴的长短和弯曲情况,调整搁铁的位置,用百分表检查弯曲情况。如有弯曲,可用配置在校直台上加压丝杆,适当加压于凸弯部,迫使该处材料向相反方向变形而将轴的弯曲校直。对不可加工的棒料,也可用手锤在铁砧上敲直。

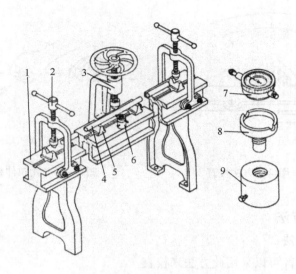

图 2 - 61　校直台

1—床身　2—游动加压丝杠　3—固定加压丝杠　4—轴　5—搁铁　6—带座的百分表　7、8、9—百分表及表座

2. 扭转校直法

扭转校直法用于校直条形材料的扭曲变形,如图 2 - 62 所示。图 2 - 62(a)是把翘曲条料夹持在虎钳上,用特制扳手向翘曲的相反方向施加扭力,扳成原来的形状。图 2 - 62(b)是条料在厚度方向的弯曲,用拔直的方法校直。

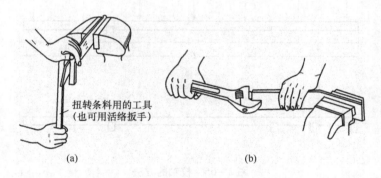

扭转条料用的工具
(也可用活络扳手)

(a)　　　　　　　　　　(b)

图 2 - 62　用扭转方法校直

3. 延展校直法

延展校直法是用手锤敲打材料,使它延长和展开,达到校直的目的,所以也叫冷锻校直法。

校直时,必须锤击弯曲里侧,如图 2 - 63 所示,使里侧材料逐渐伸长而变直。如果锤击凸起处,就会使弯曲加大。敲击时,锤要端平,锤击力要轻重均匀、适当,不宜用力过猛,防止向相反方向弯曲。

4. 弯曲拉伸校直法

弯曲拉伸校直法主要用于细长线料的校直,如图 2 - 64 所示。

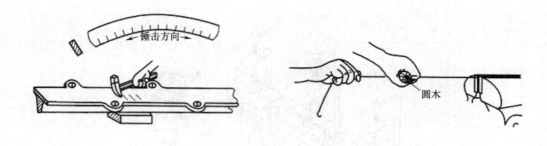

图 2-63　用延展方法校直　　　　　　图 2-64　用拉伸校直法校直

二、校轴的一般方法

1. 校直轴的一般方法

纺织设备上的直轴都可以采用此方法来校直。

(1)把轴上的油污擦净,用细板锉、细砂布打光毛刺(螺钉支毛处)。

(2)放在校直台上,用两块 V 形铁支起,支点应先选在约离轴端 1/4 等分点处,如图 2-65(a)所示。

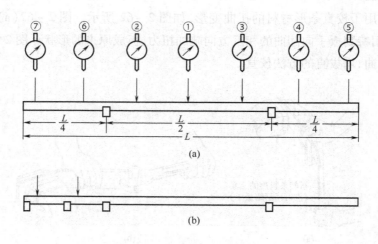

图 2-65　校轴的方法

(3)用粉笔在支点处作记号,用百分表测量弯曲时,支点是测量基准。因此,支点选定后,不可任意变动。

(4)先校轴的中间。一般校 3 点,先校中点①,再校②、③。百分表测杆应垂直靠在轴的正上方,轴缓缓转动,测得高点处,用粉笔作记号。校直时,高点朝上,用螺旋杆压高点。

(5)中部校直后,校两头。依次校④、⑤、⑥、⑦处。先用百分表测得低点,并用粉笔作记号,校直时低点朝上,并垫入第三块 V 形铁,如图 2-63(b)所示,适当向里移动原来的 V 形铁,用加压丝杠压低点里侧。第三块 V 形铁应比其他两块低 0.8mm 左右。一般④、⑥点校得准确,⑤、⑦就容易校正。

2. 校正弯轴的方法

（1）将弯轴放在平板上的 V 形铁的凹槽中（如果采用高脚 V 形铁，可不拆弯轴副件，直接校正弯轴），V 形铁应支在轴颈处。用千分尺、游标卡尺检查轴径磨损程度，用百分表检查轴头弯曲。

（2）将弯轴的曲拐转向上心，检查曲拐与轴的平行度，两曲柄的同心度及两轴头的不平行度，如图 2 - 66（a）所示。检查时可先用百分表检查两端头 A_1、C_1 和 A_2、C_2 处距平板的距离，曲拐 B_1 处检查左中右三点，三点最大与最小之差就是曲拐与轴的不平行度，应不超过 0.05mm。以同样的方法检查另一端 B_2 处。B_1、B_2 最高与最低之差（结合 A_1、C_l 和 A_2、C_2 与平板距离的差值），即为两轴头与两曲拐的平行度差异，应不超过 0.1mm。

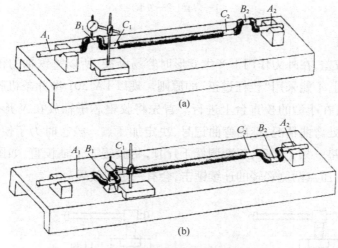

图 2 - 66　校正弯轴曲柄与轴的平行度

（3）用搁铁将曲拐 B_1 或 B_2 垫起，如图 2 - 66（b）所示。然后用百分表先查轴的 A_1、C_1 和 A_2、C_2 处与平板的差距，记下数字，再在 B_1、B_2 处各查 3 点，两曲拐的最大值与最小值之差，即为曲拐扭曲数值（应结合 A_1、C_1 和 A_2、C_2 处与平板距离差值计算）。按同样方法将弯轴回转 180°，检查另一方面。

3. 中空轴、辊的校直

中空轴、辊等零件在纺织机械上应用也较普遍。如梳棉机短磨辊、整经机的导纱辊、成卷机上的棉卷轴等，使用日久易变形，都需要校直。此类零件的校直与校直实心轴不同的地方就是：校直力不能直接加于空辊壁上，以防局部压力将管壁压扁，可在空辊加压处，套上斜面开口套筒。斜面开口套筒由内套 1 和外套 2 组成，如图 2 - 67 所示，内套 1 是开口的外部，呈锥形；外套是完整的，内孔呈锥形并与内套的外锥相配，将两个套筒轻轻敲紧，内套可紧密的贴合在中空辊的表面上。校直时施加的压力加在外套上，压力可分布到与内套相接触的空辊的整个圆面上，这样就保护了空辊不被压扁。校直中检查弯曲情况以及使用外分赶撑法与校直实心轴相同。不过对于中空辊有时也用下述方法，使辊的弯曲处凸出点朝下，将斜面套筒套在弯曲部分，在两 V 形铁支持处加扶力，用小千斤顶顶在套筒的下面，加以适当的顶力，同时用手锤在套筒上方均匀敲击（图 2 - 67），效果不错。

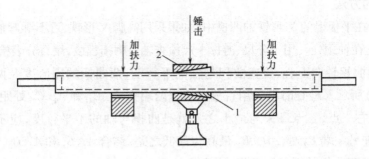

图 2 – 67　中空辊的校直

1—内套　2—外套

4. 铸铁轴的校直

铸铁轴因塑性较差,在外力作用下产生变形时容易断裂,所以铸铁轴的校直方法与一般轴的校直方法有所不同,不能采用"校枉过正"的原则。现以 FA 301 型并条机胶辊芯子轴的胶辊芯子轴弯曲的校正可在小型的校直台上进行。首先将胶辊芯子轴放在 V 形铁上 2—4 处为基准,用百分表检查 3 处弯曲情况,标出弯曲记号,决定加压点。校直时为了便于控制压力,防止折断,可在压力点下垫一只千斤顶,逐渐调低千斤顶,将胶辊芯子轴校直,如图 2 – 68 所示。校直的同时用铜锤在加压点两侧轻轻的连续锤击,会有一定的效果。

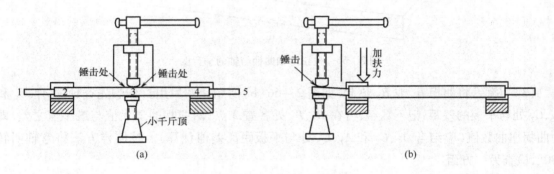

图 2 – 68　胶辊芯子的校直

校正胶辊芯子两端弯曲不用改变 V 形铁的位置,但校正时更要小心,因端部较细并有轴肩,只能校正少量弯曲,否则极易折断。

加压时把千斤顶移到 1 的位置,采用逐步加压的方式。刚开始压下的程度不要超过芯子平直线,压到原弯度的 1/3 ~ 1/2,然后逐步加压。有时也采用加压不松压、用铜锤轻击的方法校直。

三、纺织设备零部件校直示例

1. 罗拉的校直

罗拉的校直分机上校直和机下校直两种。

(1)机下校直。罗拉应拆下后先揩洗干净。先检查罗拉的刻槽部位是否有损伤,损坏部分重新换好后,还要注意各个接口是否有松动,准备工作完成后,在校直台上校直。罗拉的机下校直有以下步骤和注意事项。

①检查罗拉弯曲。查校罗拉弯曲一般采用长校直台,将 V 形铁放在一节罗拉两侧的罗拉颈下。将百分表的测头置于罗拉刻槽部位上方,手缓缓地旋转轴进行检查,转时要注意勿使轴左右移动或上下晃动。百分表测头与罗拉沟槽的接触面采用圆弧面,当罗拉转动时,百分表指针不会因有沟槽面跳动,如图 2-69 所示。将百分表指针指在罗拉沟槽上,呈垂直方向。先检验百分表的指针是否灵活,然后依次检查 1、2、3、4、5、6、7、8 各点的弯曲。指针最大读数与最小读数的差值表示弯曲量(径向跳动量)。

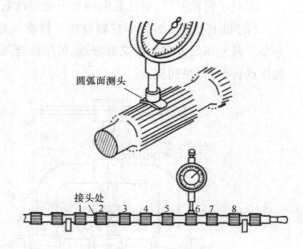

圆弧面测头

接头处

图 2-69　检查罗拉弯曲

②中央弯曲先校大弯,后校小弯;先校罗拉中间,后校搁铁两端。如图 2-70(a)所示,将凸起点向上,施加压力于两搁铁中央最大处,同时压力的作用点应在轴的弯曲最高弧面 bc 的中点 a 处。

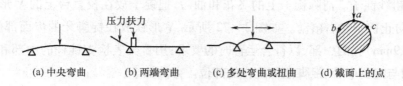

压力扶力

(a) 中央弯曲　　(b) 两端弯曲　　(c) 多处弯曲或扭曲　　(d) 截面上的点

图 2-70　校直方法

③轴两端弯曲。如图 2-70(b),使凸面向上,搁铁放于弯曲的转折处。轴端部加压力,搁铁侧面必须加扶力,防止轴的另一端翘起。

④多处弯曲或扭曲。如图 2-70(c),由中间向两端逐段校直。将搁铁放于转折点下,先用图 2-70(a)法进行,校至端部时,则用图 2-70(b)法进行,但要注意不要形成新的扭曲,全部校完后,再进行复查。

⑤校直时,本着校本过正的原理,要把轴适当地压过头。即所施压力适当超过轴的弯曲程度,但也不能过分,否则容易造成新的弯曲。校中弯时,施压点必须在搁铁的中央,否则容易造成新的弯曲。当弯曲点移到对称位置时,则表示压力太大。有时也会出现弯曲并不是单一方向的,应根据新的弯曲点进行校正;也可能是丝杆顶头与搁铁 V 形槽不同轴,校直时应注意偏过一定角度进行校直。过多反复施压,会使材料"疲劳"受伤,应尽量避免。

⑥对于材料性质较硬的轴,当施压达到一定程度时,可将手柄(或手盘)反复盘转几次,然后在最大压力处停止转动,以增强施压效应。

⑦对于铸铁罗拉,要注意施压量不能超过它的极限,否则会折断。

(2)机上校直。现代罗拉制造加工精度大幅提高,当个别出现大弯时,应先在机下校直后上车。若上车后发现罗拉又有弯点,可用校弯器校直。其校直方法如图2-71所示,顶头视同加压点,两弯钩视同搁铁。

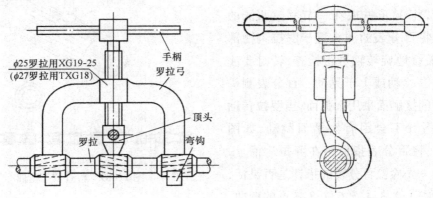

图2-71 校弯器校直

2.锭子校直

锭子在长期运转中,受各种外力影响而导致弯曲、磨损,在平校轴承座和锭管前,必须校直、修复锭子。

(1)校直粗纱锭子。清除锭子上的飞花和油污,把锭子放在校直台上的V形铁上,并用挡铁挡住锭尖,防止锭子左右窜动。如图2-72所示,V形铁放在锭脚牙的齿面部位和上龙筋在下端时锭管(19mm)孔的中部,以符合运转时的要求;用百分表检查锭杆的中部和头端,并检查锭子两端分别与锭翼中管、锭脚油杯配合的部位。方法如下:

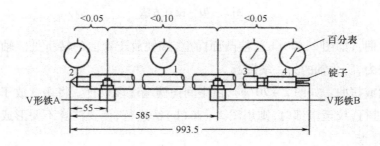

图2-72 检查锭子弯曲图

按图中1、2、3、4顺序查校弯曲。校直1处弯曲时,与校轴方法相似。1处校直后,检查2处,如2处弯曲超差,可将锭尖插在校直台的孔内扳直,如图2-73所示,将锭尖弯曲校直。2处校直后,移动V形铁A放在2的位置上,以2为基准,V形铁B不动,这样锭子中心在两块V形铁上高度不同,但对校3、4点弯曲无影响。由于基准改在2处,符合锭子在锭脚油杯中运转的状态,可提高运转精度。查校3、4处弯曲时,如3、4处弯向相同,可在V形铁B左侧加扶力,在3处弯凸点上加压力,4处弯曲随着3处校直而变小;如3、4处弯向相反,先校3处弯曲,3处校直后,4处的弯曲更大,移动V形铁B到3处,以3处为基准,2处V形铁不动,查校4处弯曲,方法与2处相同。各点校直后,进行全长复查。

对于悬锭式粗纱机锭子的校直,由于锭杆和锭翼拆卸不方便,一般轻度弯曲在车上进行。校直时,松开锭翼顶端的锭翼齿轮,然后用百分表测锭杆下端,进行校正。

(2)校直细纱锭子。细纱锭子的校直一般查校5个点,如图2-74所示。校直时将两端的V形铁固定,锭端处(插筒管处)分成三等分,检查1、2点弯曲,并用延展法(冷锻法)加以校直。

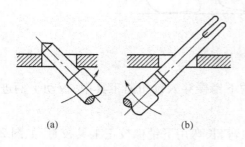

图2-73　扳直锭子两端

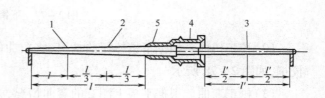

图2-74　细纱锭子的检查

在锤击锭子时,必须把锭杆的凹入部分向上,放在铁锹上,先敲弯曲最多的部位,同时要把锭杆捏稳、放平。如果捏的不稳就不易敲直;如果放得不平整,容易弹痛手。第1、第2点校直后,用同法校正锭尖处的第3点。在校第1、第2、第3点时,也可用小撬棒下压凸起部分。锭盘处第4、第5点弯曲的检查的方法,如图2-75所示。百分表架是特制的,小巧、方便。百分表测头要顶在锭盘的正前方。

校正锭盘4处弯曲,如图2-76所示。右手把撬棒锭盘的锭孔内,向内撬(如箭头所示)。锭盘撬过后,锭杆可能又产生弯曲,因此,锭杆和锭盘需反复检查和校正。锭盘第4点处校直后,再检查锭盘的上锥体第5处是否有弯曲。当第5处有弯曲的时候,就要将弯凸部分朝上,用撬棒向下压弯处。一般要求该处弯度不超过0.02mm。

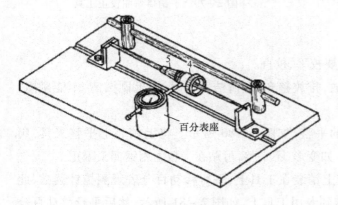

图2-75　锭盘弯曲的检查

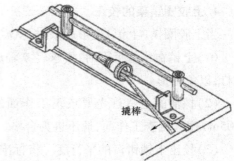

图2-76　锭盘弯曲的校直

3.下销棒的校直

(1)下销棒的检查。下销棒拆下后,揩擦清除,将每根下销棒放在平板上,用手按动两端检查四角着实,有晃动的即有弯曲。再用0.05mm塞尺探测空隙,如图2-77所示。探测A、B、C三处不平度,发现弯点,即为弯曲,用粉笔做上记号。

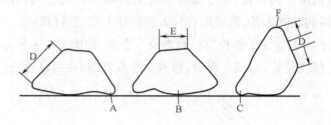

图2-77 下销棒校直

（2）校正扭曲。根据下销棒扭曲情况,将扭曲的下销棒穿入校扭曲工具中,扳动手柄进行校正,如图2-78所示。

（3）校正弯曲。根据平板上测查的弯曲情况,大弯、长弯用下销棒校正工具校直,如图2-79所示。局部短弯用0.25kg铜榔头排敲。如图2-77中,当A处弯曲时校正D处,B处弯曲时校正E处;C处小弯曲时校正D处;C处大弯曲时校正F处。

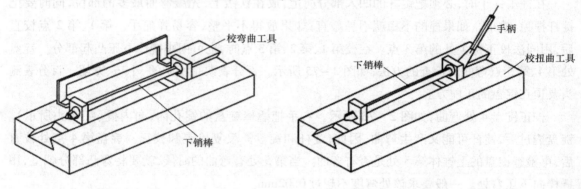

图2-78 下销棒扭曲校正工具　　　　　图2-79 下销棒弯曲校正工具

4. 上胶圈销架的校正

当上胶圈销（上销）变形超限时,就需要校平、校直。

（1）上销在维修拆下时,要求轻拿轻放,排放整齐,做清洁工作时,用毛刷扫清,不能碰撞、敲打,以免变形。

（2）擦清的上销首先要校正工作面的平整,如图2-80所示。将上销装上平整工具,用0.05mm塞尺测查工作面,插不进为合格。如变形、不平整,可贴在平板上用钢榔头敲正。

（3）校正上销钳口的平行度。将标准上销装在工具上,平行移动百分表观测指针读数,此读数作为校正的基准。将要校正的上销装到专用工具上,如图2-81所示,然后平行移动百分表,观察指针读数,以此检查小铁辊轴至工作面端面的距离和平行度。当指针读数与基准读数差超过限度时,要用铜榔头敲击回转架。同时检查、校正回转架的开档,开档不能过小,过小容易卡住,造成摆动不灵。

（4）隔距块的校正。由于隔距块的变形,所以在大小修理时要定期对隔距块进行校正。校正的方法是将隔距块卡入标准上销架上,用隔距片测查两钳口间的隔距,两端不良时可锉修隔距块,过小时要换新的。

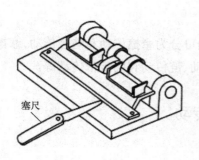

图 2-80　上销校平直(平整工具)

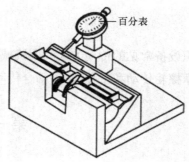

图 2-81　上销校钳口平行

习题

1. 划线时常用的划线工具有哪些? 各如何使用?

2. 用样冲冲眼作用是什么? 其操作要点是什么?

3. 孔加工有哪几种方式?

4. 麻花钻由哪几部分组成? 其使用和刃磨的操作要点是什么?

5. 钻孔常见的问题是什么? 如何解决?

6. 锪孔和铰孔的目的是什么? 其操作要点是什么?

7. 锪孔和铰孔常见的问题是什么? 如何解决?

8. 丝锥的结构是什么? 其操作要点是什么? 攻丝过程中为什么要回转?

9. 扳牙的种类有哪些? 其操作要点是什么?

10. 錾子的种类有哪些? 手锤的使用要点是什么?

11. 錾切不同工件的操作要点是什么?

12. 手锯结构是什么? 其操作要点是什么?

13. 用手锯锯割不同形状的工件时,其注意事项和操作要点是什么?

14. 锉刀的种类有哪些? 如何选用?

15. 锉削方法不同形状的工件的要求和检查方法是什么?

16. 刮刀的使用方法是什么? 刮削效果的检查方法是什么?

17. 研磨的目的是什么?

18. 校直的基本方法有哪几种? 主要针对哪些工件?

19. 维修纺织设备时,常用的校直方法有哪些? 要掌握其中一种。

第三章　纺织设备的机械传动机构

纺织设备常见的传动方式利用机械传动。机械传动可分为摩擦传动和啮合传动,摩擦传动又分为摩擦轮传动和带传动等,啮合传动可分为齿轮传动、链传动和同步带传动等。

第一节　齿轮传动

一、齿轮传动的种类及特点

1. 齿轮传动的种类

齿轮传动的常见种类见表 3 – 1。

表 3 – 1　齿轮传动的常见种类

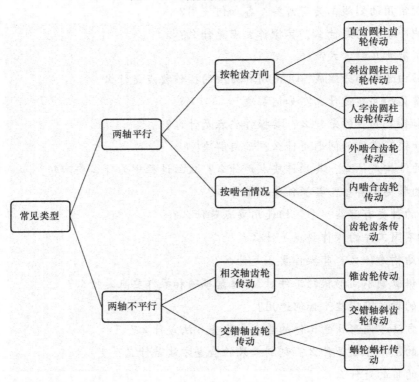

2. 齿轮传动的传动比

齿轮传动的传动比是主动齿轮转速与从动齿轮转速之比,也等于两齿轮齿数之反比。

$$i_{12} = \frac{n_1}{n_2} = \frac{z_2}{z_1}$$

式中：n_1、n_2——主、从动轮的转速，r/min；

　　　z_1、z_2——主、从动轮齿数。

3. 齿轮传动的特点

齿轮传动的优点是能保证瞬时传动比恒定，工作可靠性高，传递运动准确可靠；传递的功率和圆周速度范围较宽；结构紧凑、可实现较大的传动比；传动效率高，使用寿命长，维护简便。其缺点是运转过程中有振动、冲击和噪声，安装要求较高，不能实现无级变速，不适宜用在中心距较大的场合。

二、渐开线标准直齿圆柱齿轮

纺织设备常用的齿轮一般采用的齿廓曲线为渐开线，所以本节介绍的齿轮都是渐开线齿轮。在纺织设备中使用最多的是外啮合的标准直齿圆柱齿轮（图 3-1），故下面以外啮合的标准直齿圆柱齿轮为例介绍各部分名称。

1. 齿轮的主要部分及几何尺寸

齿轮的主要部分如图 3-2 所示。齿轮的基本参数和几何尺寸见表 3-2。

（1）齿顶圆：过所有轮齿顶端的圆。

（2）齿根圆：过所有齿槽底部的圆。

（3）分度圆：位于轮齿的中部，是设计、制造的基准圆。

（4）齿顶高：齿顶圆与分度圆之间的径向距离。

（5）齿根高：齿根圆与分度圆之间的径向距离。

（6）齿厚：每个轮齿在某一个圆上的圆周弧长。

（7）齿槽宽：相邻两个齿间在某一个圆上的齿槽的圆周弧长。

（8）齿距（周节）：相邻两个轮齿同侧齿廓之间在某一个圆上对应点的圆周弧长。

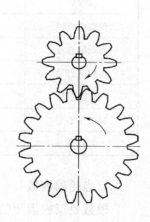

图 3-1　直齿圆柱齿轮传动

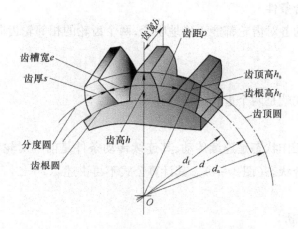

图 3-2　渐开线标准直齿圆柱齿轮各部分名称

表3-2　渐开线标准直齿圆柱齿轮的基本参数和几何尺寸

名称	代号	计算公式
齿形角	α	标准齿轮为 20°
齿数	z	通过传动比计算确定
模数	m	通过计算或结构设计确定
齿厚	s	$s = p/2 = \pi m/2$
齿槽宽	e	$e = p/2 = \pi m/2$
齿距	p	$p = \pi m$
基圆齿距	p_b	$p_b = p\cos\alpha = \pi m\cos\alpha$
齿顶高	h_a	$h_a = h_a{}^* m = m$
齿根高	h_f	$h_f = (h_a* + c*)m = 1.25m$
齿高	h	$h = h_a + h_f = 2.25m$
分度圆直径	d	$d = mz$
齿顶圆直径	d_a	$d_a = d + 2h_a = m(z + 2)$
齿根圆直径	d_f	$d_f = d - h_f = m(z - 2.5)$
基圆直径	d_b	$d_b = d\cos\alpha$
标准中心距	a	$a = (d_1 + d_2)/2 = m(z_1 + z_2)/2$
齿数比	u	$u = z_2/z_1$

2. 齿轮的模数

模数是反映齿距的一个参数,是为了计算方便和标准化而人为地规定出来供计算用的参数。模数大,齿轮各部尺寸都随着成比例地增大,齿轮上所能承受的力量也随之而增大。只有模数相同的齿轮才能互相啮合。

3. 齿轮的正确啮合条件

要使进入啮合区的各对齿轮都能正确地啮合,两个齿轮的相邻轮齿同侧齿廓间的法向距离应相等(图3-3):

$$P_{b1} = P_{b2}$$

另外一种表达方式就是两个齿轮的模数和齿形角相等。

4. 连续传动条件

齿轮一般正常的工作状态是连续传动,其连续传动条件是前一对轮齿尚未结束啮合,后继的一对轮齿已进入啮合状态(图3-4)。其计算公式不再讲述。

三、齿轮齿条传动

渐开线齿条可看成是齿轮的特例。当齿轮的齿数增加到无穷多时,其圆心位于无穷远处,齿轮上的基圆、分度圆、齿顶圆等各圆成为基线、分度线、齿顶线等互相平行的直线,渐开线齿廓也变成直线齿廓,这样就成了如图3－5所示的渐开线标准齿条。齿轮齿条传动的特点是传动效率高、传递功率大、运行平稳和可靠性高,但不宜做长距离传动。齿轮齿条传动常用在一些需要快速准确定位装置里。如在电脑横机的密度自动调节装置里,密度电动机上的齿轮带动密度三角上的齿条上下移动,调节弯纱深度,从而调节针织物的线圈密度;某型号粗纱机的升降装置就采用齿条传动,使龙筋和筒管做升降运动(图3－6)。

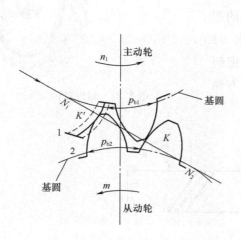

图3－3　齿轮的正确啮合

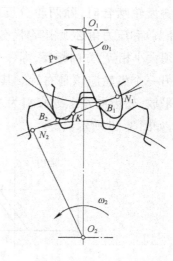

图3－4　连续传动时的啮合

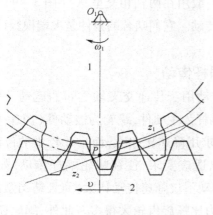

图3－5　齿条传动

1—齿轮　2—齿条

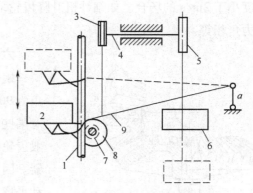

图3－6　齿条传动在粗纱机上的应用

1—齿条　2—龙筋　3—链条　4—平衡轴　5—平衡链条
6—平衡重锤　7—升降轴　8—齿轮　9—升降杠杆

四、斜齿圆柱齿轮传动

这类齿轮传动的特点是轮齿方向与轴线倾斜;轮齿沿螺旋线方向,排列在圆柱体上(图3－

7）。斜齿轮有左旋与右旋之分。它适用于圆周速度较大（大于3m/s），工作负荷较重的场合，传动平稳，可减少噪声。细纱机牵伸机构传动多采用这类齿轮。但斜齿轮传动也有其缺点，由于轮齿是斜着接触的，在运转中会产生轴向推力，而且轮齿倾斜（即螺旋角）越大，轴向推力就越大，往往需要用推力轴承来承受这个轴向力。

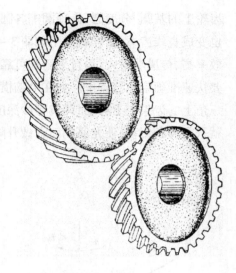

一对斜齿轮啮合时，除两轮分度圆上的端面模数（或端面径节）和压力角必须相等外，分度圆柱面上的螺旋角还必须大小相等，方向相反，即一个是左旋方向，与之啮合的另一个齿轮应该是右旋。其判别方法是把斜齿轮端面平放，轮齿向左上方倾斜为左旋，向右上方倾斜为右旋，如图3-8所示。

图3-7　斜齿轮传动

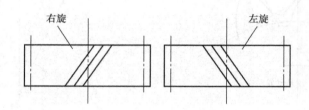

图3-8　斜齿轮旋向的判别

五、直齿圆锥齿轮传动

直齿圆锥齿轮又称伞齿轮。伞齿轮传动特点是，一般用在两轴相交呈90°（图3-9），圆周速度小于2m/s的场合。如细纱机升降齿轮采用这类传动。它们啮合的条件是大端模数（m）及压力角相等。

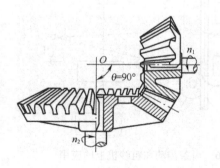

图3-9　直齿圆锥齿轮传动

六、蜗轮蜗杆传动

蜗轮蜗杆传动用于传递交叉轴之间的运动，一般交角为90°，通常蜗杆为主动件，蜗轮为被动件（图3-10）。对某些部件，要求用降速比很大，而尺寸较小的传动，一般齿轮往往难以适应要求，往往蜗轮蜗杆传动，如变速器。因为蜗杆传动不仅降速传动比大，而且结构紧凑，传动平稳，承载能力比螺旋齿轮大得多。此外，蜗轮还可以得到精确的、很小的转动。当蜗杆螺旋角小于3°~6°时，蜗轮蜗杆传动具有自锁性（即只能由蜗杆传动蜗轮，蜗轮不能带动蜗杆）。其缺点是效率低（一般为0.7~0.9，当速比很大时，甚至低于0.5），发热量大，要求有良好的冷却和润滑条件。在较高速度下传动，蜗轮需用贵重的青铜制成。在纺织设备中用于对速度要求不高又要求变向传动的部位。如在细纱机上,蜗轮蜗杆传动用于成形竖轴及导纱装置等部位。

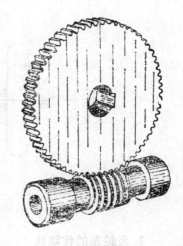

蜗轮蜗杆传动按蜗杆螺旋线不同分为左旋和右旋,一般采用右旋,两者原理相同,只是作用力的方向不同(径向力除外);按蜗杆头数分为单头和多头。蜗杆头数是指蜗杆端面上的齿数。蜗杆端面上的齿数为1时,称为单头;齿数大于1时,称为多头。单头主要用于传动比较大的场合,要求自锁的传动必须采用单头。多头主要用于传动比不大和要求效率较高的场合。

蜗杆蜗轮啮合条件是,蜗杆的轴向模数必须等于蜗轮的端面模数,蜗杆的轴向压力角必须等于蜗轮的端面压力角,蜗杆的螺旋升角必须等于蜗轮的螺旋角。

图3-10 蜗轮蜗杆传动

七、齿轮系

齿轮系采用一系列相互啮合的齿轮(包括蜗杆传动)组成的传动系统。纺织设备的齿轮转动大多靠齿轮系来完成。

1.齿轮系的分类

如果齿轮系中各齿轮的轴线互相平行,则称为平面齿轮系,否则称为空间齿轮系。根据齿轮系运转时齿轮的轴线位置相对于机架是否固定,又可将齿轮系分为两大类:定轴齿轮系(图3-11)和周转齿轮系(图3-12)。定轴齿轮系又分为平面定轴齿轮系和空间定轴齿轮系两种。周转齿轮系又分为差动轮系和行星齿轮系。周转齿轮系的两个中心都能转动,需要两个原动件,称为差动轮系。差动轮系的中心轮的转速都不为零。有一个中心轮的转速为零的周转轮系称为行星轮系。

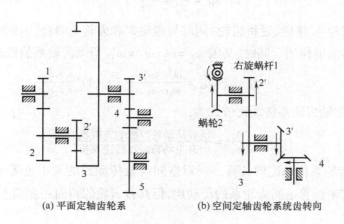

(a) 平面定轴齿轮系　　　(b) 空间定轴齿轮系统齿转向

图3-11 定轴齿轮系

在图3-12中,齿轮1、3和构件 H 均绕固定的互相重合的几何轴线转动,齿轮2空套在构件 H 上,与齿轮1、3相啮合。齿轮2既绕自身轴线自转又随构件 H 绕另一固定轴线(轴线 $O_1 - O_1$)公转。齿轮2称为行星轮,构件 H 称为行星架。轴线固定的齿轮1、3则称为中心轮或太阳轮。

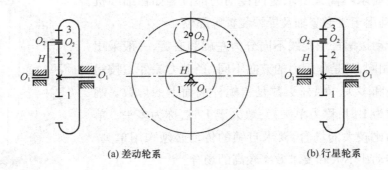

(a) 差动轮系   (b) 行星轮系

图 3 - 12   周转齿轮系

2. 齿轮系的传动比

设齿轮系中首齿轮的角速度为 ω_A，末齿轮的角速度 ω_K。齿轮系的传动比 i_{AK} 为：

$$i_{AK} = \omega_A / \omega_K$$

（1）平面定轴齿轮系传动比的计算。一对齿轮的传动比大小为其齿数的反比。若考虑转向关系，外啮合时，两轮转向相反，传动比取" – "号；内啮合时，两轮转向相同，传动比取" + "号；则该齿轮系[图 3 - 11(a)]中各对齿轮的传动比为：

$$i_{12} = \frac{\omega_1}{\omega_2} = -\frac{z_2}{z_1}$$

$$i_{2'3} = \frac{\omega'_2}{\omega_3} = \frac{z_3}{z'_2}$$

$$i_{3'4} = \frac{\omega'_3}{\omega_4} = -\frac{z_4}{z'_3}$$

$$i_{45} = \frac{\omega_4}{\omega_5} = -\frac{z_5}{z_4}$$

在齿轮系中，齿轮4（惰轮、过桥齿轮）同时与齿轮3′和齿轮5啮合，不影响齿轮系传动比的大小，只起到改变转向的作用。同时，又因 $\omega_2 = \omega'_2$、$\omega_3 = \omega'_3$，所以齿轮系的传动比 i_{15} 为：

$$i_{15} = i_{12} \cdot i_{2'3} \cdot i_{3'4} \cdot i_{45} = \frac{\omega_1 \omega'_2 \omega'_3 \omega_4}{\omega_2 \omega_3 \omega_4 \omega_5} = (-1)^3 \frac{z_2 z_3 z_4 z_5}{z_1 z'_2 z'_3 z_4}$$

推广后的平面定轴齿轮系传动比公式为：

$$i_{1k} = \frac{n_1}{n_k} = \frac{\text{所有从动轮齿数的连乘积}}{\text{所有主动轮齿数的连乘积}}$$

（2）空间定轴齿轮系传动比的计算。一对空间齿轮传动比的大小也等于两齿轮齿数的反比，所以也可用上式来计算空间齿轮系的传动比，但其首末轮的转向用在图上画箭头的方法，如图 3 - 11(b)所示。

（3）平面行星齿轮系传动比的计算。一般平面行星齿轮系传动比的计算公式为：

$$i^H_{AK} = (-1)^m = \frac{\text{所有从动轮齿数的连乘积}}{\text{所有主动轮齿数的连乘积}}$$

3. 齿轮系的作用和应用

（1）实现分路传动。利用齿轮系可使一个主动轴带动若干从动轴同时转动，将运动从不同的传动路线传动给执行机构的特点可实现机构的分路传动。传统细纱机的牵伸罗拉转动就是分路转动的,如图 3 - 13 所示。目前,新型细纱机的牵伸罗拉传动已与主传动分离,三组罗拉分别由变频电动机传动。

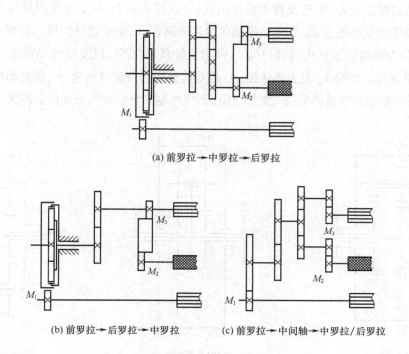

(a) 前罗拉→中罗拉→后罗拉

(b) 前罗拉→后罗拉→中罗拉   (c) 前罗拉→中间轴→中罗拉/后罗拉

图 3 - 13　传统细纱机牵伸罗拉的分路传动

（2）获得大的传动比。若想要用一对齿轮获得较大的传动比,则必然有一个齿轮要做得很大,这样会使机构的体积增大,同时小齿轮也容易损坏。如果采用多对齿轮组成的齿轮系则可以很容易就获得较大的传动比。只要适当选择齿轮系中各对啮合齿轮的齿数,即可得到所要求的传动比。在行星齿轮系中,用较少的齿轮即可获得很大的传动比。

（3）实现换向传动。在主动轴转向不变的情况下,利用惰轮可以改变从动轴的转向。

（4）实现变速传动。在主动轴转速不变的情况下,利用齿轮系可使从动轴获得多种工作转速。如送经机构就是把电动机较快的转速减慢,以配合送经的需要。送经机构的传动齿轮系主要由齿轮、蜗轮蜗杆和制动阻尼装置组成（图 3 - 14）,电动机通过齿轮和蜗轮蜗杆起到减速作用。装在蜗轮轴上的送经齿轮 6 与织轴边盘齿轮 7 啮合,使织轴转动,送出经纱。为了防止惯性回转造成送经不精确,在送经执行装置中都含有阻尼部件。蜗轮轴上装有一只制动盘,通过制动带的作用,使蜗轮轴的回转受到一定的阻力矩作用,当电动机一旦停

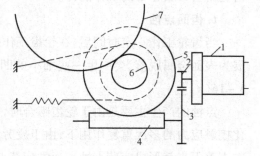

图 3 - 14　送经机构

1—电动机　2、3—齿轮　4—蜗杆　5—蜗轮

6—送经齿轮　7—织轴边盘齿轮

止转动时,蜗轮轴也立即停止转动,从而不出现惯性回转而引起的过量送经。

(5)用于对运动进行合成与分解。采用行星齿轮系可以将两个独立的运动合成一个运动,或将一个运动分解为两个独立运动。传统粗纱机的卷绕机构常采用差动装置就是差动轮系。粗纱机的差动装置由首轮、末轮及臂等机件组成,装在其主轴上,其主要作用是将主轴的恒转速和变速机构传来的变转速合成后,通过摆动装置传向筒管,以完成卷绕作用。根据差动装置臂的传动方式,可分为臂由变速机构传动(Ⅰ型)、臂由主轴传动(Ⅱ型)以及臂传动筒管(Ⅲ型)三种类型,如图3-15所示。图中n_0是主轴转速,n_y是差动机构的变速件转速,n_z是差动机构的输出件转速。目前一些新型粗纱机多采用变频器、伺服系统控制多台电动机分别传动锭翼、罗拉、龙筋。

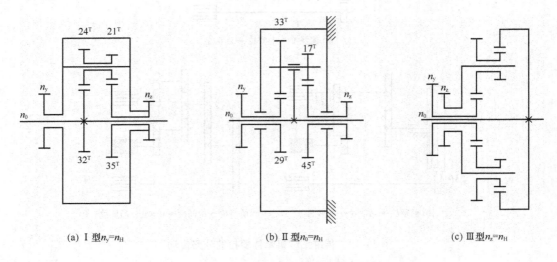

(a) Ⅰ型$n_y=n_H$ (b) Ⅱ型$n_0=n_H$ (c) Ⅲ型$n_z=n_H$

图3-15   粗纱机卷绕机构的差动装置

八、齿轮的失效形式和润滑

(一)齿轮的失效形式

齿轮传动过程中,若轮齿发生齿面点蚀、齿面胶合、齿面磨损、轮齿崩裂和齿面塑变等现象,齿轮就会失去正常的工作能力。

1. 齿面点蚀

当齿轮工作一定时间后,在轮齿工作表面超过限度的接触应力反复作用下,由表层裂纹发展为表面金属脱落,会产生一些细小的凹坑,小的如针眼,大的如豆粒,这就是常见的点蚀[图3-16(a)]。

点蚀的产生主要是由于轮齿啮合时,齿面的接触应力按脉动循环变化,在这种脉动循环变化接触应力的多次重复作用下,由于疲劳,在轮齿表面层会产生疲劳裂纹,裂纹的扩展使金属微粒剥落下来就形成疲劳点蚀。通常疲劳点蚀首先发生在节线附近的齿根表面处。点蚀使齿面有效承载面积减小,点蚀的扩展将会严重损坏齿廓表面,引起冲击和噪声,造成传动的不平稳。

点蚀的起因是多方面的,最主要的还是接触应力越过了极限,但润滑油不当或润滑方式不良,也会引起点蚀。这一点是设备维护人员必须了解的。

2. 齿面胶合

胶合是齿轮磨损的一种现象,而且是最多、最常见的磨损现象。在高速重载传动中,由于齿面啮合区的压力很大,润滑油膜因温度升高容易破裂,齿面的润滑膜完全失去了作用,造成齿面金属直接接触,其接触区产生瞬时高温,致使两轮齿表面焊粘在一起。当两齿面相对运动时:轻的,使齿面产生划痕、擦伤;重的,则拉成深沟,严重的使齿面变色,硬度降低,造成整个齿轮磨坏。这种现象称为齿面胶合[图3-16(b)]。

润滑油的黏度与齿面的油膜厚度有密切的关系。润滑油的黏度愈大,齿面的油膜愈厚,愈不容易发生胶合。

3. 齿面磨损

互相啮合的两齿廓表面间有相对滑动,在载荷作用下会引起齿面的磨损[图3-16(c)]。尤其在开式传动中,由于灰尘、砂粒等硬颗粒容易进入齿面间而发生磨损。齿面严重磨损后,轮齿将失去正确的齿形,会导致严重噪声和振动,影响轮齿正常工作,最终使传动失效。采用闭式传动,减小齿面粗糙度值和保持良好的润滑可以减少齿面磨损。

4. 轮齿崩裂

轮齿崩裂是开式传动和硬齿面闭式传动的主要失效形式之一[图3-16(d)]。主要原因是短时意外的严重过载或受到冲击载荷,超过了轮齿的弯曲疲劳极限。此外,可能是安装过程中出现了问题:本该两个齿轮轴平行的却不平行;齿轮与轴不同心,使齿轮偏心或摆动,以致齿轮咬合不良;齿轮模数可能由于制造原因有差异等。

5. 齿面塑变

在重载的条件下,较软的齿面上表层金属可能沿滑动方向滑移,出现局部金属流动现象,使齿面产生塑性变形,齿廓失去正确的齿形。在启动和过载频繁的传动中较易产生这种失效形式。

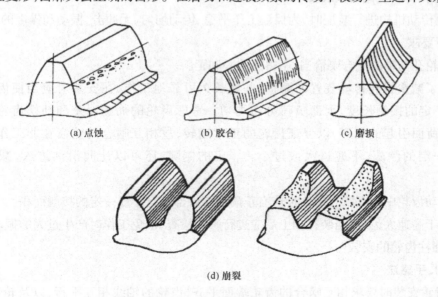

(a) 点蚀　　　　　　(b) 胶合　　　　　　(c) 磨损

(d) 崩裂

图3-16　齿轮传动的失效形式

(二)齿轮传动的润滑

润滑对齿轮传动具有特别重要的意义。润滑的主要目的在于减摩与散热,提高齿轮传动的效率,防止胶合及减少磨损等。由于齿轮传动摩擦产生的发热量较大,所以要求工作时有良好的润滑条件。封闭齿轮传动的润滑方式主要有油池润滑和喷油润滑。在选择润滑油时,先根据齿轮的工作条件以及圆周速度由表3-3查得运动黏度值,再根据选定的黏度值确定润滑油的牌号。

表3-3 齿轮传动润滑油黏度荐用值

齿轮材料	强度极限 σ (N/mm^2)	圆周速度 $v(m/s)$						
		小于0.5	0.5~1	1~2.5	2.5~5	5~12.5	12.5~25	大于25
		运动黏度 $v(cSt)$(40℃)						
塑料、铸铁、青铜钢	—	350	220	150	100	80	55	—
	450~1000	500	350	220	150	100	80	55
	1000~1250	500	500	350	220	150	100	80
渗碳或表面淬火钢	1250~1580	900	500	500	350	220	150	100

注 1. 多级齿轮传动按各级所选润滑油黏度的平均值来确定润滑油。

2. 对于 $\sigma > 800MPa$ 的镍铬钢制齿轮(不渗碳),润滑油黏度取高一档的数值。

对闭式齿轮传动采用油池润滑时,润滑油量的选择既要考虑充分的润滑,又不致产生过大的搅油损耗。这样不仅有利于动压油膜的形成,而且有助于散热。

九、齿轮传动机构的安装和维护

(一)齿轮传动机构的安装要求

对齿轮传动机构进行装配时,为保证工作平稳、传动均匀,无冲击、振动和噪声的工作目标,应满足以下要求。

(1)齿轮孔与轴的配合要恰当,不得有偏心和歪斜。

(2)为了减少齿轮传动装置的磨损,并能长久可靠地工作,在安装对应当使齿轮的整个齿宽上有一定的接触长度,因而负荷分布均匀。考虑齿轮的加工误差和补偿齿轮的热胀变形,及因负荷而引起的变形,以保证齿轮的正常运转,故相互啮合的轮齿在非工作的侧面间应保持有一定的侧隙,不应过大或过小。一定的侧隙,还可以让润滑油进入,减少牙齿的磨损。

(3)传动齿轮中相互啮合的两齿应有正确的接触部位且形成一定的接触面积。

(4)对于高速大齿轮,当装在轴上后应进行平衡检查,以免工作时产生过大的振动。

(二)圆柱齿轮的安装

1. 目测、手感法

圆柱齿轮安装时要求相互啮合的齿轮端面平齐,齿轮的轴线相互平行,以及轮齿侧隙(即啮合松紧)适当。齿轮咬合过松,齿顶、齿侧间隙大运转中易产生冲击,异响和齿轮面的磨损。咬合过紧,齿顶、齿侧间隙小,齿轮易产生"咬死"现象,加快齿轮的磨灭和增加动力消耗。齿轮加工的方式,精度不同,咬合的要求也不同,轮齿搭得深,必然咬得紧(侧隙小),反之轮齿搭得浅,必然咬得松(侧隙大)。校正轮齿啮合侧隙,一般是通过目测、手感来检验侧隙大小是否适当,然后校正。

目测就是目光观测轮齿的底隙和搭接深度(图3-17)。轮齿搭接一般应采用"一、九"搭,即齿底隙是轮齿全高的一成,轮齿的工作长度是轮齿全高的九成。但如齿轮的加工精度低以及尼龙和布质酚醛层压板齿轮,应当搭得浅一些,以防"咬死"可采用"二、八"搭。齿轮使用日久,轮齿磨损,齿轮搭接就应当紧一些。手感就是用手正反方向摇动一只齿轮,另一只齿轮不动,凭手感衡量齿轮的啮合松紧。

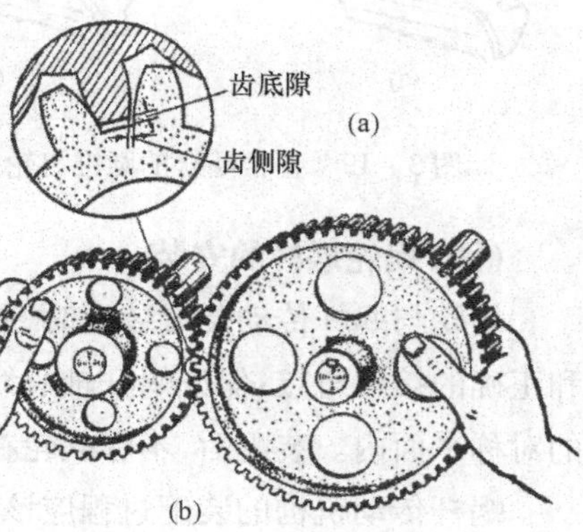

图中标注:齿底隙、齿侧隙、(a)、(b)

图3-17 目测、手感法

2.着色法

轮齿啮合情况是否良好,还可以用色迹来进行检验,用红丹油涂在小齿轮(主动齿轮)的轮齿上(涂色不可太厚或太薄),按照齿轮工作时转动方向转几圈,从被动齿轮上色迹分布可以看出齿轮的装配情况,如图3-18所示。根据色迹情况进行校正,以达到齿轮正确啮合。

(a)正确   (b)中心距太大   (c)中心距太小   (d)两齿轮轴线不平行

图3-18 着色法

(三)圆锥齿轮(伞齿轮)的安装

要使得一对圆锥齿轮相互正确啮合,必须做到以下两点。

(1)两个圆锥齿轮的轴线在一个平面内,且成90°相交。

(2)两个圆锥齿轮的节圆锥体的顶点重合到一点。

安装圆锥齿轮时,同样可以用目测、手感方法检验啮合松紧,以及用色迹法检验安装质量,并根据色迹分布情况进行校正。图3-19为正常啮合的圆锥齿轮接触情况。有时安装不良,会出现着色痕迹较偏。图3-20所示为几种安装情况的色迹比较。图3-20(a)的色迹分布在齿顶,说明齿侧隙过大;图3-20(b)的色迹分布在齿根,并呈窄线状,说明两个齿轮啮合太紧,齿侧隙过小;图3-20(c)的色迹分布在齿轮的窄端且偏向齿顶,说明两个齿轮轴的夹角过大;图3-20(d)的色迹分布在齿轮的宽端,说明两个齿轮轴的夹角过小。

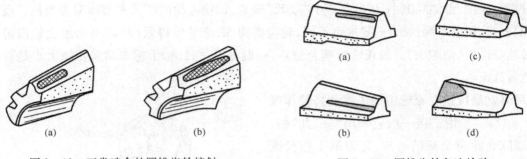

图 3 – 19 正常啮合的圆锥齿轮接触

图 3 – 20 圆锥齿轮色迹检验

(四)蜗轮蜗杆的安装

蜗轮与蜗杆传动装置装配时,要保证蜗轮与蜗杆间中心距的准确性以及有适当的啮合侧隙和正确的接触斑点;保证蜗杆轴心线与蜗轮轴心线互相垂直,并且蜗杆的轴心线位于蜗轮轮齿的对称平面内。装配后,不管蜗轮在什么位置,转动蜗杆时,手感应相同且无卡阻现象。

蜗杆传动机构的装配过程应该按先装蜗轮、后装蜗杆的步骤进行。

1. 蜗轮的装配

蜗轮有整体式和组合式之分,而组合式蜗轮有铸造联接、过盈联接、受剪螺栓联接等形式。在进行装配时,应先把蜗轮的齿冠部分与轮毂部分联接起来,再把整个蜗轮套装到蜗轮轴上,然后把蜗轮轴装入箱体内。

2. 蜗杆的装配

在蜗轮轴装入箱体后,再把蜗杆装入。因蜗杆轴心线的位置,通常由箱体的安装孔确定,故蜗杆与蜗轮的最佳啮合,是通过改变蜗轮的轴向位置来实现,而蜗轮的轴向位置可通过改变调整垫圈的厚度进行调整。

3. 装配后的检验及调整

蜗轮蜗杆安装不正确时,常常引起不正常的发热以及蜗轮蜗杆的迅速磨损。将蜗轮蜗杆初步装好,然后用色迹法来检验校正,先在蜗杆螺纹的表面上涂上薄的一层红丹油,用手慢慢转动蜗杆(正转,反转),然后检验蜗轮牙齿上的色迹,正确的啮合,色迹位置应当接近予蜗杆的出口[图 3 – 21(a)]。如果色迹位置偏于蜗轮牙齿的一端,则表明蜗轮的中心平面没有通过蜗杆的轴心线,即蜗杆位置偏左或偏右[如图 3 – 21(b)、(c)]。如果色迹分布在蜗轮牙齿相反的两端,这说明蜗杆和蜗轮轴心线倾斜(不垂直)。

在安装以后,还应检验蜗轮传动装置转动是否轻便,无论蜗轮转到哪个位置上,都应当灵活无咬住现象。如果转动困难,即表明啮合不正确(歪斜过大、间隙太小或其他安装上的毛病),应进行校正。

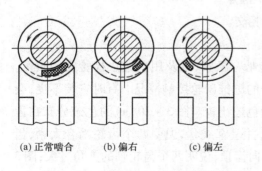

(a) 正常啮合 (b) 偏右 (c) 偏左

图 3 – 21 蜗轮齿面上色迹的不同情况

十、齿轮传动对纺织设备和纺织品质量的影响

1. 齿轮传动对纺织设备的影响

在齿轮传动过程中,如齿轮的各种失效、齿轮尺寸不标准(如偏心、齿形不良等)、齿轮键槽的磨损或松动、齿轮之间的搭接(咬合)不良等都会产生传动顿挫,对其传动的部件造成冲击(如罗拉扭振、轴承磨损等),这样就会缩短纺织设备部件的使用寿命。

2. 齿轮传动对纱线质量的影响

纱线机械波是因为机械缺陷造成纺纱牵伸周期变化,引起纱条不匀、呈规律变化的一种现象。如齿轮的各种失效、齿轮尺寸不标准(如偏心、齿形不良等)、齿轮键槽的磨损或松动、齿轮之间的搭接(咬合)不良等都会产生纱线机械波。其产生纱线机械波的周期长度与由齿轮最终传动的罗拉、胶辊直径和齿轮本身的齿数计算出来。越是工序靠前的设备上的齿轮引起的纱线机械波周期越长。

3. 齿轮传动对布面质量的影响

在织机和印染设备的齿轮传动过程中,如齿轮的各种失效、齿轮尺寸不标准(如偏心、齿形不良等)、齿轮键槽的磨损或松动、齿轮之间的搭接(咬合)不良等都会产生传动顿挫,会在布面上产生织疵和染色横档。

第二节　链传动

所谓链传动,是指在两个或两个以上链轮间用链作为挠性拉线元件的一种啮合传动。它具有平均传动比准确、传动距离远等特点,广泛用于纺织设备中。链传动主要由主动链轮、从动链轮、链条等组成(图3-22)。

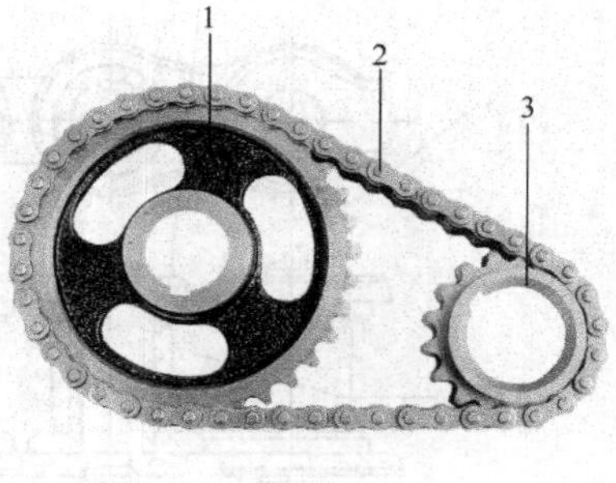

图3-22　链传动
1—主动链轮　2—链条　3—从动链轮

一、链传动的类型和特点

根据其工作性质的不同,链条可划分为传动链、起重链等类型。

1. 起重链

起重链用于提升重物,其速度一般为0.25m/s。纺织厂搬运货物的叉车就用起重链。

2. 传动链

传动链用于传递运动和动力,其速度一般为12~15m/s。传动链一般分为套筒链、套筒滚子链(简称滚子链)、齿形链、成型链四种。纺织设备上主要使用滚子链,所以本节主要讲述滚子链。

3. 链传动的传动比

$$i = n_1/n_2 = z_1/z_2$$

式中：n_1、n_2——主、从动轮的转速，r/min；

　　　z_1、z_2——主、从动轮齿数。

4.链传动的特点

与皮带传动相比，链传动速比稳定，在工作中对轴所产生的压力很小；与齿轮传动相比，链传动能够在两轴相距很远的条件下传递功率。同时，它具有传动速比大（15左右）、速度高、功率大，以及可用一根链条同时传动多根轴的特点。

二、链传动的结构和参数

（一）滚子链

1.滚子链的结构

滚子链由滚子、套筒、销轴、外链板和内链板组成（图3-23）。套筒与内链板、销轴与外链板分别用过盈配合（压配）；套筒与销轴、滚子与套筒均采用间隙配合（图3-24）。当传动大载荷时，多采用双排链和多排链。它们相当于用长销轴把单排链并联起来，排数越多，承载能力越强，但一般不超过4列为宜。

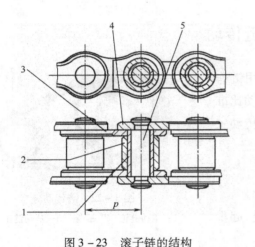

图3-23　滚子链的结构

1—套筒　2—滚子　3—内链板　4—外链板　5—销轴

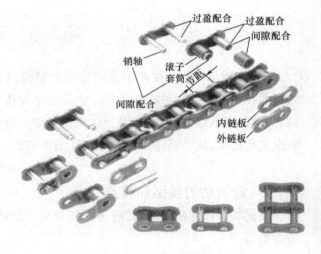

图3-24　滚子链的配合

2.滚子链的主要参数

（1）节距。节距指链条的相邻两销轴中心线之间的距离，以符号P表示。链的节距越大，承载能力越强，但链传动的结构尺寸也会相应增大，传动的振动、冲击和噪声也越严重。滚子链的承载能力与排数成正比，但排数越多，各排受力越不均匀，所以排数不能过多。

（2）节数。滚子链的长度用节数来表示。如果链节数为偶数，内链板与外链板一般用弹性锁片（称弹簧卡）或大节距（称开口销）相接。如果链节数为奇数，采用过渡链节固联，但是产生附加弯矩，所以尽量不用。为方便连接，链节数应尽量选取偶数。为使链条与链轮轮齿磨损均匀，链轮齿数一般应取与链节数互为质数的奇数。

（3）链条速度。链轮速度不宜过大，链条速度越大，链条与链轮间的冲击力也越大，会使传动不平稳，同时加速链条和链轮的磨损。一般要求链条速度不大于15m/s。

3. 滚子链的标记

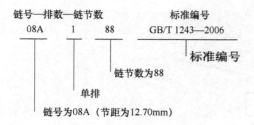

4. 链轮的齿数

为保证传动平稳，减少冲击和动载荷，小链轮齿数不宜过小，一般应大于17。大链轮的齿数也不宜过多，齿数过多除了增大传动尺寸和质量外，还会出现跳齿和脱链现象，通常应小于120。由于链节数常取偶数，为使链条与链轮轮齿磨损均匀，链轮齿数一般应取与链节数互为质数的奇数。

（二）齿形链

齿形链由一组带有齿的内、外链板左右交错排列，用铰链连接而成（图3－25）。与滚子链相比，其传动平稳性较高，承受负荷能力较强，多用于高速和运动精度较高要求的场合。

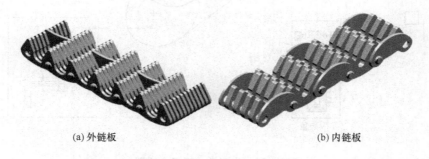

(a) 外链板　　　　　　　　　　　　　(b) 内链板

图3－25　齿形链的结构

三、链传动的应用

1. 滚子链的应用

链传动的主要形式如图3－22所示，但在纺织设备中，也有许多地方使用非传统的链传动方式，如在纺织设备的升降装置中就是开式链条传动，图3－26所示为粗纱机龙筋的升降装置。此外，也有个别纺织设备采用无齿链轮传动，如一些型号浆纱机的烘筒传动。

2. 齿形链的应用

在传统的短丝纺丝机中，就采用齿形链式无级变速器（PIV）作为变速装置。也有粗纱机采用齿形链式无级变速器作为变速装置的，如图3－27所示。

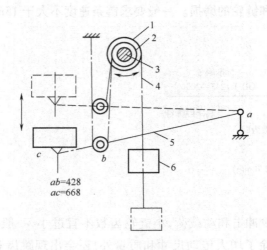

图 3 - 26　开式链传动

1—重锤链轮　2—升降链轮　3—升降平衡轴　4—链条　5—摆臂（升降杆）　6—平衡重锤

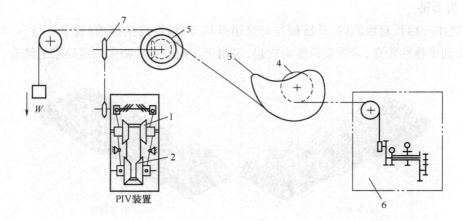

PIV装置

图 3 - 27　齿形链式无级变速器

1—输入轴　2—输出轴　3—成形凸轮　4—链轮　5—钢丝绳轮　6—成形装置　7—调速轮

四、链传动的主要失效形式

链条和链轮经长期使用会产生自然磨损。当其传动机件阻力大，转动不灵活时，磨损更严重。如果不注意清洁，润滑不足时也更容易磨损。若链条张力过大，也会加剧磨损。链传动的失效形式主要有以下几种。

1. 链板疲劳破坏

由于链条受变应力的作用，经过一定的循环次数后，链板会发生疲劳破坏，在正常润滑条件下，疲劳强度是限定链传动承载能力的主要因素。

2. 滚子、套筒的冲击疲劳破坏

链轮反复启制动、反转或受重冲击载荷时,在链节与链轮啮合处,滚子与链轮间会产生冲击。高速时冲击载荷较大,套筒与滚子表面发生冲击疲劳破坏。经多次冲击,销轴、滚子、套筒最终产生冲击断裂。

3. 销轴与套筒的胶合

当润滑不良或速度过高时,销轴与套筒的工作表面摩擦发热较大,而使两表面发生黏附磨损,严重时则产生胶合。

4. 链条铰链磨损

链条在工作过程中,销轴与套筒的工作表面会因相对滑动而磨损,导致链节的伸长,容易引起跳齿和脱链。

5. 过载拉断

在低速($v < 6\text{m/s}$)重载或瞬时严重过载时,链条可能被拉断。

五、链条和链轮的安装和维护

纺织设备上采用链传动日益增多。但是链传动仅适用于两轴平行的场合,同时传动中被动轮圆周速度波动不定(采用大节距时更突出),并且易于磨损。磨损后,节距长度会增大,就会引起传动工作的不正常。因此,链传动装置要求精确安装,经常仔细地进行维护。

1. 装链轮

链轮一般应用键牢固的装在轴上,严格要求一组链轮的旋转平面在同一个平面内,且轴芯相互平行。两链轮的轴线应平行。两链轮间的轴向偏移应小于允许值:当中心距 < 500mm 时,允许的偏移量为 1mm;当中心距 > 500mm 时,允许的偏移量为 2mm。其安装方法与皮带轮安装相似,并需注意防止链轮运转中有轴向位移。特别是作正反转的链轮,运转中容易松动,造成链条和链轮迅速磨损,这种链轮安装时,键应紧一些,最好用花键。

2. 装链条

将链条套装在链条轮上的方法通常有两种:一种是先将链条两端连接起来,然后再套在链轮上;另一种是挂在链轮上,之后再进行连接。前者应该有张紧轮装置或可以调节中心距的机构,后者则需运用拉紧工具拉紧之后方能连接。图 3 – 28 为套筒滚子链的联接形式。图 3 – 28 (a)是链条为偶数节时,用开口销来固定活动销。也可用弹簧夹来固定活动销,此时应注意使弹簧夹的开口端方向与链的运动方向相反,以免受碰撞后脱落。图 3 – 28(b)是当链条为奇数节时,须加一过渡节来进行联接的情况。

对套筒滚子链来说,若结构上允许在链条装好后再装链轮,这时链条的接头可预先进行联接。若结构上不允许链条预先将接头联接好,就必须将链条先套在已装好的链轮上,并采用拉紧工具将链条两端拉紧后再进行联接[图 3 – 29(a)]。对于齿形链来说,则只能在链轮上进行拉紧联接[图 3 – 29(b)]。

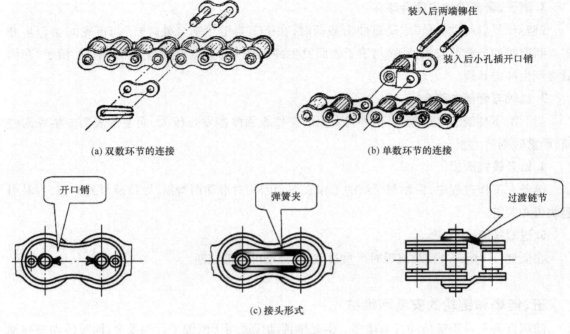

(a) 双数环节的连接　　　　　　　　　(b) 单数环节的连接

装入后两端铆住

装入后小孔插开口销

开口销　　　　　　　　　　弹簧夹　　　　　　　　　　过渡链节

(c) 接头形式

图 3 – 28　套筒滚子链的联接形式

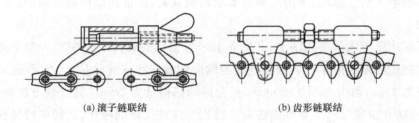

(a) 滚子链联结　　　　　　　　　　(b) 齿形链联结

图 3 – 29　用拉紧工具联接

3. 链条的张紧

由于链条在传动中承受着圆周力、离心力、链条自身下垂所附加的拉力等作用,以及由于运动的不均匀性而承受着冲击载荷。因此,适宜的张紧状态对传动的平稳、减少噪声、降低工作中对各部件的负荷以及延长链条的使用寿命有密切关系。

链条的张紧程度不取决于其工作能力,而是由垂度大小决定。判断链条的张紧程度是否合适,常常采用手指按压链条的经验方法,根据包围角的大小来判别,如图 3 – 30 所示。为防止链条垂度过大造成啮合不良和松边的颤动,需用张紧装置。如中心距可以调节时,可用调节中心距来控制张紧程度;如中心距不可调节时,可用张紧轮。张紧轮应安装在链条松边靠近小链轮处,放在链条内、外侧均可。张紧轮可以是链轮,也可以是无齿的滚轮(其宽度比链轮约宽5mm,直径可与小链轮直径相近)。张紧轮的位置可以人工调整或自动调整,如祖克浆纱机上的无齿链轮传动的链条就是通过气压装置自动调整。

链条的张紧程度要适当,若张力过大,造成链条伸长,使链条节距和链轮节距出现差异时,其接触点向齿尖上移,形成如图 3 - 31 所示的装配情况,尤其会加剧齿形的磨损。这种磨损量愈多则节距差异愈大,恶性循环,将会出现传动异响,直到不能工作。如链条的张力过小,则会出现跳齿和脱链。

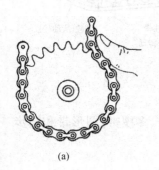
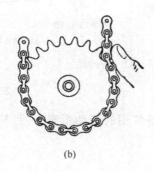
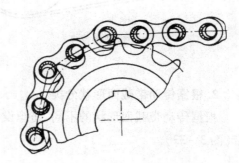

<table>
<tr><td>(a)</td><td>(b)</td></tr>
</table>

图 3 - 30　链条张紧传动的判断　　　　　图 3 - 31　链条张力过大时的装配情况

4. 链传动的润滑维护

链传动应该在经常清洁润滑的条件下工作,以延长链条寿命。因此在安装前应用煤油进行清洗和机油浸渍,并用揩布揩干,然后安装。运转过程中,要经常保持链条的清洁并给以适当润滑。

润滑有利于缓冲、减小摩擦、降低磨损,润滑良好否对承载能力与寿命大有影响。若是人工润滑,需用油壶或油刷给油,每班注油一次。若是自动润滑,则需要按要求给润滑装置定期注油。纺织设备一般选用普通机械油即可。如链条采用喷涂塑料或粉末冶金的含油套筒,因有自润滑作用,允许不另加润滑油。

第三节　带传动

带传动是一种利用带轮和传动带间的摩擦或啮合作用来传递动力或运动,是一种挠性传动装置,具有传动平稳、缓冲减振和过载保护作用。本节将介绍纺织设备常用带传动的类型、应用和使用等内容。

一、带传动的类型和传动比

1. 根据传动原理可分类

带传动是利用张紧在带轮上的柔性带,借助它们间的摩擦或啮合,在两轴(或多轴)间传递运动或动力的一种机械传动,在各种机械传动中被广泛应用。根据工作原理的不同,带传动分为摩擦带传动和啮合带传动两大类(图 3 - 32)。摩擦传动是传动带以一定的张紧力套在主动轮和被动轮上,依靠传动带和带轮表面之间产生的摩擦力传递运动。啮合传动则是依靠同步带表面的齿与同步带轮上的齿槽相啮合传递运动。因此,啮合传动可以达到同链传动或齿轮传动相同的固定传动比。

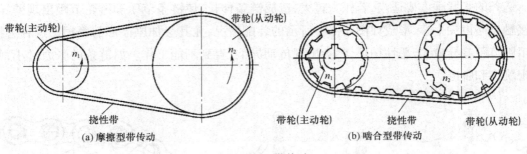

(a) 摩擦型带传动　　　　　　　　　　　　　　(b) 啮合型带传动

图 3 - 32　带传动

2. 根据传动带截面形状分类

根据传动带截面形状的不同,纺织设备常用的传动带有平带、V 带、多楔带、圆形带和同步带(图 3 - 33)。

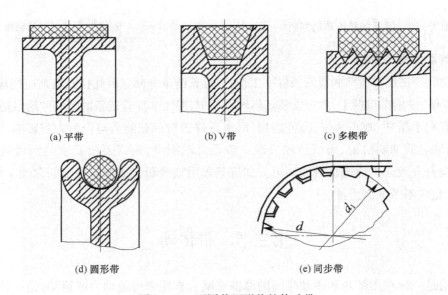

(a) 平带　　　　　　　　(b) V 带　　　　　　　　(c) 多楔带

(d) 圆形带　　　　　　　　　　　(e) 同步带

图 3 - 33　不同截面形状的传动带

3. 带传动的传动比

如果不考虑带与带轮间打滑因素的影响,带传动的传动比就是主动轮转速 n_1 与从动轮转速 n_2 之比,用公式表示为:

$$i_{12} = \frac{n_1}{n_2} = \frac{d_2}{d_1}$$

式中:n_1、n_2——主、从动轮的转速,m/min;

d_1、d_2——主、从动轮的直径,mm。

4. 带速 v

带速计算公式:

$$v = \frac{\pi d n}{60 \times 1000}$$

式中：v——传动带的速度，m/min；

　d——带轮的直径，mm；

　n——带轮的转速，r/min。

二、平带传动

平带抗拉强度较大，耐湿性好，中心矩大，价格便宜，但传动比小，效率较低，可呈交叉、半交叉及有导轮的角度传动，传动功率可达500kW。传动比一般小于7，带速15～30m/s。平带的挠性好，与圆柱形带轮工作面接触，属于平面摩擦传动。

1. 平带的传动形式

（1）按照两轴的位置和转向分，平带传动的常见形式有开口传动、交叉传动和半交叉传动，如图3－34所示。纺织设备中一般使用开口传动。

（2）按照平带传动传动比分，通常有定传动比、有级变速和无级变速。纺织设备中一般使用定传动比，有级变速常用在络筒机和细纱机的上清洁装置，无级变速用在传统粗纱机的筒管卷绕变速装置（其带轮俗称为铁炮）。

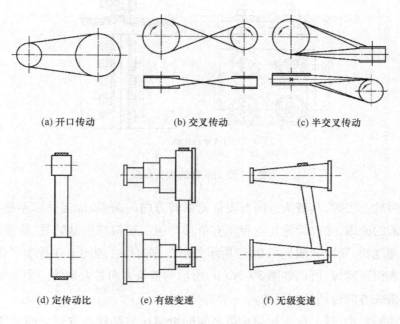

(a) 开口传动　　　　(b) 交叉传动　　　　(c) 半交叉传动

(d) 定传动比　　　(e) 有级变速　　　(f) 无级变速

图3－34　平带的传动形式

2. 平带的接头形式

平带的截面形状为矩形，有胶帆布带（应用最多）、编织带及强力锦纶带等类型。平带的规格已经标准化，通常整卷出售，使用时根据所需长度截取，并将其端部联接起来（常采用胶合接头和机械接头）。现在纺织设备上使用的平带多是已经接头的，只有维修时才需重新接头。平带的接头形式有皮带扣、胶接、螺栓联接和缝合等形式。

（1）皮带扣接头。使用皮带扣连接时，将平皮带两端接头处切削平齐，钉上带扣，使一端的扣钩插入另一端扣钩的空隙中，用铁丝插入扣钩的孔中，这样皮带就连接起来了，如图3-35(a)所示。

（2）胶接。纺织设备使用的橡胶平带胶接需要粘接热合机、冷压定形机和黏合剂等。胶接皮带时，皮带两端胶接处要切削成斜面，使接合处保持与皮带的厚度一致[图3-35(b)]。接头处的搭接长度根据平皮带的宽度与厚度而定。

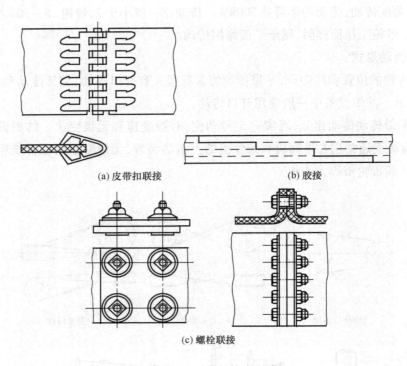

(a) 皮带扣联接　　　　　　　　(b) 胶接

(c) 螺栓联接

图3-35　平带的接头形式

带装到皮带轮上去时，其搭头方向与皮带轮回转方向的关系，应当是以不使搭头处跷起为原则。造成跷起的原因，是皮带轮与皮带间有滑移产生。通常在主动轮处，皮带轮的表面速度总是较皮带的速度快，所以如图3-36(a)所示的搭头方向是合理的。在被动皮带轮处，皮带速度快而皮带轮表面速度慢，所以如图3-36(b)所示的搭头方向是合理的。由此可见，主动轮与被动轮要求的搭头方向恰巧是相反的。

在皮带传动装置中，被动皮带轮与皮带之间的滑移比主动轮与皮带之间的滑移大，皮带搭头应采用与被动皮带轮相适应的方向，如图3-36(c)所示。

（3）螺栓联接[图3-35(c)]。平带一般在重载时，才使用螺栓联接，如G142型浆纱机的无级变速器使用的传动带就是使用螺栓联接。

（4）缝合。在无缝橡胶锭带推广使用前，细纱机的棉锭带就是使用缝合连接的。

3. 平带在纺织设备上的应用

平带在纺织设备上的应用非常广泛，如络筒机的空管输送带，络筒机和细纱机的上清洁装置的传动带。图 3－37 所示为梳棉机刺辊的传动。刺辊由锡林通过一根强力锦纶平带传动刺辊皮带轮,并由一只固定张力轮和一只可调张力轮以保持平带的张力。它的传动性能好,结构简单,取消了交叉平带,可以延长平带的使用寿命。

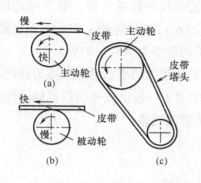

图 3－36　平带胶接与运动方向的关系

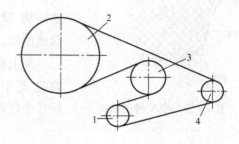

图 3－37　平带正反面传动锡林和刺辊

1、4——张力轮　2—锡林皮带轮　3—刺辊皮带轮

三、V 带传动

常用的 V 带有普通 V 带、窄 V 带、宽 V 带等,其楔角(V 带两侧边的夹角)均为 40°。GB/T 11544—2012 规定,按截面尺寸从小到大分为 Y、Z、A、B、C、D、E 七种型号。在相同条件下,横截面尺寸越大,传递的功率越大。

1. 普通 V 带

普通 V 带是截面为等腰梯形的传动带,它在纺织机械中的应用很广泛。其结构如图 3－38 所示。其两个侧面为工作面,与带轮轮槽侧面接触,属于楔面摩擦传动。在相等的张力情况下,其摩擦力约比平带大 70%,牵引能力也有提高。

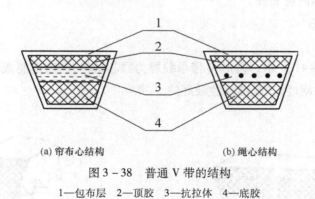

(a) 帘布心结构　　　　(b) 绳心结构

图 3－38　普通 V 带的结构

1—包布层　2—顶胶　3—抗拉体　4—底胶

2. 窄 V 带

如图 3－39 所示,窄 V 带是在普通 V 带基础上发展起来的一种新型 V 带,它与普通 V 带相比,带的宽度约减小 1/4,所以横向刚度较大;带的顶面呈拱形,使强力层受载后仍保持一个平面,受力均匀。此外,其强力层的位置略高于普通 V 带,使中性线上移,如上其两侧呈内凹曲线形,使带在带轮上弯曲时与带轮的槽面接触面积增大,柔性增加,因此,窄 V 带传递功率的能力比普通 V 带高得多。

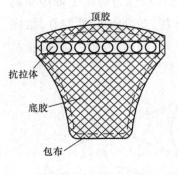

图 3 - 39　窄 V 带的结构

窄 V 带的长度误差比普通 V 带小 1/2 ~ 1/3,因此,用多根窄 V 带传动时,每根传动带的受力较均匀,带的寿命可提高 2 倍左右。窄 V 带带轮宽度和直径可减小,费用比普通 V 带降低 20% ~ 40% ,可以完全代替普通 V 带。窄 V 带适用于高速传动,带速可达 20 ~ 25m/s,极限达 40 ~ 50m/s;但也适用于低速传动。窄 V 带的传动效率为 90% ~ 97% 。

综上所述,窄 V 带适用于大功率和结构紧凑的传动场合。因此,近年来它越来越多用于一般机械和纺织机械的传动中,预计今后有取代普通 V 带的趋势。

3. 宽 V 带

宽 V 带如图 3 - 40 所示。宽 V 带曲挠性好,耐热性及耐侧压性能好,它广泛应用在无级变速传动机构中。如剑杆织机中常用的亨特式送经机构,其无级变速部分就采用的宽 V 带式无级变速。

宽 V 带具有以下特点。

(1)带的宽度大,带宽与带高之比一般为 2 ~ 4。

(2)变速范围较大,传动比可达 3 ~ 6,带越宽,楔形角越小,变速范围越大;用楔形角小的宽带时,变速范围可达 9 ~ 12。

(3)带的楔形角较小,在 22° ~ 40°之间。

(4)具有足够的横向刚度,能避免"塌腰"和扭转等现象。

(5)具有足够的纵向挠曲性。

(6)带的伸长率较小。

4. 齿形 V 带

齿形 V 带如图 3 - 41 所示。齿形 V 带承载层为绳芯结构,内表面制成均布横向齿的 V 带。它散热性好,与轮槽黏附性好,是曲挠性最好的 V 带。

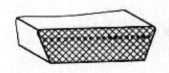

图 3 - 40　宽 V 带

图 3 - 41　齿形 V 带

四、多楔带

多楔带又称复合 V 带,它是一种新型传动带,是在平带基体下腹有若干纵向三角形楔的环形带,楔形面是工作面。近年来,它的应用已较广泛,在纺织机械中,一般用在要求 V 带根数较多、冲击力较大的设备中。多楔带兼有平带和 V 带的优点,与平带相比,有同样的可挠性,但在运转时它不会从带轮上脱落。其能适用于高速,速比可达1∶10。与普通V带相比,多楔带具有下列优点。

(1)传动能力大。由于多楔带和带轮的接触好,各工作面间的载荷分布均匀,所以它的承载能力高。在与普通V带相同宽度的情况下,多楔带的传动功率可以增加30% ~ 50% ,也就是在传递相同的功率时,采用多楔带可使轮的直径和宽度减小,结构紧凑,成本降低。

(2)消除了多根带传动时带长度不均的现象。因此在瞬时过载时,多楔带仍能不打滑,继续以高效率传动。一般V带的宽度沿带的周长有制造误差,造成传动比变化及引起振动,而多楔带没有这种缺点,它振动小,发热少,运转平稳。

(3)伸长率小,使用寿命长。多楔带和同步带一样,采用伸长率小、抗拉与抗疲劳强度高的钢丝绳或聚酯线绳作为强力层,外面包覆橡胶或聚氨酯。特别是聚氨酯多楔带,由于其密度小、强度高,耐油及耐磨性好,摩擦因数高,传动性能更好。

五、圆形带

圆形带是截面为圆形的传动带,具有传动结构简单、传动比大、应用范围广等优点。这种带多为聚氨酯制造的,通常没有芯体,结构最为简单,使用方便,一般用在轻载的纺织机械和仪器中,如缝纫机。

六、同步带

同步带靠带上的齿与带轮上齿槽的啮合作用来传递运动和动力。同步带工作时,带与带轮之间不会产生相对滑动,能够获得准确的传动比,因此它兼有带传动和齿轮传动的特性和优点。近年来,同步带传动在纺织机械中的应用日趋广泛,如精梳机、自动络筒机、喷气织机、剑杆织机、喷水织机、织带机和电脑横机等设备中均有应用。

同步带按齿形分类可分为梯形齿同步带和圆弧齿同步带两类(图3-42)。圆弧齿同步带和梯形齿同步带相比,齿根应力集中小,寿命更长,传递功率比梯形齿高1.2~2倍。

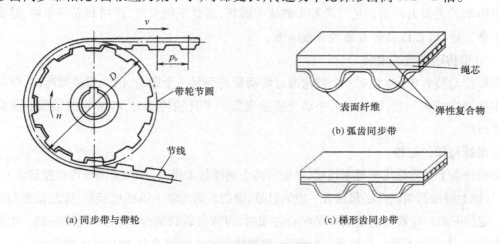

(a) 同步带与带轮

(b) 弧齿同步带

(c) 梯形齿同步带

图3-42 同步带结构和类型

同步带传动有以下特点。

（1）传动准确，没有打滑。同步带传动属于啮合传动，传动时同步带的齿与带轮的齿槽相啮合，传动比较准确，没有打滑。

（2）能适用于高速运转。现代机器要求速度高，可长时间连续运转，同步带能满足这一要求，其最高速度可达80m/s。

（3）维护保养方便。它不是金属和金属接触，所以不需要加润滑油，使机器保持清洁。同时，同步带在使用中不会伸长，所以给定初张力后不必调整，适宜在人员不易接近或操作不方便的部位采用。由于纺织企业飞花较多且容易积聚，所以要经常检查和清洁同步带和带轮上面的飞花，以防飞花嵌齿，避免引起跳带和打滑。

（4）结构紧凑。同步带强度高，重量轻，带的厚度薄，挠性好，适于高速和较小的带轮直径，传动结构紧凑。

（5）传动效率高。同步带传动不是摩擦传动，且不需要有很大初张力，因此可减少轴承受力。同步带重量轻，啮合性能好，运行时产生的热量小，因此传动效率高，可达98%~99%。

（6）冲击性小。同步带没有链传动时节线上下跳动的现象，因此传动平稳，冲击性小，能用于正反向和精密的传动中。

（7）可减轻传动机构的重量。用同步带传动，可是用铝合金或尼龙带轮。因此，当传动相同功率时，采用同步带可以减轻传动机构的重量。

（8）速比大、载荷范围大。同步带传动的传动比可高达12~20，它能用于小至数瓦，大致数百千瓦的传动中。

（9）噪声小。同步带具有弹性，因此其传动的噪声小于齿轮或链传动。

（10）由于同步带不是靠摩擦力传递动力的，带的预紧力可以很小，作用于带轮轴和其轴承上的力也很小，所以轴承的使用寿命也相应增加。

七、传动带的安装和维护

带传动的主要失效形式是打滑和带的疲劳破坏，因此正确安装、使用和妥善保养，是保证带传动正常工作、延长传动带寿命的有效措施。

（一）带传动装置的安装

在带传动装置中，动力从一个带轮通过传动带传到另一个带轮，因此安装带轮时，带轮与轴应当牢固地连接在一起，回转时无松动及摇摆现象。平行轴传动时，各带轮的轴线必须保持规定的平行度

1. 带轮与轴的连接

纺织设备上多数是用平键来连接，平键的两个侧面是工作面（即两个侧面传递扭转力）。配键时，键与轴上键槽的两侧面必须带有一定的过盈，键的底面与轴上键槽底接触，键的顶面与轮毂间应有一定的间隙。轮毂上的键槽与键配合过紧时，可修整轮毂的键槽，但不允许松动。皮带轮往轴上安装时，先将轴上及皮带轮孔中揩干净，将键装到轴上的键槽中，然后装上皮带轮。

2. 带轮位置的校正

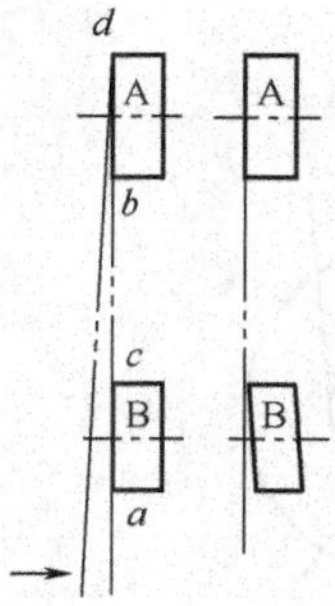

一对互相传动的皮带轮,轮缘宽度相等时,只要校正两个皮带轮的侧面平齐就行了;若轮缘宽度不相等,其中心要对这正,否则会出现皮带和带轮单边磨损。两皮带轮的中心距较小时,可以用钢直尺校正,以钢直尺紧靠一个皮带轮的侧面,校正另一只皮带轮,使之与钢直尺紧靠即可。如两皮带轮中心距较大,则可以用拉线法校正,如图3-43所示。拉一根线,一端紧靠A轮上的一点d,拉住线的另一端按箭头方向移动到与A轮上的另一点b轻轻接触为止。校正B轮上的c、a两点也同时与线接触即可。如B轮上的c、a两点不能同时接触,则说明两个皮带轮的轴不平行,须校正轴的位置。

图3-43 V带轮位置的拉线法校正

(二)传动带的安装

(1)普通V带和窄V带不得混用。不同厂家的V带和新旧不同的V带,尽不能同组使用,否则会使V带加速损坏。

(2)V带在槽轮中安装位置如图3-44所示。

(a) 正确　　　　　(b) 错误

图3-44 V带在槽轮中安装位置

(3)多根V带传动时,为使各带受载均衡,带的配合公差不应大于允许规定的数值,各根的长度、张紧度应基本一致,张紧度要符合要求。V带张紧度的经验测定方法如图3-45所示。长1m的V带,用大拇指能压下15mm为宜。

(4)应注意主动、从动皮带轮的轴线保持平行,轮槽必须在同一平面内。

(5)安装传动带时不许用铁制工具强行撬入,否则会使传动带内层与强力层之间发生剥离或表皮被划破,造成被撬局部的松弛,同时还可能撬坏传动带轮槽。正确的安装方法是先将张紧装置调松,然后用手将传动带压入带轮槽,最后再调紧。

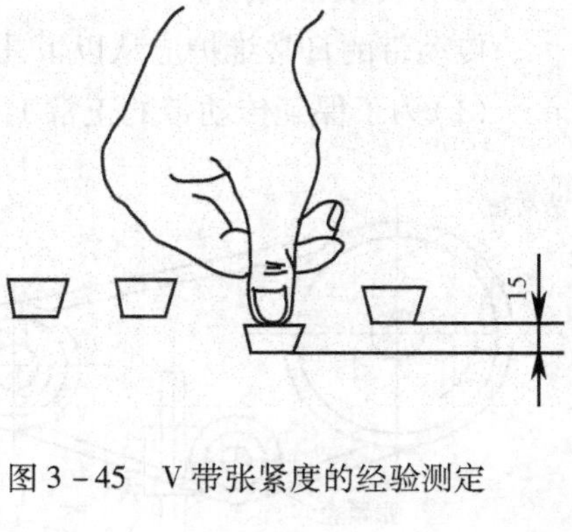

(三)带的调整

由于传动带的材料不是完全的弹性体,因而带在工作一段时间后会发生塑性伸长而松弛,使张紧力降低。将传动带进行适当的调整,使传动带具有一定的预紧力是带传动正常工作的重要因素。为了保证带传动的能力,应定期检查张紧力的数值,发现不足时,必须重新张紧,才能正常工作。因此,带传动需要有重新张紧的装置。

图3-45 V带张紧度的经验测定

1. 调节中心距张紧

移动一个带轮,使轴间距改变,一般是调节电动机的位置(图3-46)。

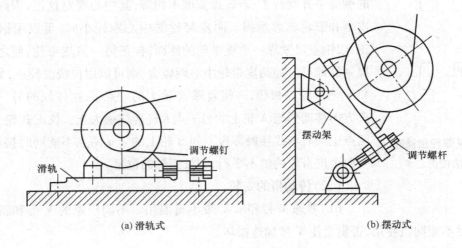

(a) 滑轨式
(b) 摆动式

图3-46 调节中心距张紧

2. 设置张紧轮张紧

利用一个位置可调的张紧轮进行调节带的拉力和包角(图3-47)。张紧轮一般应放在松边的内侧,使带只受单向弯曲。同时,张紧轮应尽量靠近大轮,以免过分影响在小带轮上的包角。张紧轮的轮槽尺寸与带轮的相同。

3. 改变带长

对有接头的平带和圆形带,常采用定期截去带长,使带张紧。

以上三种调整方法都是为了加大带与带轮之间的摩擦力,以免在传动过程中产生打滑、脱落等失效现象。

(四)传动带的维护

传动带的日常维护应从以下几个方面进行。

(1)为了保证传动带的正常工作,应定期检查传动带的使用情况,发现磨损严重、裂纹、老化、折皮等缺陷时应及时更换,沾有油污的要将其清洗干净。在一组皮带中,安装后不能有松紧不均的现象,如安装过紧,皮带严重变形,会缩短皮带的寿命,同时也会使轴承由于径向受力过大而发热,加快轴承的损坏;如皮带过松,则被带动的部分就达不到额定转速,甚至产生打滑现象。

(2)如果皮带的张紧度进行调整后仍满足不了规定要求,必须更换新的皮带。皮带运行温度不应超过60℃,不要随便涂皮带蜡。如发

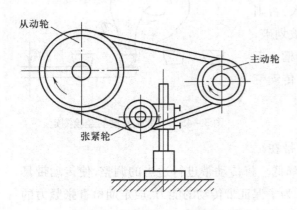

图3-47 设置张紧轮张紧

现皮带表面发光,说明皮带已经打滑,要先清除皮带表面的污垢,再涂上适量的皮带蜡。清洁皮带时要用温水,不要用冷水和热水。

（3）对于皮带,不宜涂松香或黏性物质,也要防止皮带污染变质。上机油、黄油、柴油和汽油,否则会腐蚀皮带,缩短使用寿命。皮带的轮槽内也不能沾上油污,否则会打滑。

（4）皮带不用时要保管好,应保存在温度比较低、没有阳光直接照射和没有油污以及腐蚀性烟雾的地方,以防止皮带老化。

八、传动带对纺织设备和产品质量的影响

1.传动带对传动效率和设备的影响

（1）如预紧力不足,带将在带轮上打滑,会使传递载荷的能力和效率降低,带的工作面磨损,小带轮急剧发热,有时还会导致带的振动;同步带还会因啮合不良而跳齿,甚至从带轮上脱落。但预紧力过大,会使带的寿命降低,轴和轴承上的载荷增大,加剧轴承的发热和磨损。

（2）由于带的弹性变形而引起的带与带轮间的滑动,称为弹性滑动。这是带传动正常工作时固有的特性,是不可避免的。弹性滑动引起的后果是:从动轮的圆周速度低于主动轮的圆周速度,产生了速度损失;降低了传动效率,增加带的磨损,缩短带的寿命;使带温升高。

2.传动带对产品质量的影响

在整经机和浆纱机的开车过程中,特别是卷径较大时,出现卷绕张力或卷径突变,大多是卷绕电动机皮带过松或磨损严重引起的。在细纱机上,若锭带打滑会出现弱捻纱、松纱等。在纺纱设备中,若齿形带缺齿或因卡花玷污造成跳齿、爬齿,会使纱线产生机械波。纱线机械波的长度可通过齿形带传动的轴或罗拉头齿数计算出齿形带传动的轴或罗拉转过的圈数,从而算出纱线机械波的长度。

3.传动带对产量统计的影响

现代新型纺织设备对产量的统计,许多时候是按照带轮转动速度计算的,传动带打滑会使计算出现误差。

习题

1.齿轮的常见类型有哪些?

2.渐开线齿轮正确的啮合条件是什么?

3.斜齿轮安装时需要用什么类型的轴承配合?

4.圆锥齿轮安装时的要点是什么?

5.了解蜗杆头数的判断方法,观察其旋转方向。

6.齿轮系的常见类型有哪些? 会计算平面定轴齿轮系传动比。

7.齿轮系有哪些作用?

8.齿轮的失效形式有哪些? 应如何避免?

9. 掌握常见几种齿轮的安装方法,初步学会用目测、手感和色迹法判断齿轮安装是否合适。

10. 了解齿轮传动对纺织设备运行和产品质量的影响,了解其对纱线产生机械波的概念。

11. 滚子链由哪些机件组成?

12. 掌握链条和链轮的安装方法,会选择和使用合适的链条接头形式。

13. 掌握判断链条松紧的方法,知道链轮齿数与链节适宜配合的关系。

14. 带传动有哪几种形式? 其原理各是什么?

15. 知道平带胶接的方法,以及皮带搭头与平带运动方向的关系。

16. V带有哪些类型? 它们各自的传动特点是什么?

17. 同步带传动有哪些特点?

18. 会正确安装各种带,了解其张紧方法及其张力对轴承的影响。

第四章 纺织设备常用的机构

机构是机器设备的组成部分,是一种只能实现运动和力的传递与变换的装置。纺织设备常用一些机构来控制和完成生产上所需要的特定动作,如连杆机构、凸轮机构和间歇运动机构等。

第一节 平面连杆机构

连杆机构的构件一般呈杆状,有的机构虽然不呈杆状但其在绘制机构简图时抽象为杆状,故均简称杆。具有四个构件的连杆机构称为四杆机构,多于四个构件的连杆机构统称为多杆机构。连杆机构广泛用于工作机构和控制机构中,在纺织设备中又以四杆机构的应用最为广泛。本节主要介绍四杆机构,对于多杆机构的应用也简单介绍。

一、铰链四杆机构基本类型和特性

通常把构件之间用四个转动副相连的平面四杆机构称为铰链四杆机构。在铰链四杆机构中,固定不动的杆 AD 为机架,与机架相连的杆 AB 与杆 CD 称为连架杆,连接两连架杆的杆 BC 为连杆。连架杆 AB 与 CD 通常绕自身的回转中心 A 和 D 回转,杆 BC 作平面运动,能作整周回转的连架杆称为曲柄,不能作整周回转的连架杆称为摇杆,如图 4 – 1 所示。

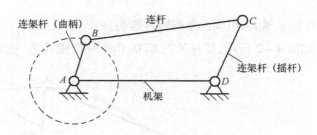

图 4 – 1　铰链四杆机构

1. 铰链四杆机构的基本类型

在铰链四杆机构中,根据连架杆运动形式的不同(根据连架杆是否为曲柄),可分为曲柄摇杆机构、双曲柄机构和双摇杆机构三种基本形式(图 4 – 2)。这三种基本形式的四杆机构的区别在于机构中是否存在曲柄,而曲柄的存在必须满足两个条件:最短杆与最长杆的长度之和小于或等于其他两杆长度之和,连架杆和机架中必有一杆是最短杆。

(1)曲柄摇杆机构。两连架杆中一个为曲柄(长度最短)的平面四杆机构,称为曲柄摇杆机构。曲柄摇杆机构主要应用于把转动变为摆动或把摆动变为转动的场合。

(2)双曲柄机构。当铰链四杆机构的机架最短、两连架杆都是曲柄时,则该机构称为双曲

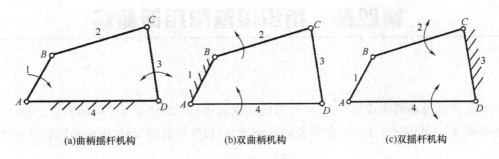

(a)曲柄摇杆机构　　　　　　(b)双曲柄机构　　　　　　(c)双摇杆机构

图 4 - 2　铰链四杆机构的三种基本形式

柄机构。在双曲柄机构中,当曲柄(主动件)等速回转一周时,从动曲柄变速回转一周。双曲柄机构主要应用在把等速转动变为变速转动的场合。

（3）双摇杆机构。在铰链四杆机构中,若两连架杆均为摇杆,称为双摇杆机构。在双摇杆机构中,两摇杆均可作主动件。当主动摇杆往复摆动时,通过连杆带动从动摇杆往复摆动。双摇杆机构的具体应用是将转动变为摆动。

2. 铰链四杆机构的基本特性

（1）急回特性。急回特性指摇杆在空回行程时的平均速度大于工作行程时的平均速度。图 4 - 3 所示为急回特性示意图。当曲柄 AB 匀速转动时,摇杆从 C_1D 摆到 C_2D 时所花费的时间比从 C_2D 摆到 C_1D 时所花费的时间要短。摇杆处在 C_1D、C_2D 两极限位置,这时曲柄与连杆共线,对应两位置所夹的锐角 θ 为极位夹角。机构的急回特性可用行程速比系数 K 表示:

$$K = \frac{\overline{v_2}}{\overline{v_1}} = \frac{t_1}{t_2} = \frac{180° + \theta}{180° - \theta}$$

上式表明,极位夹角 θ 越大,机构的急回特性越明显。

（2）死点位置。如图 4 - 2 所示,摇杆处在 C_1D、C_2D 两极限位置,这时曲柄与连杆共线,若

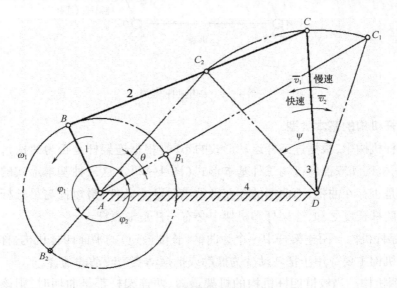

图 4 - 3　急回特性示意图

没有外力推动和惯性,连杆不能转动,所以称为死点位置。死点位置的特性常被用来设计夹(压)紧机构和支承机构。图 4-4 所示为一个工件压紧机构。压头 1 压紧工件,这时对连杆 BC 的延长杆 2 施加向下的力 F,BCD 成一直线。撤去外力 F 之后,压紧机构在工件反弹力 T 的作用下,处于死点位置。即使反弹力很大工件也不会松脱,使压紧牢固可靠。

二、铰链四杆机构的演化

在纺织设备中,除了以上三种基本形式的铰链四杆机构外,常常用到由铰链四杆机构演化而来的曲柄滑块机构、摆动导杆机构、转块机构等。

1. 曲柄滑块机构

曲柄滑块机构是具有一个曲柄和一个滑块的平面四杆机构,是由曲柄摇杆机构演化而来的。它可以将回转运动转化为直线运动,如图 4-5 所示。

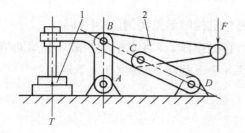

图 4-4　压紧机构

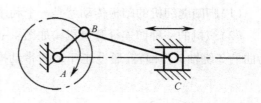

图 4-5　曲柄滑块机构

2. 摆动导杆机构

连架杆中至少有一个构件为导杆的平面四杆机构称为导杆机构,它是由曲柄滑块机构演化而来的。在曲柄滑块机构中,当将曲柄改为机架时,就演化成导杆机构。导杆机构分转动导杆机构和摆动导杆机构(图 4-6)。

3. 转块机构

转块机构有两个移动副,后面第六章将要讲到的万向联轴器和牙嵌离合器就是转块机构之一——双转块机构(图 4-7)。

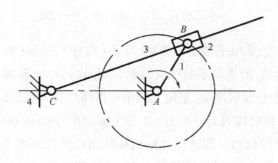

图 4-6　摆动导杆机构

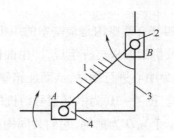

图 4-7　双转块机构

4. 偏心轮机构

在曲柄滑块机构中,若曲柄很短,可将转动副 B 的尺寸扩大到超过曲柄的长度,则曲柄 AB 就演化成几何中心 B 不与转动中心 A 重合的圆盘,该圆盘称为偏心轮。含有偏心轮的机构称为偏心轮机构。

三、多杆机构

多杆机构是四杆机构的组合,其类型和结构形式也较多,按杆数分为五杆机构、六杆机构和八杆机构等。由于多杆机构的尺度参数较多,因此,它可以满足更为复杂的或实现更加精确的运动规律要求和轨迹要求。

四、连杆机构在纺织设备中的应用

1. 曲柄摇杆机构的应用

(1)脚踏缝纫机的踏板传动就是一个利用曲柄摇杆机构的形象实例(图4-8)。

(2)织机的一种四连杆开口机构如图4-9所示,它由连杆2、3、4及机架组成。其运动情况为曲柄2绕轴1作回转,通过连杆3、4,带动推综杆5、8上下移动,使综框9上下运动。

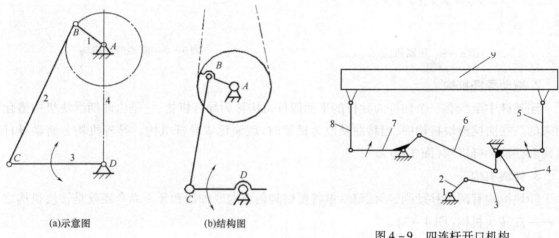

(a)示意图　　　　　(b)结构图

图4-8　脚踏缝纫机的踏板传动

1—曲柄　2—连杆　3—脚踏板(摇杆)　4—机架

图4-9　四连杆开口机构

1—轴　2—曲柄　3、6、7—连杆

4—三臂杆　5、8—推综杆　9—综框

(3)四杆打纬机构是最基本的织机打纬机构,它是由主轴上的曲柄、牵手(连杆)、筘座(和筘座脚)及机架四根连杆组成,即由曲柄的回转运动,形成牵手的往复运动,而筘座则以筘座脚下的摇轴为中心进行摆动,从而使筘座上的钢筘进行前后摆动,钢筘上的筘片将纬丝打入织口,形成织物。图4-10为一某型号织机的四连杆打纬机构的运动简图。A 为主轴,AB 为曲柄,BC 为连杆(牵手),D 为摇轴,它们共同构成一曲柄摇杆机构。四连杆打纬机构的运动特性可用 C 点的运动来表示。如果连杆 BC 两极端位置连线 C_1C_2 的延长线通过主轴中心;则称为轴向打纬机构;否则称为非轴向打纬机构。主轴中心偏离 C_1C_2 线的程度 e,称为非轴向偏度。主轴中心 A 若位于 C_1C_2 线的上方,则 e 为正值,其后止点位置小于 $180°$;反之,为负值,后止点位置大于 $180°$。

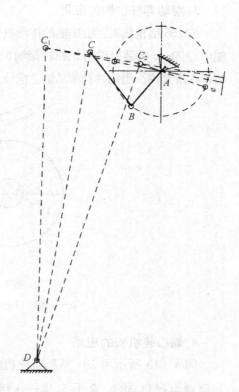

曲柄 AB 与连杆 BC 的比值 L/R 和非轴向偏度 e 的大小,都影响 C 点的运动,也就是影响钢筘的运动。其中以比值 L/R 的影响为主。按照比值 L/R 的大小,打纬机构可分为长牵手打纬机构、中牵手打纬机构和短牵手打纬机构。

一般来说,$L/R>6$ 称为长牵手打纬机构;$L/R=3\sim6$ 称为中牵手打纬机构;$L/R<3$ 称为短牵手打纬机构。按照连杆机构运动分析方法,可得出 C 点的运动规律。连杆 BC 越短,当曲柄处于前死心($0°$)附近时,钢筘的运动速度就越快;加速度也越大,有利于打纬。此外,短牵手打纬机构允许载纬器(主要是剑杆)通过梭口的主轴转角较大,钢筘在后方相对停留时间较长,载纬器有充裕的时间通过整个梭口,所以,短牵手打纬机构适宜于宽幅、厚重织物的织造,如喷气织机上,$L/R<2$,牵手相当短。但是,牵手越短,钢筘运动

图 4 – 10 四连杆打纬机构的运动简图

的加速度变化就越大,加剧了织机的振动,不利于高速,一般配以轻筘座加以弥补,以适应高速,减少振动。中、长牵手打纬机构则多用于轻型、窄幅的织机上。

2. 曲柄滑块机构的应用

某型号剑杆织机的传剑机构如图 4 – 11 所示,主轴通过同步带直接驱动曲柄 1,经过连杆 2 使由壳体和滚子组成的滚子螺母 4 产生往复运动。螺母的一对滚子与螺杆 5 的螺旋面相啮合,形成螺旋副。螺母的直线往复运动可直接变为不等距螺杆的不匀速回转摆动,最后通过剑轮的放大作用,带动剑带运动。需要指出的是,因为变螺距螺杆(滑块)往复运动的同时也在转动,该传剑机构可以说应用了单转块机构。

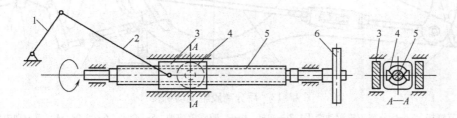

图 4 – 11 利用曲柄滑块机构的传剑机构
1—曲柄 2—连杆 3—滑座 4—滚子螺母 5—变螺距螺杆 6—剑轮

3. 摆动导杆机构的应用

FA266 型精梳机钳板摆轴的传动机构如图 4-12 所示。在锡林轴 1 上固装有法兰盘 2,在离锡林轴中心 70mm 外装有滑套 3,钳板摆轴 5 上装有 L 形滑杆 4,滑杆的中心偏离钳板摆轴中心 38mm,且滑杆在滑套内。当锡林轴带动法兰盘转过一周时,通过滑套和滑杆使钳板摆轴来回摆动一次。

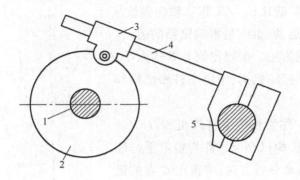

图 4-12 钳板摆轴的传动机构

1—锡林轴 2—法兰盘 3—滑套 4—滑杆 5—钳板摆轴

4. 偏心轮机构的应用

图 4-13 所示为 201 系列精梳机的后分离胶辊摆动机构,该机构就是利用了偏心轮机构。其原理为:偏心轮 6、牵手 5、连杆 3 组成一个曲柄四连杆机构,在动力分配轴带动偏心轮旋转下,连杆绕后胶辊游动轴 4 作摆动,则后胶辊游动轴作正反转;后胶辊游动牵手 2、长调节螺杆 1、小摇手 13 又组成一个四连杆机构,后胶辊游动牵手随后胶辊游动轴的正反转而作摆动,则小摇手绕游动臂芯轴 14 作摆动。小摇手、后胶辊游动臂 15、后分离胶辊 8 组成一个曲柄滑块机构,在小摇手的摆动下后分离胶辊绕后罗拉表面滚动。

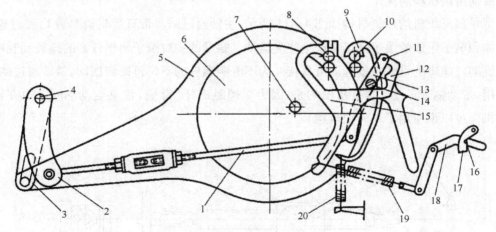

图 4-13 后分离胶辊摆动机构

1—长调节螺杆 2—后分离胶辊游动牵手 3—连杆 4—后分离胶辊游动轴 5—牵手 6—大偏心轮 7—动力分配轴
8—后分离胶辊 9—前胶辊加压轧钩 10—前分离胶辊 11—销钉 12—后胶辊游离架 13—小摇手 14—游动臂芯轴
15—后胶辊游动臂 16—短钉 17—卸压钩 18—弹簧把手 19—后胶辊加压弹簧 20—前胶辊加压弹簧

5. 多杆机构的应用

图 4-14 所示为某型号织机的六杆打纬机构。它采 *AB*、*BC*、*CD*、*DA* 组成第一个四连杆打纬机构，其中 *DA* 为机架固定杆；*DE*、*EF*、*FG*、*GD* 组成第二个四杆打纬机构，其中 *GD* 为机架固定杆。两个四杆打纬机构就串联成一个六杆打纬机构。经过运动学分析，六杆打纬机构在筘座摆动到机后时，停顿的时间较长（即综框在下层的静止时间较长），即可供纬纱飞行的时间也相对较长（适应宽幅织机的需要），因而有利于引纬和织机车速的提高。

五、连杆机构维护

连杆、曲柄和滑块是连杆机构的重要部件，它们之间一般用铰链、销钉、螺钉、螺母和轴承连接。其常见的故障有连杆头端螺栓孔磨损、连杆端面磨损、滑块磨损、联接螺栓松动或脱落。螺栓孔磨损严重的，要堆焊，重新镗孔和铰孔，保证规定的尺寸和精度。另外，一定要注意联接处的润滑，以免磨损严重或阻卡，使机件晃动或顿挫，影响动作精度。另外，有的连杆头端使用长孔，通过改变紧固螺母的位置，就可以调节连杆的长度。如织机的连杆开口机构就是这样，通过调节连杆长度可以调节开口时间和综框高度。自动络筒机上常用耦合连杆。在调试耦合连杆时，应注意它的两个活络接头有左右螺纹区分（图 4-15）。*L* 表示耦合连杆的不同规格长度。

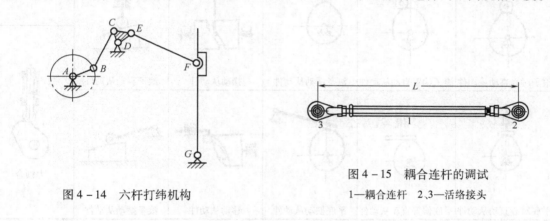

图 4-14　六杆打纬机构

图 4-15　耦合连杆的调试
1—耦合连杆　2、3—活络接头

第二节　凸轮机构

凸轮机构是由凸轮、从动件（推杆）和机架三部分组成的高副机构，由于易于磨损，因此只适用于传递动力不大的控制机构和调节机构。凸轮是凸轮传动的主动件，它一种具有曲线轮廓或凹槽的构件，通常作连续等角速转动（也有作摆动或往复直线移动的），它通过与从动件的高副接触，从动件则在凸轮曲线轮廓驱动下按预定的运动规律作往复直线移动或摆动。由于凸轮机构兼有传动、导引及控制机构的各种功能，所以在纺织设备中获得广泛应用。

一、凸轮机构的分类和特点

凸轮机构的类型很多，通常按照凸轮和从动件的形状、运动形式等分类（表 4-1）。

1. 按凸轮的形状分类

凸轮机构可分为盘形凸轮、移动凸轮和圆柱凸轮等。

（1）盘形凸轮。它是凸轮的最基本形式，是一个绕固定轴线转动并且具有变化半径的盘形构件。盘形凸轮机构适用于从动件行程不太大的场合。盘形凸轮在纺织设备中应用非常广泛，如用于 FA506 型细纱机的成形控制和针织横机密度三角的驱动机构等。

表 4-1 凸轮机构的分类

盘形凸轮机构			圆柱凸轮机构	移动凸轮机构	锁合方式
尖顶对心直动从动件	尖顶偏置直动从动件	尖顶摆动从动件	移动从动件	尖顶移动从动件	形锁合
滚子对心直动从动件	滚子偏置直动从动件	滚子摆动从动件	摆动从动件	滚子直动从动件	
平底对心直动从动件	平底偏置直动从动件	平底摆动从动件	移动从动件	滚子摆动从动件	力锁合

（2）移动凸轮。当盘形凸轮的回转中心趋于无穷远时，则成为移动凸轮。当移动凸轮沿工作直线往复运动时，推动从动件作往复运动。如有梭织机的投梭棒脚。

（3）圆柱凸轮。圆柱凸轮可以看成是移动凸轮绕在圆柱体表面上演化而成。它是在圆柱体表面上加工出一定轮廓的曲线槽，从动件的一端嵌入槽内，当圆柱凸轮回转时，圆柱上凹槽的侧面迫使从动件往复运动，如缝纫机的挑线机构。

2. 按从动件的端部形状分类

凸轮机构可分为尖顶从动件凸轮构、滚子从动件凸轮机构、平底从动件凸轮机构。

（1）尖顶从动件凸轮机构。这种凸轮机构的从动件结构简单，尖顶能与复杂的凸轮轮廓保持接触，因而能实现预期的运动规律。但由于这种从动件的尖顶容易磨损，所以只适用于载荷较小的低速凸轮机构。

（2）滚子从动件凸轮机构。由于接触处是滚动摩擦,不易磨损,因此是一种最常用的凸轮机构。

（3）平底从动件凸轮机构。由于平底从动件与凸轮面间容易形成楔形油膜,能减少磨损,常用于高速重载的凸轮机构中。平底从动件的缺点是不能用于具有内凹轮廓的凸轮机构。

二、凸轮机构维护

凸轮机构比较简单,一般故障产生于凸轮和从动件的接触处,容易造成磨损。滚子从动件除了滚子磨损外,滚子的销轴也容易因缺油或飞花嵌入,从而使滚子运转不灵活,加速磨损。对一般圆柱凸轮的沟槽里要加油。对于络筒机的滚筒来说,要避免用钝器击打沟槽或用锐利的东西(如钩刀)划伤沟槽。

三、凸轮机构在纺织设备中的应用

1. 络筒机的导纱滚筒(俗称槽筒)

络筒机就是利用导纱滚筒的圆柱凸轮原理来络纱的。纱线在沟槽里随曲线轮廓左右移动,这样就缠绕在纱筒上了(图4-16)。为了避免形成规律缠绕产生重叠,槽筒上设计了虚槽和断槽。缝纫机的挑线机构也是利用圆柱凸轮的原理来工作的。圆柱凸轮转动,从动件推动挑线杆绕 O 点上下摆动,从而达到挑线的目的(图4-17)。另外,并纱机和倍捻机的导纱机构也是利用圆柱凸轮的原理来工作的。

图4-16 导纱滚筒
1—虚槽 2—断槽

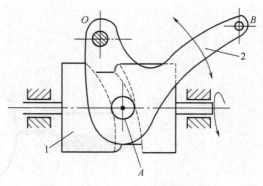

图4-17 圆柱凸轮
1—圆柱凸轮 2—挑线杆

2. 细纱机的凸轮成形机构

细纱管纱的成形由凸轮成形机构控制。成形凸轮慢慢转动,其曲线轮廓下压转子,推动摆杆作上下摆动,从而带动链条上下移动。链条通过一定装置牵引钢领板升降运动,于是就慢慢改变细纱的成形(图4-18)。

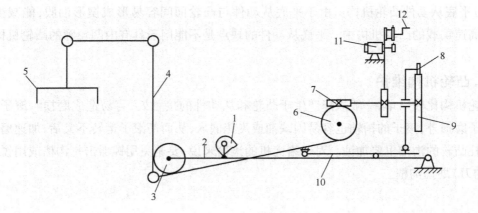

图 4 – 18　细纱机的成形机构

1—成形凸轮　2—摆臂　3、6—链轮　4—链条　5—钢领板
7—蜗杆　8—棘爪　9—棘轮　10—小摆臂　11—电动机　12—手柄

3. 经编机的梳栉横移机构

如经编机的一种机械式梳栉横移机构采用花盘凸轮(图 4 – 19)。花盘凸轮旋转时,它通过转子推动导纱梳栉推杆,使导纱梳栉产生横移运动。编织时,由于花盘凸轮转动,转子到凸轮轴心的径向尺寸变化使转子获得水平运动,并通过推杆传递给梳栉,使其产生水平方向的横移运动。不同梳栉横移相互配合,就产生不同的花纹。

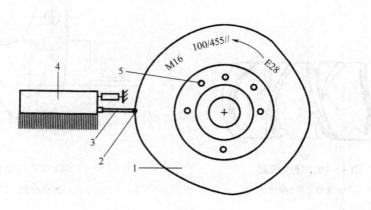

图 4 – 19　凸轮横移机构

1—花盘凸轮　2—转子　3—推杆　4—导纱梳栉　5—导纱方向确定孔

4. 织机的打纬机构

凸轮打纬机构是织机打纬机构的一种,它是利用凸轮、转子等部件将主轴的运动传递给钢筘完成打纬动作。无梭织机的凸轮打纬机构一般都是分离筘座,采用共轭凸轮机构,其打纬推

程和回程由主、副两个凸轮分别控制,凸轮的轮廓曲线完全可以根据箱座的运动需要来设计,可以有相当长的箱座静止时间供载纬器穿越梭口,这些特点适合与无梭引纬相配合的打纬机构的要求,因而成为现代无梭织机上应用最广泛的一种打纬机构,片梭、剑杆、喷气、喷水等各类型织机均有应用。

如图 4－20 所示,打纬共轭凸轮装在左右凸轮箱内,当主轴 1 回转时,主凸轮 2 推动滚子 4,使得箱座 9 以摇轴 6 为中心逆时针摆动,带动钢箱 8 打纬。打纬完毕后,副凸轮 3 推动滚子 11,使箱座顺时针摆动。当安装在箱座上的走剑板与固定机架上的左右剑带导轨处于平齐时,箱座便静止下来,以利于引纬运动。钢箱的运动轨迹可以按照凸轮的外形曲线完成。因而通过凸轮外形曲线的设计,可以获得织机需要的打纬运动规律。

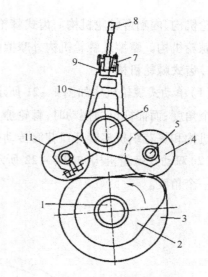

图 4－20　打纬传动机构

1—主轴　2—主凸轮　3—副凸轮　4—滚子
5—小轴　6—摇轴　7—压块　8—钢箱　9—箱座
10—箱座支脚　11—滚子

第三节　间歇运动机构

前两节讲的连杆机构和凸轮机构,只要设计合理都可以做间歇运动。如连杆机构和凸轮机构都可用在织机的开口机构,使上下片经纱延长开口时间,以便纬纱通过。但是在工程机械中,棘轮机构、槽轮机构、不完全齿轮机构等工作过程中,其间歇运动更加明显。

一、棘轮机构

(一)棘轮机构的组成和工作原理

棘轮机构主要由棘轮(俗称锯齿轮、撑头牙)、驱动棘爪(俗称撑爪)、止动棘爪和机架组成(图 4－21)。当主动摇杆逆时针摆动时,摇杆上铰接的驱动棘爪插入棘轮的齿内,推动棘轮同向转动一定角度。当主动摇杆顺时针摆动时,止动棘爪阻止棘轮反向转动,此时驱动棘爪在棘轮的齿背上滑回原位,棘轮静止不动。此机构将主动件的往复摆动转换为从动棘轮的单向间歇转动。利用弹簧(螺旋弹簧和板弹簧)使棘爪紧压齿面,保证止动棘爪工作可靠。

(二)棘轮机构的类型

常见的棘轮机构有齿式棘轮机构、摩擦

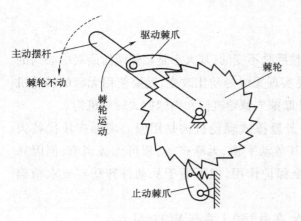

图 4－21　棘轮机构

式棘轮机构、内啮合棘轮机构。齿式棘轮机构又分为单动式棘轮机构、双动式棘轮机构和可变方向棘轮机构。摩擦式棘轮机构外摩擦棘轮机构和内摩擦棘轮机构。

1. 齿式棘轮机构

（1）单动式棘轮机构如图 4－21 所示。其特点是摇杆向一个方向摆动时，棘轮沿同方向转过一个角度；而摇杆反向摆动时，棘轮静止不动。这种棘轮机构常用于纺织设备中，如细纱机的成形机构和提花织机多臂开口花筒传动机构等。

（2）双动式棘轮机构如图 4－22 所示。其特点是摇杆往返摆动都能撑动棘轮沿单一方向转动一个角度。

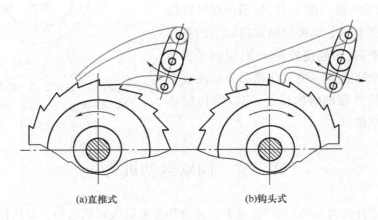

(a)直推式   (b)钩头式

图 4－22　双动式棘轮机构

（3）可变方向棘轮机构如图 4－23 所示。这种棘轮不用上述两种棘轮所用的锯齿形齿，而采用矩形齿。一种可变向棘轮机构如图 4－23（a）所示，其特点是当棘爪在实线位置时，主动件使棘轮沿逆时针方向间歇运动；当棘爪翻转到虚线位置时，主动件使棘轮沿顺时针方向间歇运动。图 4－23（b）所示为另一种可变向棘轮机构，当棘爪在图示位置时，棘轮将沿顺时针方向做间歇运动；若提起棘爪并转动棘爪 180° 后，则可使棘轮实现逆时针方向的间歇运动。

2. 摩擦式棘轮机构

齿式棘轮机构的棘轮每次转过的角度在调整后是不变的，其大小是相邻两齿所夹中心角的整倍数，棘轮的转角是有级性的改变的。如果要实现无级传动比改变，就要使用无齿的棘轮机构，即摩擦式棘轮机构。摩擦式棘轮机构分为外摩擦式棘轮机构和内摩擦式棘轮机构。

（1）外摩擦式棘轮机构如图 4－24 所示。外摩擦式棘轮机构是用偏心扇形楔块代替齿式棘轮机构中的棘爪，以无齿摩擦代替棘轮。其传动平稳、无噪声，动程可无级调节；但因靠摩擦力传动，会出现打滑现象，虽然可起到安全保护作用，但不适于从动件转动有要求精确的地方。

（2）内摩擦式棘轮机构主要用在超越离合器，在后面第七章有详细介绍。

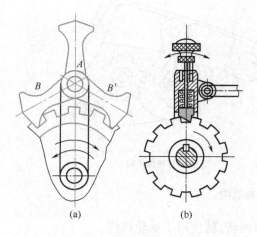

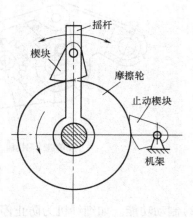

图4-23 可变方向棘轮机构　　　　图4-24 外摩擦式棘轮机构

（三）棘轮转角的调节

棘轮转角的调节方式有多种,根据不同的棘轮结构,可以通过调节摇杆摆动角度的大小,可以控制棘轮的转角;调节滑块位置,可改变曲柄长度;调节螺母,可改变连杆的长度;调节销在槽内的位置,可改变摇杆的长度,从而改变棘爪的运动,改变动停比。在此不一一列举。

（四）棘轮机构的特点、功能与应用

1. 棘轮机构的特点

棘轮机构运动可靠,从动棘轮容易实现有级调节,但是有噪声、冲击,轮齿易磨损,高速时尤其严重,常用于低速、轻载的间歇传动。

2. 棘轮机构易出现的故障

棘爪磨损严重,虽与棘轮接触,但不能起推动作用;棘爪回转不灵活,不能及时下落,以致不能起推动作用;弹簧失效,止动棘爪不起作用;摆杆动程失误,以致棘爪推动棘轮少转或多转。

3. 棘轮机构的功能与应用

棘轮机构种类繁多,运动形式多样,在工程实际中得到了广泛的应用。其主要功能与应用如下。

（1）间歇送进功能。如SXF1269A型精梳机配有前进给棉机构和后退给棉机构（图4-25）供选用,以适应不同产品质量要求和落棉控制。另外,织机的一种机械式卷取机构如图4-26所示,也是使用棘轮机构。卷取杆的摆动是从其下端叉口中的卷取指（装在筘座脚上）传来的。卷取杆的上端同卷取钩2铰连,卷取钩的钩头搁在卷取棘轮Z_1上。当筘座脚向前摆动时,卷取杆后摆,使卷取钩拉动棘轮转过一个角度。棘轮则通过卷取轮系中的变换齿轮Z_2、Z_3以及其后的齿轮$Z_4 \sim Z_7$,使刺毛辊（卷取辊）3转过一个微小的角度,带动包在它表面上的织物移动一个距离,实现织物的卷取;在筘座脚向后摆动时,卷取钩向机前运动,从棘轮齿的齿背上滑过。由于保持钩4对棘轮的制约作用,卷取机构不会因为织物的张力而倒转。抬起保持钩4及卷取钩2,就可用手转动大齿轮Z_7,进行退布和卷布。

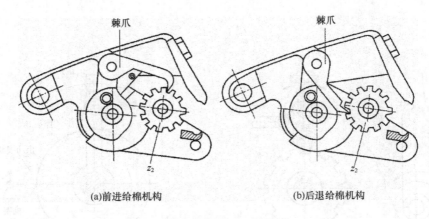

(a)前进给棉机构　　　　　　　(b)后退给棉机构

图 4-25　给棉机构

（2）制动功能。如细纱机为防止停车时后罗拉倒转，就使用了棘轮机构。

（3）转位、分度功能。如自动络筒机的纱库转动换纱就是利用棘轮机构的该功能。另外，在细纱机的成形中的级升运动和织机的机械卷取机构也都是利用棘轮机构的该功能。

（4）超越离合。如超越离合器就是利用棘轮机构，第七章将详细介绍。

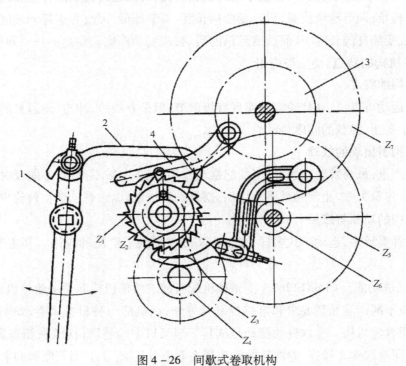

图 4-26　间歇式卷取机构

1—卷取杆　2—卷取钩　3—刺毛辊　4—保持钩　Z_1—棘轮　$Z_2 \sim Z_7$—齿轮

二、槽轮机构

槽轮机构又称为马尔他机构，如图 4-27 所示。它是由具有径向槽的槽轮 2、带有圆销 A 的拨盘 1 和机架组成。

1. 槽轮机构的工作原理

拨盘 1 做匀速转动时，驱使槽轮 2 作时转时停的间歇运动。当构件 1 的圆销 A 尚未进入槽轮的径向槽时，槽轮的内凹锁住弧被构件 1 的外凸圆弧卡住，槽轮静止不动。当构件 1 的圆销 A 开始进入槽轮径向槽的位置，锁住弧被松开，圆销驱使槽轮传动。当圆销开始脱出径向槽时，槽轮的另一内凹锁住弧又被构件 1 的外凸圆弧卡住，槽轮静止不动。

2. 槽轮机构的类型、特点

槽轮机构主要分为传递平行轴运动的平面槽轮机构和传递相交轴运动的空间槽轮机构两大类。

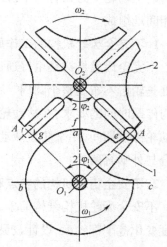

图 4 - 27　槽轮机构工作原理示意图

（1）平面槽轮机构。平面槽轮机构又分为外槽轮机构和内槽轮机构。外槽轮机构中的槽轮径向槽的开口是自圆心向外，主动构件与从动槽轮转向相反。内槽轮机构中的槽轮上径向槽的开口是向着圆心的，主动构件与从动槽轮转向相同。上述两种槽轮机构都用于传递平行轴运动。与外槽轮机构相比，内槽轮机构传动较平稳、停歇时间较短、所占空间小。

（2）空间槽轮机构。球面槽轮机构是一种典型的空间槽轮机构，用于传递两垂直相交轴的间歇运动机构。其从动槽轮是半球形，主动构件的轴线与销的轴线都通过球心。当主动构件连续转动时，球面槽轮得到间歇运动。空间槽轮机构结构比较复杂，设计和制造难度较大。

3. 槽轮机构的特点

槽轮机构能准确控制转角、工作可靠、机械效率高，与棘轮机构相比，工作平稳性较好。但其槽轮机构动程不可调节、转角不可太小，销轮和槽轮的主从动关系不能互换、启停有冲击。

4. 槽轮机构的应用

槽轮机构一般应用于转速不高和要求间歇转动的机械当中，如自动机械、轻工机械或仪器仪表等。生活中常见的用于人行通道及自动售检票口的三辊闸门。在纺织设备中，有一种纱罗绞边装置就采用了槽轮机构。它主要由槽轮、滚子、摆杆、连杆和滑杆构成。它将槽轮机构的回转运动按照特定的运动规律转变成滑杆的上、下滑动，从而完成纱罗绞边动作。当调整槽轮与主轴的相对安装角度时，可实现绞边时间的调节。

三、不完全齿轮机构

图 4 - 28 所示为不完全齿轮机构。这种

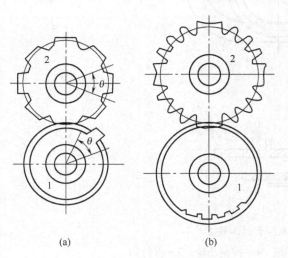

(a)　　　　　　(b)

图 4 - 28　不完全齿轮机构

机构的主动轮1为只有一个齿或几个齿的不完全齿轮,从动轮2由正常齿和带锁住弧的厚齿彼此相间地组成。

1. 不完全齿轮机构的工作原理和类型

不完全齿轮机构是由普通齿轮机构转化而成的一种间歇运动机构。它与普通齿轮的不同之处是轮齿不布满整个圆周。不完全齿轮机构的主动轮上只有一个或几个轮齿,并根据运动时间与停歇时间的要求,在从动轮上有与主动轮轮齿相啮合的齿间。两轮轮缘上各有锁止弧,在从动轮停歇期间,用来防止从动轮游动,并起定位作用。不安全齿轮机构基本结构形式分为内啮合与外啮合两种。

2. 不安全齿轮机构的特点和应用

不安全齿轮机构结构简单,制造方便,从动轮每转一周的停歇时间、运动时间及每次转动的角度变化范围都较大,设计较灵活;但从动轮在运动开始、终了时冲击较大,故一般用于低速、轻载场合。

在纺织设备中,如G142型浆纱机的机械式测匹长打印装置就是采用不安全齿轮机构(图4-29)。另外,某种织机采用连杆—不完全齿轮组合式电子提花机提刀开口控制机构。该机构就是由连杆机构与不完全齿轮机构组合而成,摆杆的摆动通过连杆带动提刀横梁与导向套向上与向下运动;提刀横梁的向上与向下运动,通过链条(或连杆)带动提刀沿固定导轨上、下运动。提刀的上、下运动实现每根经纱的上、下运动,即经纱的开口。

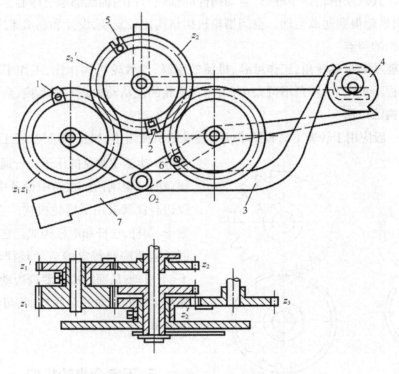

图4-29 机械式测匹长打印装置

1、6—凸齿 2、5—凹齿 3—保持架 4—控制凸轮 7—保持钩

习题

1. 铰链四杆机构中,各个杆的名称是什么? 怎么判断?

2. 铰链四杆机构有哪些基本类型? 它们的分类依据是什么?

3. 了解铰链四杆机构的两个基本特性。

4. 了解由铰链四杆机构演化而来的几种机构的特点。

5. 了解四杆机构在纺织设备中的几种典型应用,并能分析其运动。

6. 了解连杆的调节和维修方法。

7. 凸轮机构有哪几种基本形式?

8. 在纺织设备中,常见的间歇运动机构有哪几种?

9. 棘轮机构的组成和工作原理是什么?

10. 棘轮机构的主要功能是什么?

11. 了解棘轮机构的调节方法和止动棘爪的作用。

12. 了解槽轮机构和不完全齿轮机构的工作原理和特点。

第五章　气压技术和液压技术

现在纺织设备越来越多地利用液压和气压来传递能量和运动。液压和气压系统一般包括四种装置:能源装置将机械能转换成流体的压力能的装置,一般最常见的是液压泵或空气压缩机;执行装置把流体的压力能转换为机械能的装置,一般是指作往复直线运动的油缸(气缸),作回转运动的液压马达(气压马达);控制调节装置对液(气)压系统中流体的压力,流量和流动方向进行控制和调节的装置(各种控制阀件);辅助装置在传动系统中起辅助作用的元件和装置,如油箱、滤油器、气水分离器、油雾器、蓄能器等。

第一节　气压技术

气压技术是以压缩空气为介质,传统的应用是来传递动力和控制信号。随着科学技术的发展,气压技术在纺织设备上的应用不仅是气动加压、气压与机电相结合实现自动控制,而且还用来自动清除异纤(异纤分拣机),聚合纤维进行纺纱(转杯纺和涡流纺),松解(退捻)和缠绕(加捻)纱头进行空气捻接(空气捻接器),传递纬纱进行织布(喷气织机)等。本节主要介绍压缩空气的产生、清洁、传递、在纺织设备上的应用,以及相关的设备、元件和输送管道的基本知识。

一、气压技术的工作原理

1.利用气压直接工作

压缩空气通过管道输送到用气设备上,当手动的机械阀门和自动控制的电磁阀突然打开,压缩空气被释放出来,通过一定形式的引导,直接作用到物体上。如喷气织机引纬就是这种方式。

2.利用气压间接工作

压缩空气在控制元件的控制下,通过执行元件把压力能转换为直线运动或回转运动的机械能,从而进行传递动力和控制信号。图5-1所示为E7/4A型精梳机气动加压的气路图。在精梳机开车时,打开球阀,将空气压缩站的压缩空气引入,经过过滤、减压的控制部分,进入分离罗拉的加压气囊。

二、空压机

一般纺织企业都设立独立的压缩空气站(简称空压站)(图5-2),将空压机输出的压缩空气经过冷却、净化、稳压等方面的处理以后,再用管道输送到用气车间供气系统,才能供给控制元件和执行元件使用。

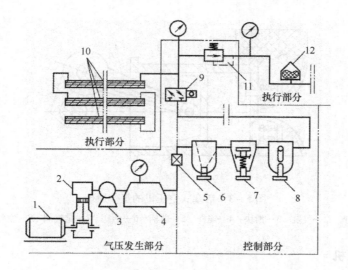

图5-1 E7/4A型精梳机气动加压的气路图

1—电动机 2—空压机 3—冷却干燥机 4—储气罐 5—球阀 6—分水过滤器
7—减压阀 8—油雾过滤器 9—电磁阀 10、12—加压气囊 11—调压阀

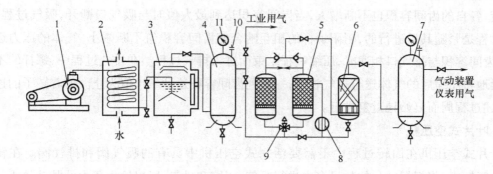

图5-2 空压站

1—空压机 2—冷冻式空气干燥器 3—油水分离器 4、7—贮气罐 5—干燥器
6—过滤器 8—加热器 9—四通阀 10—安全阀 11—压力表

空压机的种类很多,纺织企业常用的空压机有活塞式、螺杆式、叶片式等。

1. 活塞式空压机

活塞式空压机的工作原理如图5-3所示。电动机通过传动装置(皮带轮或联轴器)使曲轴5作圆周运动,同时曲轴5又通过连杆4带动活塞6在气缸内作往复直线运动。当活塞6向右运动时,气缸2内产生真空,外界空气在大气压力作用下,推开吸气阀1进入气缸2内腔中;当活塞反向向左运动时,吸气阀1关闭,空气受到压缩,待这压缩进行到一定程度(即气缸内压力达到一定数值)时,排气阀2被打开,气体排出,当活塞行至气缸2左端时,排气结束,完成了一个循环,压缩机的曲轴5至此恰好转了一圈。这样,在吸气阀和排气阀的控制下,周而复始地重复进行着吸气和排气过程,从而实现了对气体的吸入、压缩、排出及供气过程。

125

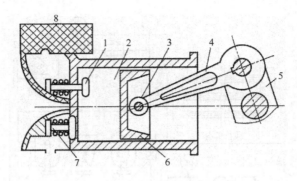

图 5 – 3　活塞式空压机的工作原理

1—进气阀　2—气缸　3—滑块　4—连杆　5—曲柄　6—活塞　7—排气阀　8—空气滤清器

2. 螺杆式空压机

螺杆压缩机的气缸呈"∞"字形,里面平行地布置着两个按一定传动比反向旋转又互相啮合的螺旋形转子,如图 5 – 4 所示。节圆外具有凸齿的转子称为阳转子;节圆内具有凹齿的转子称为阴转子。一般阳转子(或经增速齿轮组)与原动机连接,由阳转子(或经同步齿轮组)带动阴转子转动。螺杆压缩机工作时,气体经吸入口分别进入阴阳螺杆的齿间容积,随着螺杆的不断旋转,各自的齿间容积也不断增大,当齿间容积达到最大值时与吸气口断开,吸气过程结束。压缩过程是紧随其后进行的,阴阳螺杆的相互啮合使齿间容积值不断减小,气体的压力逐渐提高,当齿间容积与排气口相通时,压缩过程结束而进入排气过程。在排气过程中,螺杆的不断旋转连续地将压缩后的气体送至排气管道,一直到齿间容积达到最小值为止。随着转子的连续回转,上述过程周而复始地重复进行。

3. 叶片式空压机

叶片式空压机在回转过程中不需要活塞式空压机中具有的吸气阀和排气阀。在转子的每一次回转中,将根据叶片的数目多次进行吸气、压缩和排气,所以输出压力的脉动较小。通常情况下,叶片式空压机需采用润滑油对叶片、转子和机体内部进行润滑、冷却和密封,所以排出的压缩空气中含有大量的油分。因此,在排气口需要安装油气分离器和冷却器,以便把油分从压缩空气中分离出来进行冷却并循环使用。

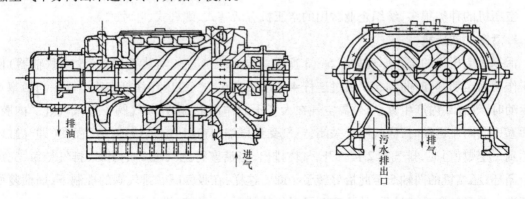

图 5 – 4　螺杆式空压机工作原理

4.空气压缩机的选择

空气压缩机的选择主要依据气动系统的工作压力和流量。气源的工作压力应比气动系统中的最高工作压力高20%左右,因为要考虑供气管道的沿程损失和局部损失。如果系统中某些地方的工作压力要求较低,可以采用减压阀来供气。

5.空压机的使用注意事项

(1)空压机的安装地点必须清洁、无粉尘、通风好、湿度小、温度低,并且要留有维护保养空间,所以一般要安装在专用机房内。一般空压机都安装温度传感器,一旦温度超过设定值,空压机会自动停机。因此,空压机要考虑合适的冷却方式和安装环境。安装空压机时最好考虑节能事项,合理布置设备和管道。在冬天,风冷空压机的冷却风可以考虑送进生产车间,水冷空压机的冷却水可以考虑送入空调室。

(2)使用专用压力润滑油并定期更换。

三、纺织用压缩空气的品质要求

1.气源的净化

由空气压缩机排出的空气不能直接被气动装置使用。空气压缩机从大气中吸入含有水分和灰尘的空气,经压缩后空气的温度提高到140~170℃,此时空气压缩机里的润滑油也部分变成气态。这样,空气压缩机排出的压缩空气就是含有油分、水分及灰尘的高温气体。如果将这种压缩空气直接送给气动系统,将会产生下列影响。

(1)汽化后的润滑油将形成一种有机酸,会腐蚀设备。同时油蒸汽也是易燃物,有引起爆炸的危险。

(2)混在压缩空气中的杂质沉积在管道和元件通道内,减小了通流面积,增加流通阻力。也可能堵塞气动元件的一些小尺寸通道,造成气体压力信号不能正常传递,造成整个系统工作失效。

(3)压缩空气中的饱和水分会在一定条件下凝结成水,并集聚在系统中一些部位。这些水分对元件和管道有锈蚀作用。

(4)压缩空气中的灰尘等杂质会磨损气缸、气动马达和气动换向阀中的相对运动表面,降低系统的使用寿命。

此外,现在的纺织企业一般是由空压机站集体空气,不但作用于气缸和气囊等,而且还直接接触纤维、纱线和织物,故对压缩空气的清洁度和压力有严格的要求。

常用的气源净化装置有油雾分离器、贮气罐、干燥器和过滤器。

2.纺织设备和产品对压缩空气的要求

空气的品质等级可参照国际上通用的等级标准 ISO 8573—1 空气品质等级标准,见表 5-1。

表 5 −1　ISO 8573 −1 空气品质等级标准

品质等级	除尘		水	油
	颗粒尺寸	最大浓度	最大压力	最大浓度
	（μm）	（mg/m³）	露点/℃	（mg/m³）
1	0.1	0.1	−70	0.01
2	1	1	−40	0.1
3	5	5	−20	1.0
4	15	8	+3	5.0
5	40	10	+7	25
6			+10	

（1）含油要求。纺织用的压缩空气不能含油或要求含油极少。如用含有油粒的空气引纬，不仅会污染织物，而且会黏附在喷嘴及钢箱上，影响喷射力量并增加引纬阻力，使引纬恶化。油粒在生产车间的空气中会污染环境，危及人体健康。为此，无论生产压缩空气的压缩机是无油型还是有油润滑型，都必须将空气中的油粒（$0.01 \sim 0.8\mu m$）滤净。一般纺织设备和产品工艺对压缩空气含油的净度要求为：最大含油量不超过 $0.1 mg/m^3$，即达到 ISO 8573—1 压缩空气质量以含油量分类的 2 级要求。因此，空压系统里必须有油过滤器和油雾过滤器。

（2）压力露点温度要求。不同地区、不同季节的空气均有不同含湿量。纺织用压缩空气的含湿量不应过高。含湿量大的压缩空气在管路中会析出水分，并凝结成水粒，使管壁黏附灰尘，造成输气压力损失。如空气中含湿多，在喷气织机生产时，会对钢箱、喷嘴、织机部件造成污染和锈蚀。喷气织造工艺对压缩空气含湿的要求为：压力露点温度在 $4 \sim 10℃$，即达到 ISO 8573—1 压缩空气质量以含湿量分类的 4 级。同时，从空压机里出来的空气的温度非常高，也容易伤人，故空压系统里必须有冷却干燥机（冷干机）、气水分离器等。一些控制阀会因含水量过多而失灵，这个现象需注意。

（3）含尘量要求。纺织产品用压缩空气应极少含有尘埃、杂质、烟雾或有害气体，因为不洁净的空气会加快压缩机的磨损，影响织机的使用效能和寿命。

喷气织造工艺对压缩空气含尘的要求为：最大含尘量为 $1 mg/m^3$，最大含尘微粒不大于 $1\mu m$。即达到 ISO 8573—1 压缩空气质量以含尘量分类的 2 级。因此，空压系统不但在进气口有空气滤清器，而且后面还有微尘过滤器。

（4）压力和流量要求。纺织设备用压缩空气的压力大小，依织物规格（幅宽等）、纤维种类、设备性能而定。不同的设备要求的空气压力不同，但要求稳定，故空压系统里必须有储气罐、调压阀等。

四、气动元件

常见的气动元件有气水分离器、调压阀、油雾器和方向阀等，现介绍如下。

1. 气水分离器

一般压缩空气出站之前已经过滤了水分,但是经过管道输送到设备时,由于空气的压力和温度再次降低,部分水分再次析出,故需要二次分离水汽。气水分离器就可以起到这个作用,把水分、油滴及管道中杂物滤除。图5-5所示为QSL型气水分离器的结构。

2. 调压阀

顾名思义,就是调节压力大小,是气压符合纺织设备用气要求,并保持稳定的压力。由于其输出压力只能小于输入的压力,故又称减压阀。其一般安装在气水分离器后面。

QTY型调压阀是常用的调压元件,其结构如图5-6所示。顺时针转动手柄,可将气压调大;逆时针转动手柄,可将气压调小。调压阀上面装有气压表,以显示压力,图5-6中未画出。

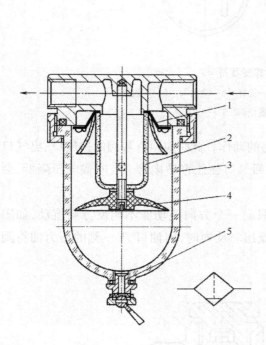

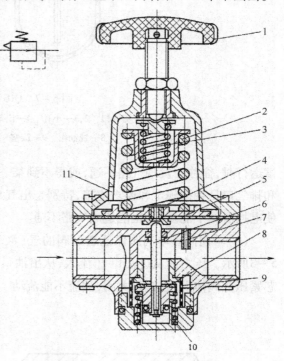

图5-5　QSL型气水分离器

1—旋风叶子　2—滤芯　3—存水杯

4—挡水板　5—放水阀

图5-6　QTY型调压阀结构图及符号

1—手柄　2、3—调压弹簧　4—溢流口　5—膜片

6—阀杆　7—阻尼管　8—阀座　9—阀芯

10—复位弹簧　11—排气孔

3. 油雾器

油雾器是一种特殊的注油装置,它以压缩空气为动力,将润滑油喷射成雾状并混合于压缩空气中,使压缩空气具有润滑气动元件的能力,满足润滑的需要。目前气动控制阀、气缸和气动马达主要是靠这种带有油雾的压缩空气来实现润滑的,其优点是方便、干净、润滑质量高。图5-7所示为QIU型油雾器。

4. 方向阀

方向阀在纺织设备中应用较多,其基本作用就是对气体的流动产生通、断作用。气路系统

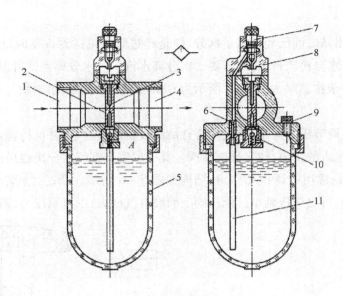

图 5 – 7　QIU 型油雾器及符号

1—气流入口　2,3—小孔　4—出口　5—油杯　6—单向阀　7—节流阀

8—视油帽　9—旋塞　10—截止阀　11—吸油管

试运行时,往往会发现气路不通,或得不到某一气路的动作。此时应检查各阀的进气口、出气口和排气口是否按规定和要求连接,特别是出气口和回气口往往容易接错。有时候气压降低,会使电控滑阀不能复位,也能造成气路不通。

(1)单向阀。单向阀保证通过阀的气(液)流只向一个方向流动而不能反方向流动,如图 5 – 8 所示。压力油从进油口 P_1 流入,从出油口 P_2 流出。反向时,因油口 P_2 一侧的压力油将阀芯紧压在阀体上,使阀口关闭,油流不能流动。

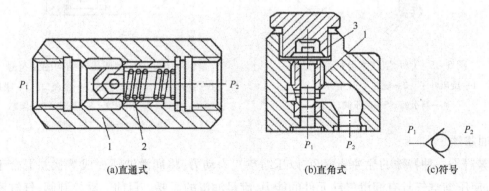

(a)直通式　　　　　　　　　　(b)直角式　　　　　　(c)符号

图 5 – 8　单向阀

1—阀体　2—弹簧　3—活塞

(2)换向阀。

①换向阀的外形如图 5 – 9(a)所示,其结构和工作原理如图 5 – 9(b)、(c)所示。

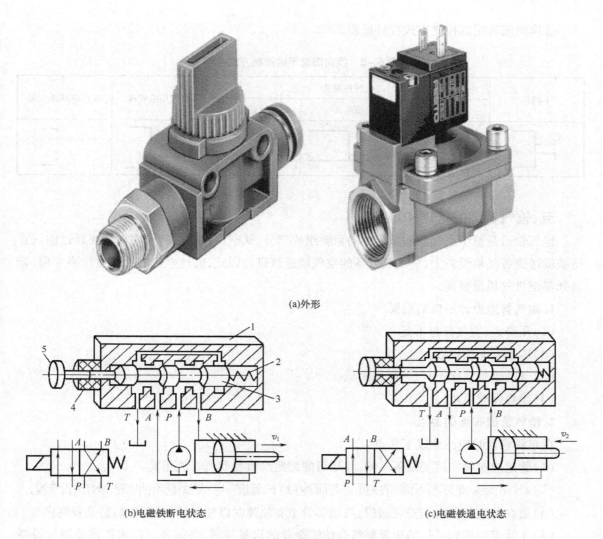

(a)外形

(b)电磁铁断电状态　　　　　　　　　　(c)电磁铁通电状态

图 5 - 9　换向阀的结构和工作原理

1—阀体　2—复位弹簧　3—阀芯　4—电磁铁　5—衔铁

②换向阀的符号。换向阀的符号表示一个换向阀的完整符号应具有工作位置数、通口数和在各工作位置上阀口的连通关系、控制方法以及复位、定位方法等。图 5 - 10 所示是三位四通电磁换向阀。"位"指阀与阀的切换工作位置数,用方格表示,如三位用三个方格表示。"通"指阀的通路口数,即箭头"↑"或封闭符号"⊥"与方格的交点数。三位阀的中格、两位阀画有弹簧的一格为阀的常态位。常态位应绘出外部连接口(格外短竖线)的方格。不同的位数和通数,是由阀体上不同的沉割槽和阀芯上台肩组合形成的。

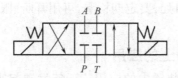

图 5 - 10 三位四通电磁换向阀

③换向阀常用的控制方式符号见表5-2。

表5-2 换向阀常用的控制方式符号

手柄式	机械控制式			单作用电磁铁	加压或卸压控制
	顶杆式	滚轮式	弹簧式		

五、输气管道的管理和维护

输气管道是整个空气压缩系统中的重要组成部分,从空压机输出的压缩空气要通过输气管道被输送到各气动设备上,是用气设备的空气输送纽带。因此,输送空气的管路设计要合理,管材和零配件的质量要高。

1. 输气管道设计不良的后果

(1)压降大,空气流量不足。

(2)冷凝水无法排放。

(3)气动设备动作不良,可靠性降低。

(4)维修保养困难。

2. 输气管道布置的要点

在布置管道时应注意以下几点。

(1)管道应布置在用气设备一侧,并尽可能缩短到机台支气管的距离。

(2)最好沿墙架空安装,不预埋在地下。若预埋在地下,管道一定要做好防腐蚀处理,最好铺设管沟。

(3)要在分支节点合理安装阀门,当局部管道有故障时以便于维修,不影响整个管网供气。

(4)主管道粗细和接口的预留要符合纺织企业的远景规划,必须考虑厂房扩建或用气设备的增加,为以后供气留有余地。

(5)管道的供气容量要考虑用气设备的远近和消耗,一定要比实际用量要大。如果管道较长,可以在靠近用气点处安装一个适当的贮气罐,以满足大的间断供气量。

3. 管材的选择

(1)管道内壁要抗锈蚀,空气流动时阻力要小。

(2)阀门、法兰尽量使用不锈钢材质,避免生锈,使气体泄露。

4. 管道的维护

(1)做好日常防护,坚持定期巡查,加强防腐、防泄露方面的维护。

(2)对阀门、法兰和胶管接口处,要定期检漏,可用耳听、眼观等方式检查。

六、气压技术在纺织设备上的应用

(1)在清棉机异性纤维检测装置中的应用。近年发展起来的异性纤维在线自动检测清除装置,采用 CCD 摄像传感器,通过彩色数码摄像技术,经过对棉网的扫描,修正照度差异,光谱分析能精确判定异性纤维大小及位置,由高压、高速气流将异性纤维排出,从而保障了以后纱线和织物的质量。同时也减轻了纺织企业耗用大量人工分拣棉花的用工压力。

（2）在清梳联合机、精梳机、并条机和细纱机的气压加压机构中的应用。图 5 – 11 所示为气压摇架气路原理图。图 5 – 12 所示为并条机气压加压摇架的结构,其中增压气缸为执行元件。图 5 – 13 所示为细纱机气压加压摇架的结构,其中气囊为执行元件。

（3）在络筒工序常用的空气捻接器就是气压技术的典型应用。其退捻、捻接动作看似简单,其气流的配合实则十分精巧。其原理在此不详述。

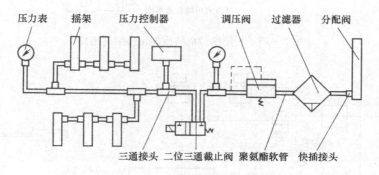

图 5 – 11　气压摇架气路原理图

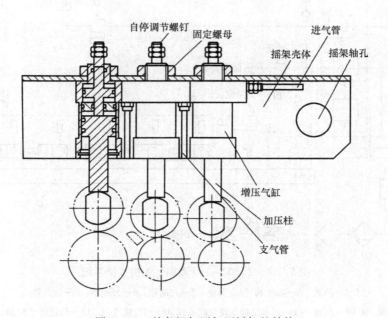

图 5 – 12　并条机气压加压摇架的结构

（4）在新型浆纱机的应用。在 GA308 型浆纱机上,利用气压技术控制经轴的退绕张力。

（5）在喷气织机上的应用。图 5 – 14 所示为 ZA202 – 190 型喷气织机气路系统。其中气囊为执行元件。

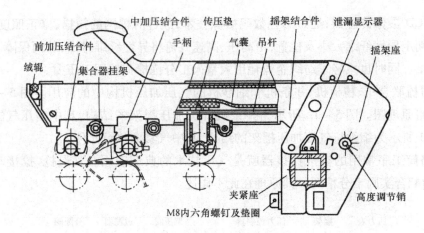

图 5 – 13　新型细纱机气压加压摇架的结构

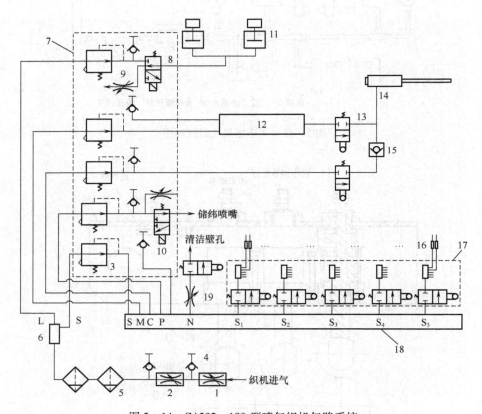

图 5 – 14　ZA202 – 190 型喷气织机气路系统

1、2—球阀　3—减压阀　4—插座　5—过滤器　6—分配器　7—调压箱

8、10—电磁阀　9、19—旋塞　11—开车反冲气路气缸　12、18—主、辅气包　13—凸轮转子控制(弹簧复位)

的二位二通常断阀　14、16—主、辅喷嘴　15—单向阀　17—辅喷阀(二位二通常断阀)　L 路:开车反冲气路

S 路:辅喷调压气路　M 路:主喷气路　C 路:剪刀割纬吹气气路　P 路:储纬气路

N 路:清洁壁孔气路　$S_1 \sim S_5$ 路:辅喷气路

（6）在圆网印花机的应用。在圆网印花机上有 70 多个气缸,由电气系统控制各种电磁阀来动作。

第二节 液压技术

在纺织设备上,液压技术主要用在传动动力的液压传动系统,浆纱的浆液和染色的染液的输送系统,及化学纤维的生产。浆液和染液的输送系统所需要动力装置和控制装置基本同液压传动系统一致,故本节主要讲液压传动系统。液压传动主要是以液体为工作介质,通过驱动装置将原动机的机械能转换为液压的压力能,然后通过管道、液压控制及调节装置等,借助执行装置,将液体的压力能转换为机械能,驱动负载实现直线或回转运动。

一、液压传动系统的工作原理

液压传动系统的工作原理如图5-15所示。从图5-15中可以看出,当向上提手柄1使小缸活塞3上移时,小液压缸2因容积增大而产生真空,油液从油箱12通过阀4被吸入至小液压缸2中,当按压手柄1使小缸活塞3下移时,则油液通过阀7输入到大液压缸9的下油腔,当油液压力升高到能够克服重物W时,即可举起重物。

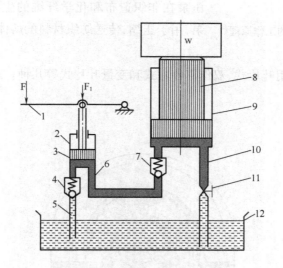

图5-15 液压传动系统的工作原理
1—手柄 2—小液压缸 3—小缸活塞 4、7—单向阀 5、6、10—油管
8—大缸活塞 9—大液压缸 11—放油阀 12—油箱

由上面的例子可以看出,液压传动系统主要由动力装置、执行装置、控制装置、辅助装置和传动介质等组成。

二、动力装置

动力装置是将原动机所输出的机械能转换成液体压力能的装置,其作用是向液压系统提供压力油,一般最常见的是液压泵。图中的小液压缸就是液压泵的原型。液压泵是液压系统的心脏。液压泵有柱塞液压泵、齿轮液压泵、叶片液压泵。

液压泵都是依靠密封容积变化的原理来进行工作的,故一般称为容积式液压泵。

1. 柱塞液压泵

图 5－16 所示的是一单柱塞液压泵的工作原理图,图中柱塞 2 装在缸体 3 中形成一个密封容积 a,柱塞在弹簧 4 的作用下始终压紧在偏心轮 1 上。原动机驱动偏心轮 1 旋转使柱塞 2 作往复运动,使密封容积 a 的大小发生周期性的交替变化。当 a 有小变大时就形成部分真空,使油箱中油液在大气压作用下,经吸油管顶开单向阀 6 进入油缸 a 而实现吸油;反之,当 a 由大变小时,a 腔中吸满的油液将顶开单向阀 5 流入系统而实现压油。这样液压泵就将原动机输入的机械能转换成液体的压力能,原动机驱动偏心轮不断旋转,液压泵就不断地吸油和压油。

2. 齿轮液压泵

齿轮液压泵有外啮合型和内啮合型两种。外啮合型齿轮液压泵工作原理如图 5－17 所示。外啮合型齿轮液压泵在非织造布和化学纤维的生产中,通常被叫做计量泵,用于压缩、传送纺织材料的熔体。

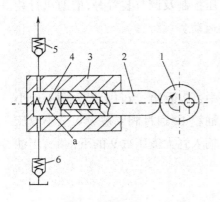

图 5－16 柱塞液压泵的工作原理

3. 叶片液压泵

叶片液压泵有单作用叶片式、双作用叶片式和变量叶片式等几种。双作用叶片液压泵的工作原理如图 5－18 所示。

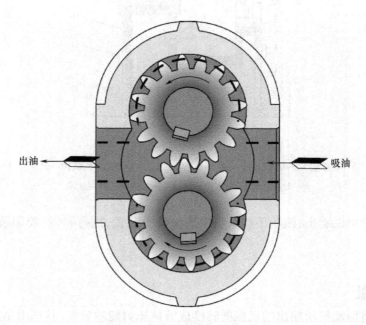

出油 吸油

图 5－17 外啮合型齿轮泵工作原理

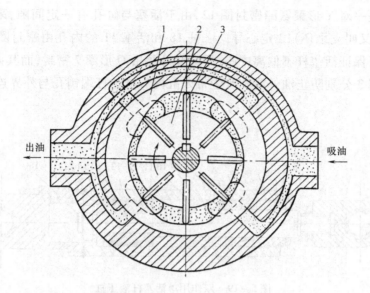

图 5 - 18 双作用叶片液压泵的工作原理
1—定子 2—转子 3—叶片

一般来说,由于各类液压泵各自突出的特点,其结构、功用和动转方式各不相同,因此应根据不同的使用场合选择合适的液压泵。一般在机床液压系统中,往往选用双作用叶片泵和限压式变量叶片泵;而在筑路机械、港口机械以及小型工程机械中往往选择抗污染能力较强的齿轮泵;在负载大、功率大的场合往往选择柱塞泵。

三、执行装置

把液体压力能转换成机械能以驱动工作机构的元件,一般指作直线运动的液压缸、作回转运动的液压马达等。图 5 - 15 中的大液压缸就是其原型。

1. 液压缸

液压缸又称为油缸,它是液压系统中的一种执行元件,其功能就是将液压能转变成直线往复式的机械运动。

(1)液压缸的类型和特点。液压缸的种类很多,常用的有活塞式、柱塞式等。活塞式液压缸根据其使用要求不同可分为双杆式和单杆式两种,可以实现两个相对方向的运动。柱塞式液压缸只能实现一个方向的液压传动,反向运动要靠外力。若需要实现双向运动,则必须成对使用。

(2)液压缸的典型结构和组成。

①液压缸的典型结构举例。图 5 - 19 所示的是一个较常用的双作用单活塞杆液压缸。它是由缸底 20、缸筒 10、缸盖兼导向套 9、活塞 11 和活塞杆 18 组成。缸筒一端与缸底焊接,另一端缸盖(导向套)与缸筒用卡键 6、套 5 和弹簧挡圈 4 固定,以便拆装检修,两端设有油口

A 和 B。活塞 11 与活塞杆 18 利用卡键 15、卡键帽 16 和弹簧挡圈 17 连在一起。活塞与缸孔的密封采用的是一对 Y 形聚氨酯密封圈 12,由于活塞与缸孔有一定间隙,采用由尼龙 1010 制成的耐磨环(又叫支承环)13 定心导向。杆 18 和活塞 11 的内孔由密封圈 14 密封。较长的导向套 9 则可保证活塞杆不偏离中心,导向套外径由 O 形圈 7 密封,而其内孔则由 Y 形密封圈 8 和防尘圈 3 分别防止油外漏和灰尘带入缸内。缸与杆端销孔与外界连接,销孔内有尼龙衬套抗磨。

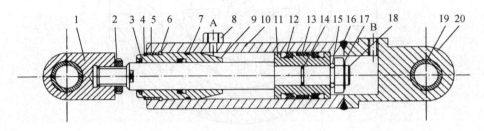

图 5 – 19 双作用单活塞杆液压缸

1—耳环 2—螺母 3—防尘圈 4、17—弹簧挡圈 5—套 6、15—卡键

7、14—O 形密封圈 8、12—Y 形密封圈 9—缸盖兼导向套 10—缸筒

11—活塞 13—耐磨环 16—卡键帽 18—活塞杆 19—衬套 20—缸底

②液压缸的组成。从上面所述的液压缸典型结构中可以看到,液压缸的结构基本上可以分为缸筒和缸盖、活塞和活塞杆、密封装置、缓冲装置和排气装置五个部分。

(3)液压缸的性能要求。

①在规定压力下,各结合处要无渗漏现象。

②油封松紧要合适,不能过紧或过松。如过松会造成漏油,若过紧会使活塞杆移动不灵活。

③活塞在缸体内进行全长移动时,应灵活自如无阻滞现象。

2. 液压马达

它是一种作连续旋转运动的执行元件,是一种把液压能转换成回转机械能的能量转换装置,其作用相当于电动机。它输出转矩、驱动执行机构做旋转运动。在液压传动中使用广泛的是叶片式、活塞式和齿轮式液压马达。

四、控制装置

控制装置包括压力、方向、流量控制阀,它们是对系统中油液压力、流量、方向进行控制和调节的元件。如图 5 – 15 中的单向阀和放油阀即属控制装置。液压控制装置与气压控制装置的结构和工作原理是一样的,但由于介质不同,有些是不能通用的。下面介绍液压阀的分类以及部分液压阀的结构。

1. 液压阀的分类

液压阀可按不同的特征进行分类,见表 5 – 3。

表 5 – 3　液压阀的分类

分类方法	种类	详细分类
按机能分类	压力控制阀	溢流阀、顺序阀、卸荷阀、平衡阀、减压阀、比例压力控制阀、缓冲阀、仪表截止阀、限压切断阀、压力继电器
	流量控制阀	节流阀、单向节流阀、调速阀、分流阀、集流阀、比例流量控制阀
	方向控制阀	单向阀、液控单向阀、换向阀、行程减速阀、充液阀、梭阀、比例方向阀
按结构分类	滑阀	圆柱滑阀、旋转阀、平板滑阀
	座阀	锥阀、球阀、喷嘴挡板阀
	射流管阀	射流阀
按操作方法分类	手动阀	手把及手轮、踏板、杠杆
	机动阀	挡块及碰块、弹簧、液压、气动
	电动阀	电磁铁控制、伺服电动机和步进电动机控制
按连接方式分类	管式连接	螺纹式连接、法兰式连接
	板式及叠加式连接	单层连接板式、双层连接板式、整体连接板式、叠加阀
	插装式连接	螺纹式插装(二、三、四通插装阀)、法兰式插装(二通插装阀)
按其他方式分类	开关或定值控制阀	压力控制阀、流量控制阀、方向控制阀
按控制方式分类	电液比例阀	电液比例压力阀、电源比例流量阀、电液比例换向阀、电流比例复合阀、电流比例多路阀三级电液流量伺服
	伺服阀	单、两级(喷嘴挡板式、动圈式)电液流量伺服阀、三级电液流量伺服
	数字控制阀	数字控制压力控制流量阀与方向阀

2.溢流阀

　　溢流阀按结构和工作原理可分为直动型溢流阀(图 5 – 20)和先导型溢流阀(图 5 – 21)。溢流阀主要有两个作用:一是溢流和稳压作用,以保持液压系统的压力恒定;二是限压保持作用,防止液压系统过载。

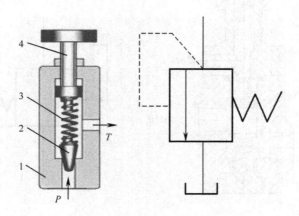

图 5 – 20　直动式溢流阀

1—阀体　2—阀芯　3—弹簧　4—调压螺杆

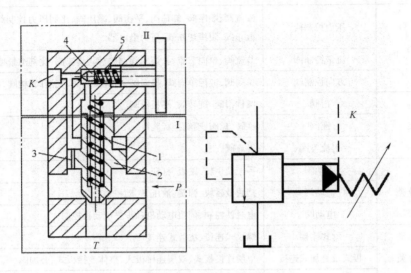

图5-21 先导式溢流阀

1—主阀弹簧 2—主阀芯 3—阻尼孔 4—先导阀 5—调压弹簧

3.顺序阀

顺序阀利用液压系统中的压力变化来控制油路的通断,从而实现某些液压元件按一定的顺序动作。顺序阀按结构和工作原理可分为直动型顺序阀(图5-22)和先导型顺序阀(图5-23),按控制油路连接方式可分为内控式和外控式。

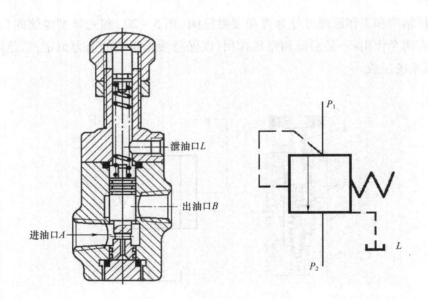

图5-22 直动型顺序阀

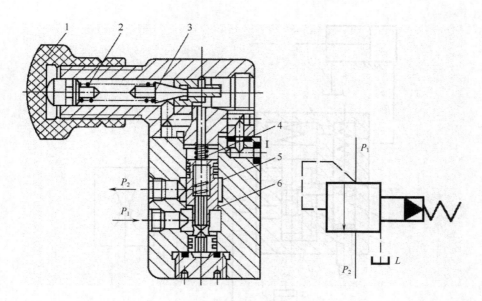

图 5 – 23　先导型顺序阀

1—调节螺母　2—调压弹簧　3—锥阀　4—主阀弹簧　5—阀体　6—主阀芯

4. 流量控制阀

控制液压系统中液体流量的阀门,称为流量阀。流量阀是通过改变阀口过流断面积来调节通过阀口的流量,从而控制执行元件运动速度的控制阀。流量控制阀主要有节流阀(图 5 – 24)和调速阀两种。调速阀是由减压阀和节流阀串联而成的组合阀(图 5 – 25)。

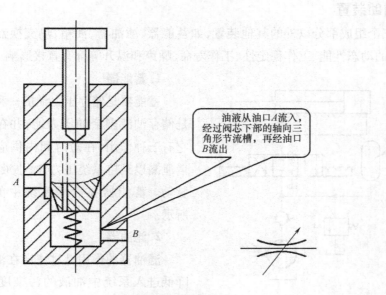

油液从油口A流入,经过阀芯下部的轴向三角形节流槽,再经油口B流出

图 5 – 24　节流阀

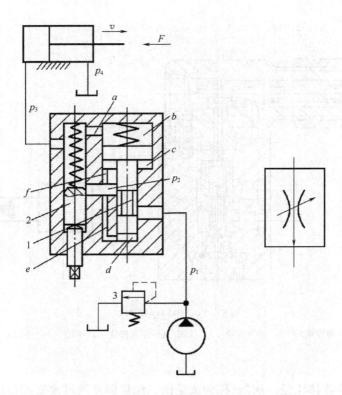

图 5 – 25   调速阀
1—减压阀阀芯   2—节流阀阀芯   3—溢流阀

五、辅助装置

上述三个组成部分以外的其他装置,如蓄能器、滤油器、油箱、热交换器、管件等为辅助装置,对系统的动态性能、工作稳定性、工作寿命、噪声和温升等都有直接影响。

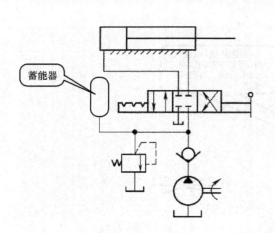

图 5 – 26   蓄能器在液压系统中的位置

1. 蓄能器

蓄能器是储存压力油的一种容器,其作用主要是储存油液多余的压力能,并在需要时释放出来。它有三种作用:在短时间内供应大量压力油液,补偿泄漏以维持系统压力,减小液压冲击或消除压力脉动。蓄能器在液压系统中的位置如图 5 – 26 所示。

2. 滤油器

滤油器的作用是过滤混在液压油液中的杂质,降低进入系统中油液的污染度,保证系统正常地工作。

3. 油箱

油箱的作用主要是储存油液,此外还起着散发
油液中热量(在周围环境温度较低的情况下则是保持油液中热量)、释出混在油液中的气体、沉
淀油液中污物等作用。图 5－27 所示为液压泵卧式安置的油箱。

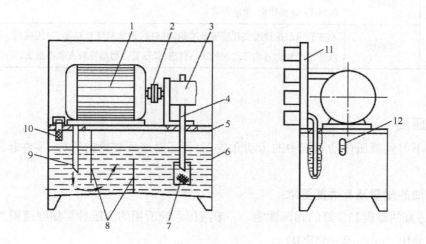

图 5－27　液压泵卧式安置的油箱
1—电动机　2—联轴器　3—液压泵　4—吸油管　5—盖板　6—油箱体　7—过滤器
8—隔板　9—回油管　10—加油口　11—控制阀连接板　12—液位计

4. 热交换器

液压系统的工作温度一般希望保持在 30～50℃ 的范围之内,最高不超过 65℃,最低不低于
15℃。液压系统如依靠自然冷却仍不能使油温控制在上述范围内时,就须安装冷却器;反之,如
环境温度太低无法使液压泵启动或正常运转时,就须安装加热器。

5. 管件

管件有油管、接头等。液压系统中使用的油管种类很多,有钢管、铜管、尼龙管、塑料
管、橡胶管等,须按照安装位置、工作环境和工作压力来正确选用。固定元件间的油管常
用钢管和铜管,有相对运动的元件之间一般采用软管连接。油管的特点及其适用范围见
表 5－4。

表 5－4　液压系统中使用的油管

种类		特点和适用场合
硬管	钢管	能承受高压,价格低廉,耐油,抗腐蚀,刚性好,但装配时不能任意弯曲;常在装拆方便处用作压力管道,中、高压用无缝管,低压用焊接管
	紫铜管	易弯曲成各种形状,但承压能力一般不超过 6.5～10MPa,抗震能力较弱,又易使油液氧化;通常用在液压装置内配接不便之处

种类		特点和适用场合
软管	尼龙管	乳白色半透明,加热后可以随意弯曲成形或扩口,冷却后又能定形不变,承压能力因材质而异,自2.5MPa至8MPa不等
	塑料管	质轻耐油,价格便宜,装配方便,但承压能力低,长期使用会变质老化,只宜用作压力低于0.5MPa的回油管、泄油管等
	橡胶管	高压管由耐油橡胶夹几层钢丝编织网制成,钢丝网层数越多,耐压越高,用作中、高压系统中两个相对运动件之间的压力管道;低压管由耐油橡胶夹帆布制成,可用作回油管道

六、液压油

液压油不但是液压传动系统中的传动介质,而且还对液压装置的机构、零件起润滑、冷却和防锈作用。

1. 液压油的质量及其性能要求

(1)有适宜的黏度和良好的黏温性能。一般液压系统所用的液压油其黏度范围为:$v = 11.5 \times 10^{-6} \sim 35.3 \times 10^{-6} \mathrm{m^2/s}(2 \sim 5°E50)$。

(2)润滑性能好。在液压传动机械设备中,除液压元件外,其他一些有相对滑动的零件也要用液压油来润滑,因此,液压油应具有良好的润滑性能。为了改善液压油的润滑性能,可加入添加剂以增加其润滑性能。

(3)良好的化学稳定性,即对热、氧化、水解、相容都具有良好的稳定性。

(4)对液压装置及相对运动的元件具有良好的润滑性。

(5)对金属材料具有防锈性和防腐性。

(6)比热、热传导率大,热膨胀系数小。

(7)抗泡沫性好,抗乳化性好。

(8)油液纯净,含杂质量少。

(9)流动点和凝固点低,闪点(明火能使油面上油蒸气闪燃,但油本身不燃烧的温度)和燃点高。

此外,对油液的无毒性、价格便宜等,也应根据不同的情况有所要求。

2. 液压油的选用

正确而合理地选用液压油,乃是保证液压设备高效率正常运转的前提。

选用液压油时,可根据液压元件生产厂样本和说明书所推荐的品种号数来选用液压油,或者根据液压系统的工作压力、工作温度、液压元件种类及经济性等因素全面考虑,一般是先确定适用的黏度范围,再选择合适的液压油品种。同时还要考虑液压系统工作条件的特殊要求,如在寒冷地区工作的系统则要求油的黏度指数高、低温流动性好、凝固点低;伺服系统则要求油质纯、压缩性小;高压系统则要求油液抗磨性好。在选用液压油时,黏度是一个重要的参数。黏度的高低将影响运动部件的润滑、缝隙的泄漏以及流动时的压力损失、系统的发热温升等。所以,在环境温度较高,工作压力高或运动速度较低时,为减少泄漏,应选用黏度较高的液压油,否则相反。

3. 液压油的污染与防护

液压油是否清洁,不仅影响液压系统的工作性能和液压元件的使用寿命,而且直接关系到液压系统是否能正常工作。液压系统多数故障与液压油受到污染有关,因此控制液压油的污染是十分重要的。此外,也要防止液压油泄漏而污染纺织品。

七、液压系统的基本回路

液压基本回路指由某些液压元件和附件所构成的能完成某种特定功能的回路,有方向控制回路、压力控制回路、速度控制回路和顺序动作控制回路等。

1. 方向控制回路

在液压系统中,控制执行元件的启动、停止(包括锁紧)及换向的回路。图5-28(a)所示为采用二位四通电磁换向阀的换向回路。图5-28(b)所示为采用液控单向阀的锁紧回路。

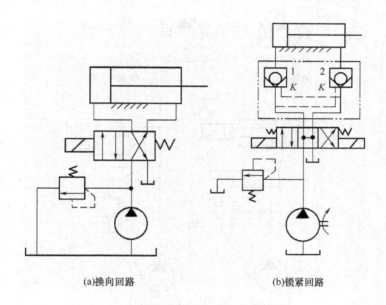

(a)换向回路　　　　　　　　(b)锁紧回路

图5-28　方向控制回路

2. 压力控制回路

压力控制回路指利用压力控制阀来调节系统或系统某一部分的压力的回路。压力控制回路可以实现调压、减压、增压、卸荷等功能。

(1)调压回路作用是使液压系统整体或某一部分的压力保持恒定或不超过某个数值。调压功能主要由溢流阀完成。图5-29(a)所示为采用溢流阀的调压回路。

(2)减压回路作用是使系统中的某一部分油路具有较低的稳定压力。减压功能主要由减压阀完成。图5-29(b)所示为采用减压阀的减压回路。

（3）增压回路作用是使系统中局部油路或个别执行元件的压力得到比主系统压力高得多的压力。图 5 - 29（c）所示为采用增压液压缸的增压回路。

（4）卸荷回路作用是使液压泵驱动电动机不频繁启闭，让液压泵在接近零压的情况下运转，以减少功率损失和系统发热，延长泵和电动机的使用寿命。图 5 - 29（d）所示为二位二通换向阀构成的卸荷回路。

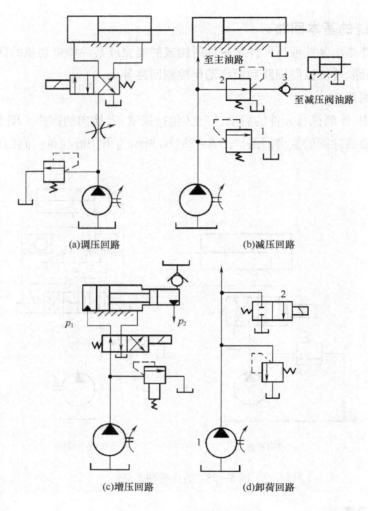

(a)调压回路　　　　　　　　　　(b)减压回路

(c)增压回路　　　　　　　　　　(d)卸荷回路

图 5 - 29　压力控制回路

3. 速度控制回路

液压缸和液压马达的运动速度变化，一般是采用改变进入其内部的流量来实现的。速度控制回路一般分为两种：一是调速回路，用于调节工作行程速度的回路，一般通过节流阀调节液压泵的进出油量达到调速目的；二是速度换接回路，用于不同速度相互转换，一般通过换向阀调节液压泵的进出油量和液压油的进出方向达到调速目的。

4. 顺序动作控制回路

顺序动作控制回路指实现系统中执行元件(两个及以上)动作先后次序的回路。

八、液压系统常见故障分析

1. 液压缸(油缸)常见故障分析

(1)液压缸(油缸)不正常噪声。可能故障是液压泵吸空。产生原因:吸油管浸入油面太低或滤油器堵塞。排除方法:将油箱内油液加满或将滤油器拆开清洗。

(2)油压调不高:可能故障是溢流阀失灵或释放电磁阀失灵。产生原因:一是溢流阀阀芯被卡住,先导阀阀座脱落或弹簧折断而失去作用,使阀口保持在较大开启状态,液压泵打出的油经此流回油箱,使压力无法建立;二是释放电磁阀阀芯被卡住或装反,使系统处于半卸荷状态。排除方法:修研阀座及滑阀,更换弹簧;调整阀芯方向。

(3)行进主油缸爬行。可能故障是空气进入系统形成空穴或导轨与油缸不平行。产生原因:一是油箱中油量不足,使吸油口浸入油中太浅,吸油口处形成旋涡,将空气吸入。系统的回油管未浸入油中,回油冲在油面上产生大量气泡混入油中,也可进入系统;二是导轨及油缸接触面加工精度或安装位置精度有问题。排除方法:将油箱灌满,使吸油及回油管浸没油中;提高加工、安装精度,调整蝶形弹簧。

(4)缓冲失灵,主油缸终端冲击。可能故障是缓冲小油缸失灵或减速阀失灵。产生原因:一是小油缸活塞间隙大,发生油液串腔,使回油压力降低,从而无力将减速阀活塞推到节流位置;二是减速阀因加工精度,热膨胀或金属屑堵塞使活塞卡死,不能正常移动到位。排除方法:提高小油缸活塞加工配合精度,调整修研活塞及活塞杆。保证密封性;提高减速阀活塞外圆与阀体配合精度,控制油温,保持油液清洁。

(5)主油缸行进速度缓慢。可能故障是油缸内油液串腔;减速阀失灵;压力不够。产生原因:一是油缸活塞配合精度差,或减速阀活塞在节流位置上卡死;另一原因同故障(2)。排除方法:提高配合精度,保证密封;同故障(2)、(4)排除方法相同。

(6)主油缸行进未到终端停止移动,压力同时下降。可能故障是减速阀失灵。产生原因:一是减速阀活塞内密封圈损坏,造成油液串腔泄漏,使系统压力损失;二是因制造精度问题,减速阀活塞与活塞杆中途阻卡,使活塞底部缺油,导致小油缸无法缩回而将主油缸顶住。排除方法:调密封圈或修研活塞杆,如无效则将减速阀调换。

(7)主油缸行进换向失灵。可能故障是换向阀不换向或电磁铁线圈损坏。产生原因:滑阀拉毛或卡死;电磁铁线圈吸力不足,电压不对。排除方法:清洗修研滑阀或更换电磁铁,调整线圈电压。

(8)双缸无二次升举动作。可能故障是双套活塞粘在一起。产生原因:因安装精度(连杆别死)问题或制造精度有问题。排除方法:调整双缸在系统中的位置精度,修研内外套活塞,保证滑动灵活轻便。

(9)双缸无第二次下降动作。可能故障是第二次下降电磁阀在油缸第一次下降时就失电导通了,这是不允许的。产生原因:电气控制程序有问题。排除方法:查电气操作的控制程序。

(10)油缸及液压元件同时大量泄漏油。可能故障是油液牌号不对或油温太高。产生原因:一是油液黏度低,分子间的内聚力就小,使密封处泄漏增大;二是油温过高使油液黏度降低。排除方法:准确选择合适液压油牌号;控制油温,保持油冷器正常工作。

2. 液压油引起的机械故障

(1)液压油黏度太低,会产生的机械故障有泵噪声、排量不足、内泄漏、压力阀不稳。

(2)液压油黏度太高,会产生的机械故障有吸油不良、空穴、过滤器阻力大,管路阻力大,压力损失大,控制阀动作迟缓。

(3)液压油抗乳化不良,易使液压装置内壁生锈,加速液压油变质老化。

(4)液压油变质老化,会产生油泥,金属材料受腐蚀,磨损加大。

(5)液压油抗泡性不良,会产生泡沫空穴、噪声,执行元件动作迟缓。

3. 控制装置常见故障分析

控制装置是指液压系统中的各种压力控制阀。这些阀类产生故障的原因有相似之处,常见故障有压力失调、噪声和振动。

(1)压力失调。

①压力不稳定,出现反复不规则的变化。这种故障绝大部分都是由于液压油的污染引起的。液压油中的污垢引起阀芯的运动故障,引起不规则的压力变化。排除方法:换油,清洗管路、阀门等,检查滤油器是否完好。

②压力上不去或下不来。故障原因可能是阀孔被油污堵塞;油污使磨损加剧,液压油流向产生小变化;液压油有污垢和水分,长时间产生腐蚀和磨损;液压油不正常回流到液压缸。排除方法同①。

③压力完全调不上去。故障原因可能是阀孔被大颗粒污垢堵塞;大颗粒污垢处于阀芯和阀座之间,使阀芯无法关闭或开启;电磁阀不动作。应清洗阀或检查电磁阀的电气部分。

(2)噪声和振动。

液压系统中的噪声一般是液压缸和阀产生的。故障原因可能是机件加工不合格;液压油中有气泡,气体冲击阀中的弹簧等。应换油或检查液压缸和阀。

九、液压技术在纺织设备上的应用

1. 在整经机上的应用

新型的整经机常采用液压加压装置控制经轴上下、顶紧、松开及经轴加压、经轴顶紧安全销。经轴、压辊、测长辊三者液压刹车同步。油缸通过一系列电磁阀实现程序控制,达到换向和顺序动作的目的。新型的整经机经常使用的压辊式液压加压装置如图 5-30 所示。压力油进入油缸的加压腔,推动活塞,再通过摆杆[图 5-30(a)与图 5-30(b)]或滑块[图 5-30(c)],使压辊 2 压向经轴 1,从而对经轴加压。压辊式液压加压装置按压辊的根数可分为单压辊式[图 5-30(a)与图 5-30(c)]和双压辊式[图 5-30(b)]两类。单压辊的轴向长度等于经轴幅宽;双压辊则采用两根轴向长度均短于经轴幅宽的压辊,并利用它们沿轴向的不对齐伸缩排列,可以很方便地实现对不同幅宽的经轴的全幅加压。压辊式液压加压装置的优点是:所加压力与卷绕过程中经轴的重量的变化无关,从而能在空轴到满轴的整经全过程中保持所加压力恒定;经轴刹停时,能迅速完成压辊回退、离开经轴的动作,从而避免对经纱的意外损伤。为了进一步避免这样的意外损伤,近代整经技术还采用经轴与压辊同步制动等技术。

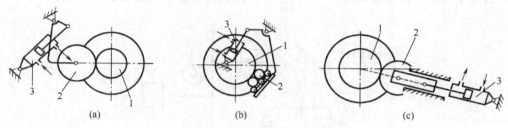

图 5 - 30　压辊式液压加压装置

1—经轴 2—压辊 3—油缸

2. 在喷水织机上的应用

喷水织机引纬用的喷射水泵如图 5 - 31 所示,属柱塞泵类型,依靠弹簧释放时的恢复力,急速推动柱塞,产生高压水流。

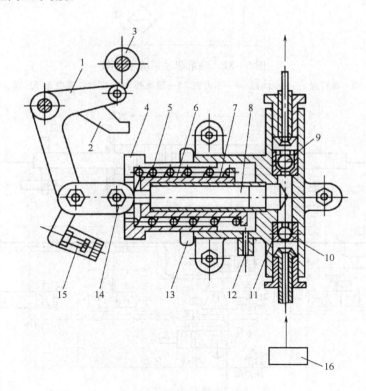

图 5 - 31　喷射水泵

1—角形杠杆　2—手动杆　3—凸轮　4—弹簧座　5—弹簧　6—弹簧内座　7—缸套　8—柱塞　9—出水阀

10—进水阀　11—泵体　12—排污口　13—调节螺母　14—连杆　15—限位螺栓　16—稳压水箱

3. 在平网印花机上的应用

LMH552 系列平网印花机采用的液压传动系统是一套较为合理、简单直观的控制回路系统。它采用一个油泵驱动系统传动两个液压回路系统及两条支油路（图5－32）。其中一个回路系统控制行进主油缸往复运动，以使上导带完成输出一个花位动作；另一个回路控制双套活塞油缸运动，以使刮印器完成平升、侧升及二次下降动作。两条支路分别向水洗油缸及制动器供油。行进主油缸回路系统如图5－33所示。升降油缸回路系统如图5－34所示。

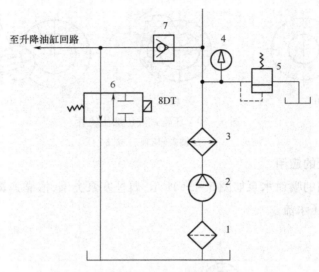

图5－32　油泵驱动系统示意图

1—过滤器　2—螺杆泵　3—冷油器　4—压力表　5—溢流阀　6—二位二通电磁释放阀　7—单向阀

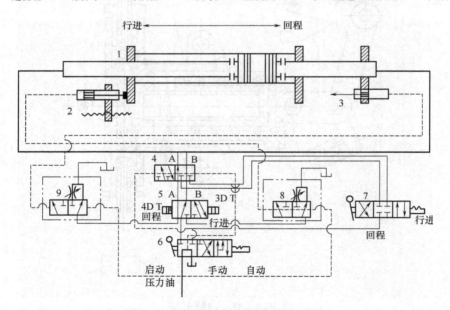

图5－33　行进主油缸回路系统示意图

1—行进主油缸　2、3—缓冲小油缸　4—液动二位六通截流阀　5—二位五通　电磁进退控制阀　6—手动三位五通主控阀
7—手动三位四通进退控制阀　8、9—液动二位三通减速阀

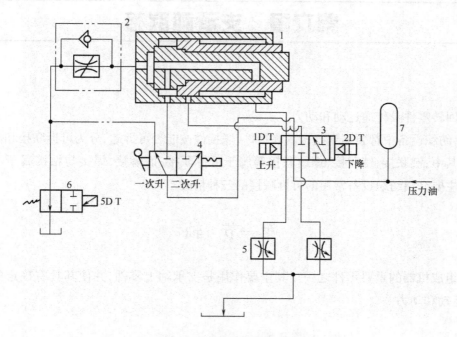

图 5 – 34　升降油缸回路系统示意图

1—双套活塞油缸 2—单向节流阀　3—二位六通升降控制阀　4—二位三通手动选择阀
5—节流调速阀　6—二位二通电磁阀　7—皮囊蓄能器

习题

1. 气压技术在纺织设备中有哪些应用(举例说明)？

2. 气压系统的基本原理和气压传动系统的组成是什么？

3. 空压机有哪些类型？其工作原理是什么？有什么特点？

4. 纺织用压缩空气对品质有什么要求？

5. 常见的气动元件有哪些？其作用是什么？气水分离器、调压阀、油雾器有什么作用？

6. 了解换向阀的命名规则？

7. 液压系统的基本原理和液压传动系统的组成是什么？

8. 液压泵有哪些类型？其工作原理是什么？

9. 液压缸的工作原理是什么？

10. 液压控制阀的功用、种类、工作原理及特点是什么？

11. 液压辅助元件有哪些？其工作原理、特点是什么？

12. 液压系统的基本回路有哪些？其各自作用是什么？

13. 能简单说明压力控制回路中调压、减压、增压、卸荷等功能的应用。

14. 初步了解液压缸(油缸)常见故障的原因及排除方法。

第六章　支承和联接

支承回转零件及传递运动和动力。

通常，纺织设备中都要用到很多的联接件，联接件按能否可拆卸，分为可拆联接和不可拆联接两类。其中，键联接、销联接、螺纹联接等属于可拆联接；而铆接、焊接与粘接属于不可拆联接。本章主要介绍纺织设备常用的可拆联接的三种情况。

第一节　轴

轴是组成机器的重要零件之一。其主要作用是支承轴上零件，并使其具有确定的工作位置；传递运动和动力。

一、轴的分类

1. 根据轴的承载性质分类

轴可分为心轴、转轴和传动轴三类。

（1）心轴。工作时只承受弯矩而不传递转矩的轴。它分为固定心轴和转动心轴两种。

①固定心轴。不随转动零件一同转动的心轴称为固定心轴，如自行车的前轴和滑轮轴。

②转动心轴。随转动零件一同转动的心轴称为转动心轴，如滑轮轴和火车车轮轴。

（2）转轴。工作时既承受弯矩又传递转矩的轴，如织机的曲柄轴。

（3）传动轴。主要用以传递转矩，不承受弯矩或弯矩很小的轴，如汽车变速箱与后桥间的传动轴。

2. 根据轴线的形状分类

轴可分为直轴、曲轴和挠性钢丝轴。直轴按其外形的不同分光轴和阶梯轴两种。

（1）光轴。外径相同的轴，形状简单，加工容易，应力集中源少，但轴上的零件不易装配和定位。

（2）阶梯轴。各轴段外径不同的直轴。

二、轴的材料

1. 轴的选材要求

由于轴工作时产生的应力多是循环变应力，所以轴的损坏常为疲劳破坏。而轴是机器中的重要零件，因此轴的材料应具有足够高的强度和韧性，对应力集中敏感性小和良好的工艺性，有的轴还有耐磨性的要求等。

2.轴的常用材料

轴的材料主要是碳素钢和合金钢。碳素钢强度虽然较合金钢低,但价廉,对应力集中的敏感性低,故应用较广。

(1)碳素钢。常用的有 30 号、40 号、45 号和 50 号钢,其中以 45 号钢最常用。为保证其力学性能,应进行调质或正火等热处理。对于载荷不大或不重要的轴,也可用 Q235、Q255、Q275 等普通碳素钢,无需热处理。

(2)合金钢。合金钢比碳钢具有更高的力学性能和更好的淬火性能,但对应力集中比较敏感,价格较贵。对于受载大并要求尺寸紧凑、重量轻或耐磨性要求高的重要轴,或处于非常温度或腐蚀条件下工作的轴,常采用合金钢。常用的合金钢有 20Cr、40Cr、20CrMnTi、35CrMo、40MnB 等。由于常温下合金钢与碳素钢的弹性模量相差无几,所以当其他条件相同时,用合金钢代替碳素钢并不能提高轴的刚度。

(3)合金铸铁和球墨铸铁。轴也可以采用合金铸铁和球墨铸铁。铸铁具有流动性好,易于铸造成型以获得形状复杂的轴(如曲轴),价廉,有良好的吸振性和耐磨性,以及对应力集中不敏感等优点,但强度和韧性较低,铸造质量不易控制。

三、轴的结构

1.轴的组成

轴主要由轴颈、轴头、轴身三部分组成(图 6 - 1)。

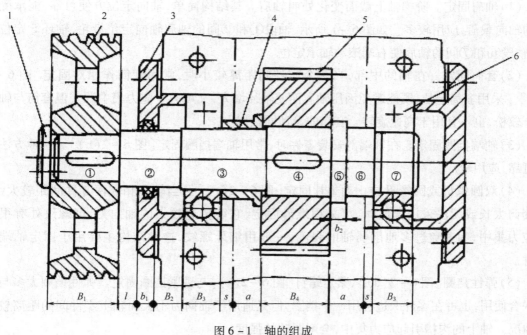

图 6 - 1　轴的组成

1—挡圈　2—带轮　3—轴承盖　4—套筒　5—齿轮　6—轴承

（1）轴颈轴上被支承的部分叫轴颈。

（2）轴头轴上安装轮毂的部分叫轴头。

（3）轴身轴上联接轴颈和轴头的部分叫轴身。

2. 轴颈和轴头直径的确定

轴颈和轴头的直径应按规范圆整取标准值。可查阅相关手册。装滚动轴承的轴颈必须按照轴承的孔径选取。轴身的形状和尺寸主要按轴颈和轴头的结构决定。

3. 轴结构设计的要求

轴的结构设计应使轴的各部分具有合理的形状和尺寸。影响轴结构的因素很多,如轴上零件的布局及其在轴上的固定方法;轴上载荷的大小及其分布情况;轴承的类型、尺寸和布置情况;轴的加工和装配工艺性等。故轴的结构没有标准形式。轴在结构设计时,应针对不同的情况确定轴的结构。但是,不论何种情况,轴的结构都应满足以下主要要求。

（1）轴和轴上零件要有确定的轴向工作位置及恰当的周向固定。

（2）轴应便于加工,轴上零件要易于装拆。

（3）轴受力合理并尽量减小应力集中等。

四、轴上零件的固定

1. 轴上零件的轴向固定

为了保证轴上零件有确定的轴向位置,防止零件沿轴向移动并传递轴向力,轴上零件必须沿轴向在轴上固定。轴向固定的常用固定方法主要有以下几种。

（1）轴肩固定。阶梯轴上截面变化处叫轴肩。其结构简单,轴向定位方便可靠,能承受较大的轴向载荷,应用较多。如图6-1所示,轴段①和②间的轴肩轴向定位带轮,轴环⑤定位齿轮,轴段⑥和⑦间的轴肩使右端滚动轴承定位。

（2）套筒固定。在轴的中部,当两个零件间距离较小时,常用套筒作相对固定[图6-2(a)]。采用套筒定位,既能避免因用轴肩而使轴径增大,又可减少应力集中源。但套筒与轴的配合较松,也不宜用于高速旋转。套筒的设计同轴肩。

（3）轴端挡圈固定。在轴端部安装零件时,常用轴端挡圈固定[图6-2(b)]。这种方法工作可靠,应用较广。

（4）双圆螺母或圆螺母与止动垫片固定[图6-2(c)]。当轴上相邻两零件间距较大,以致套筒太长或无法采用套筒时,可采用螺母固定,它能传递较大的轴向力,但螺纹处有很大的应力集中,为避免过多地削弱轴的强度,一般用细牙螺纹,这种结构主要用于固定轴端的零件。

（5）弹性挡圈[图6-2(d)]、紧定螺钉[图6-2(e)]与锁紧挡圈固定。弹性挡圈大多与轴肩联合使用,也可在零件两边各用一个挡圈,但只适用于轴向力不大而轴上零件间的距离较大的情况。轴上的沟槽引起应力集中,会削弱轴的强度。

　　紧定螺钉与锁紧挡圈多用于光轴上零件的固定。当轴向力很小,转速很低或仅为防止零件偶然沿轴向滑动时,可采用紧定螺钉固定。优点是轴的结构简单,零件位置可以调整,紧定螺钉还可以兼做周向固定。但这种结构只能承受较小的力,而且不适用于高速转动的轴。

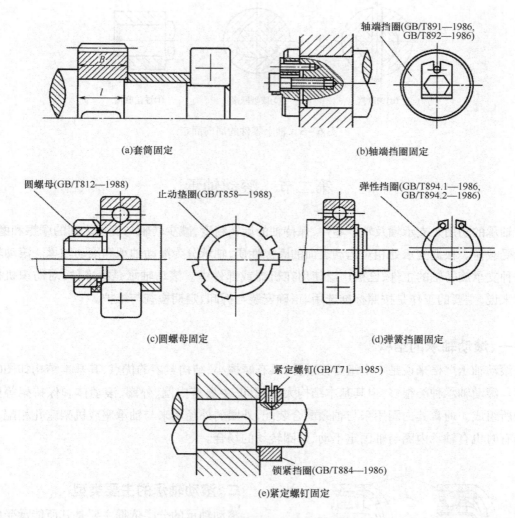

(a)套筒固定　　　　　　　　　　　(b)轴端挡圈固定

(c)圆螺母固定　　　　　　　　　　(d)弹簧挡圈固定

(e)紧定螺钉固定

图6-2　轴上零件的轴向固定

2. 轴上零件的周向固定

　　轴上零件的周向固定的目的为了可靠地传递运动和转矩,故轴上零件还必须与轴有可靠的周向固定。常用的周向固定方法周向固定的方式很多,常用的有平键联接、花键联接、弹性环联接、销联接、成型联接、过盈联接等(图6-3)。

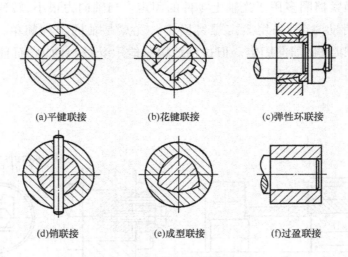

(a)平键联接   (b)花键联接   (c)弹性环联接

(d)销联接   (e)成型联接   (f)过盈联接

图6-3 轴上零件的周向固定

第二节 滚动轴承

轴承的功用是支承轴及轴上零件,保持轴的旋转精度,减少转轴与支承之间的摩擦和磨损,并承受载荷。根据支承处相对运动表面的摩擦性质,轴承分为滑动轴承和滚动轴承。滚动轴承是一种支承旋转轴的主件,已被广泛使用在机器或部件中。滚动轴承是标准件,对纺织机械使用者来说,主要的工作是按照标准选用、正确安装与拆卸、定期检查与维护。

一、滚动轴承的结构

滚动轴承严格来说是一个组合标准件,具有摩擦小、结构紧凑的优点,其基本结构如图6-4所示。滚动轴承种类很多,但其基本结构大体相同,主要有内圈、外圈、滚动体和保持架等四个部分所组成。通常其内圈用来与轴颈配合装配,外圈的外径用来与轴承座或机架座孔相配合装配。有时也有轴承内圈与轴固定不动、外圈转动的场合。

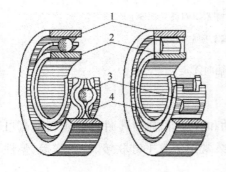

图6-4 滚动轴承的结构
1—外圈 2—内圈 3—滚动体 4—保持架

二、滚动轴承的主要类型

滚动轴承的分类依据主要是其所能承受的载荷方向(或公称接触角)、滚动体的形状和座圈轴线偏移。

滚动轴承按承受的载荷方向不同,可分为向心(承受径向力)轴承、推力(承受轴向力)轴承和向心推力(同时承受径向力和轴向力)轴承(一般成对使用);按滚动体的形状不同,可分为球轴承和滚子轴承,而滚子轴承的滚动体有短圆柱行、长圆柱形、圆锥形、球面形和针形等(图6-5);按轴承的座圈轴线偏移的可能性可分为自动调心轴承和非自动调心轴承。

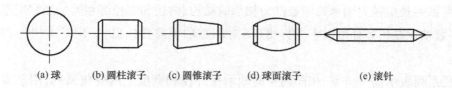

(a)球　　(b)圆柱滚子　　(c)圆锥滚子　　(d)球面滚子　　(e)滚针

图6-5　滚动体

三、滚动轴承的代号

滚动轴承的种类很多,而各类轴承又有不同结构、尺寸和公差等级等,为了表征各类轴承的不同特点,便于组织生产、管理、选择和使用,国家标准中规定了滚动轴承代号的表示方法。

滚动轴承(滚针轴承除外)的代号由前置代号、基本代号和后置代号三部分代号所组成(表6-1),用不同的数字和字母表示。

表6-1　滚动轴承的代号

前置代号	基本代号					后置代号(组)							
	五	四	三	二	一	1	2	3	4	5	6	7	8
成套轴承分部件代号	类型代号	尺寸系列		内径代号		内部结构代号	密封、防尘套圈及外部形状变化代号	保持架及其材料代号	轴承材料代号	公差等级代号	游隙代号	配置代号	其他代号
		宽(高)系列代号	直径系列代号										
		组合代号											

1. 基本代号

基本代号是表示轴承主要特征的基础部分,包括轴承类型、尺寸系列和内径。

(1)轴承类型代号用阿拉伯数字或大写字母表示,个别情况下可以省略(表6-2)。

表6-2　轴承类型代号

代号	轴承类型	代号	轴承类型
0	双列角接触球轴承	6	深沟球轴承
1	调心球轴承	7	角接触球轴承
2	调心滚子轴承和推力调心滚子轴承	8	推力圆柱滚子轴承
3	圆锥滚子轴承	N	圆柱滚子轴承 双列或多列用字母NN表示
4	双列深沟球轴承	U	外球面球轴承
5	推力球轴承	QJ	四点接触球轴承

注　在表中代号后面或前面加字母或数字,表示该类轴承中的不同结构。

（2）尺寸系列是是由轴承的直径系列代号和宽（高）度系列代号组合而成，用两位数字表示。

①宽度系列是指径向轴承或向心推力轴承的结构、内径和直径都相同。当宽度系列为 0 系列时，对多数轴承在代号种可以不予标出（但对调心轴承需要标出）。用基本代号右起第四位数字表示。

②直径系列表示同一类型、相同内径的轴承在外径和宽度上的变化系列，用基本代号右起第三位数字表示（滚动体尺寸随之增大）。

（3）内径代号是用两位数字表示轴承的内径。轴承内径在 20 ~ 495mm 范围内时，代号乘以 5 即为内径尺寸（mm）。内径小于 20mm、大于或等于 500mm 时另有规定，具体代号对应可参见表 6 – 3。

表 6 – 3　内径代号表示方法

轴承公称内径(mm)	内径代号表示方法及举例
0.6 ~ 10（非整数）	用公称内径 mm 数值直接表示，尺寸系列代号与内径代号之间用"/"分开；例：深沟球轴承 618/2.5
1 ~ 9（整数）	用公称内径 mm 数值直接表示，对部分系列的深沟球轴承及角接触球轴承，尺寸系列代号与内径代号之间须用"/"分开；例：625,618/5
10,12,15,17	分别用 00,01,02,03 表示
20 ~ 480 （22,28,32 除外）	用 5 除公称内径 mm 数值的商数表示
≥500，以及 22,28,32	用公称内径 mm 数值直接表示，尺寸系列代号与内径代号之间用"/"分开。例：深沟球轴承 62/22，调心滚子轴承 230/500

2. 前置代号、后置代号

前置、后置代号是轴承在结构形状、尺寸、公差、技术要求等有改变时，在基本代号左右添加的补充代号。前置代号用字母表示，用以说明成套轴承部件的特点，一般轴承无需作此说明，则前置代号可以省略。后置代号用字母和字母—数字的组合来表示，按不同的情况可以紧接在基本代号之后或者用"–"、"/"符号隔开。纺织设备维修工作时，一般不用其相关知识，如实在需要，可查 GB272/T—1993。

四、滚动轴承的安装

轴承的使用寿命与安装质量有极大的关系。先在轴、轴承和轴承座的配合面上涂一点机械油，以防生锈和擦伤。轴承装在轴上和轴承座内，要特别注意不能有歪斜现象。下面讲几种轴承在不同情况下的安装要求。

1. 向心滚动轴承的安装

（1）轴承内径和轴的配合。这种轴承的内圈一般直接装在有轴肩的轴上，轴承在轴上的位置靠轴肩固定。轴承内径和轴的配合应较为紧密，不可松动。当轴承负载较小时，须用小锤将轴承打到轴上；当轴承负载较大时，须用榔头将轴承锤打到轴上；当轴承负载很大时；须用工具将轴承压到轴上，或给轴承加热，使轴承内径膨胀后再立即装到轴上。

（2）轴承外圈与轴承座孔的配合。轴承外圈与轴承座孔的配合可以稍松一些，但也不能太松，以用较大的手力能将轴承推入轴承座孔内为宜。这种轴承的固定一般用嵌在轴承座孔一边或两边的挡圈固定。

（3）安装方法。

①锤打法。锤打法是装配轴承最简单的方法。锤打时应以铜或低碳钢制成的套管顶住轴承内圈，用手锤敲击套管，把轴承打入，如图6－6(a)所示。锤打时只能使内圈受力，滚动体及外圈不能受力，所以内径应略大于轴径，套管壁厚略小于轴承内圈厚度。为防止杂物落入轴承内，可在套管上装一防护盘。若没有合适的套管，也可用硬度较低的钢冲头沿内圈端面转位渐渐打入，但不可用手锤直接敲打轴承内外圈。

把轴承连短轴装入轴承壳内时，压力应加在外圈上［图6－6(a)］。根据外圈与壳的配合要求，可用套管或冲头均匀转位抵于外圈，轻轻敲入，或以乎用力推入为度。但当把轴承同时装到轴上和轴承壳中时，套管或冲头仍应抵于内圈，或使内外圈同时着力。

②热装法。对于轴径较大或配合较紧的轴承，可采用把轴承加热，使内圈受热膨胀，装到轴上后冷缩紧配的热装法。装配前，将轴承用铁丝钩住，与温度计一起放入油桶中，轴承及温度计离桶底不宜太近，更不能与桶底接触，以免受热不匀。当温度升高到80～90℃时，即可将轴承取出，迅速装到轴上，再用套管工具，使内圈与轴肩抵紧。加热时若没有温度计，可把轴承放在油桶内，将油桶再放到较大的水桶内，隔水加热，当水沸腾时，此时油温即近100℃。

③压入法。如图6－7所示，将螺杆拧入轴心螺孔内，用套管顶住内圈，转动手柄螺母把轴承压入。

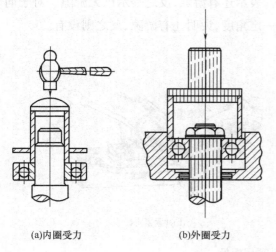

(a)内圈受力　　　　　(b)外圈受力

图6－6　锤打法

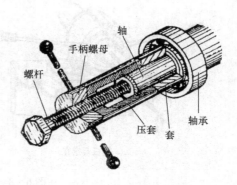

图6－7　压入法

装配时,应先在配合面上涂一薄层工业凡士林油,以防接触面日久生锈,拆卸困难。

④其他方法。如轴承内圈和轴配合的松紧程度不合适时,可采用以下方法解决。

a. 选配法。在配合的松紧程度基本符合要求,但还想进一步提高配合要求时,可拿数只轴承(或轴)进行试装,以找出最满意的配合。

b. 电镀法。如两者配合较松,可对轴承内径或轴进行电镀,镀层的厚薄,应根据配合的要求决定。

c. 镶套法。如两者配合太松,用电镀法就不太合适,可采用镶套法解决。镶套的壁厚不宜太薄,一般应在 3~5mm 之间为宜。

d. 焊补法。即先在轴的表面进行堆焊,然后再在车床上车圆,车圆时,一定要掌握好轴的尺寸公差。

e. 打毛法。用冲头在轴的装轴承部位进行冲打,将轴的表面冲出许多小坑,使轴的表面发毛,可增加轴孔间的紧密程度。坑的多少及深浅要掌握好。

2. 带紧定套轴承的安装方法

带紧定套的轴承,其内圈配合的松紧可以用紧定套调节螺母进行调节,掌握紧定套螺母松紧程度,是安装这种轴承的关键。如螺母过松,紧定套与轴及轴承内圈都会产生松动,紧定套易在轴上滑动,使轴颈磨损,甚至使整个轴发生轴向窜动;如螺母过紧,会造成轴承内圈过分膨胀,使轴承的径向游隙消失。一般轴承内内圈、外圈滚道有明显磨痕时,往往是螺母太紧造成的。

紧固紧定套的内圈前,先把轴承用力推到要求位置,用两把螺丝刀对称插在轴承内圈和止动垫圈之间,用力向外撬动,如图6-8(a)所示,使紧定套向外移出,直至紧定套紧箍在轴上合适的位置为止。用手尽量旋紧紧定螺母,再用专用扳手扳紧。若用专用扳手扳不紧,再用冲头顶住螺母外沿缺口,用小锤向螺母扳紧的方向轻击几下,如图6-8(b)所示。再检验配合松紧是否适当,方法是用手转动轴承的外圈,根据转动是否灵活、平稳,声响是否正常,加以判断。如轴承外圈回转不灵活,一般是螺母过紧,轴承径向游隙消失造成,应重新校装纠正。此外,还可观察滚动体转动情况,如滚动体除公转外还能自转,表示还有游隙,反之表示已无游隙。对于向心球面球轴承,还可用手扳动外圈观察,如能扳偏一定角度,说明还有游隙,反之则没有。

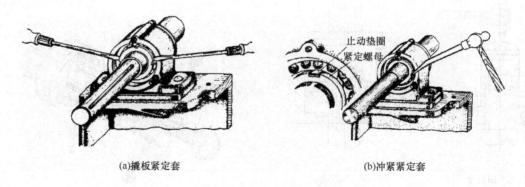

(a)撬板紧定套　　　　　　　　　　(b)冲紧紧定套

图6-8　用冲头紧固螺母

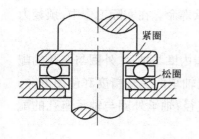

图6-9 松紧圈位置示意图

3. 推力轴承的安装方法

推力轴承由紧圈、松圈、滚动体等主要零件组成。一般松圈的内径较紧圈的内径大0.2mm。在安装时一定要将紧圈靠紧转动的机件,松圈靠紧静止的机件,如图6-9所示,不可装错,否则容易使轴和轴承受到磨损。因为紧圈是随轴转动的,其与轴的配合应较为紧密;松圈与轴承座是不转动的,其配合应较松。

五、滚动轴承的游隙调整和预紧

1. 轴承的游隙

为了保证轴承的正常运转,并考虑轴承运转后的热膨胀,轴承的内圈、外圈和滚动体之间的要留一定的间隙。这个间隙一般称为轴承的游隙。

滚动轴承的游隙分径向游隙和轴向游隙两种,如图6-10所示,其含义是将一个套圈固定、另一个套圈沿径向或轴向的最大活动量。两种游隙之间密切相关,一般说来,径向游隙愈大,则轴向游隙愈大,反之则小。径向游隙由内圈与轴、外圈与轴承座孔的配合决定,若配合太紧,径向游隙就会太小,滚动体会失去灵活性,甚至咬煞不动。

另外,根据轴承所处的位置不同,游隙分原始游隙、配合游隙和工作游隙三类。原始游隙是指轴承未装配前在自由状态下的

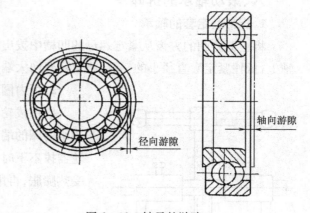

图6-10 轴承的游隙

游隙;配合游隙是指轴承装配到轴及外壳内以后的游隙(由于过盈配合关系,配合游隙总是小于原始游隙);工作游隙是指在运转时的实际游隙。轴承在运转时因内外圈的温度差使配合游隙减小,但又因工作负荷的作用,使滚动体与套圈产生弹性变形,而使游隙增大。向心轴承的游隙是不可调整的,只有内径为锥形孔、另加紧定套的轴承,在安装时可改变轴承内圈配合的松紧度,以调整游隙。一般情况下,工作游隙大于配合游隙。

轴承所以能有较大的倾斜特性和轴向位移能力,是由于存在径向和轴向游隙的关系,并成正比。

2. 滚动轴承的预紧

为了提高轴承的旋转精度,增加轴承装置的刚性,减小机器工作时的振动,滚动轴承一般都要有预紧措施。也就是在安装时采用某种方法,在轴承中产生并保持一定的轴向力,以消除轴承中轴向游隙,并在滚动体与内外圈接触处产生预变形。

预紧力的大小要根据轴承的载荷、使用要求来决定。预紧力过小,会达不到增加轴承刚性

的目的;预紧力过大,又将使轴承中摩擦增加,温度升高,影响轴承寿命。在实际工作中,预紧力大小的调整主要依靠经验或试验来决定。

预紧力的大小由滚动轴承的配合决定。滚动轴承的配合是指内圈与轴径、外圈与座孔的配合。这些配合的松紧程度直接影响轴承间隙的大小,从而关系到轴承的运转精度和使用寿命。轴承内孔与轴径的配合采用基孔制,就是以轴承内孔确定轴的直径;轴承外圈与轴承座孔的配合采用基轴制,就是用轴承的外圈直径确定座孔的大小。

在具体选取时,要根据轴承的类型和尺寸、载荷的大小和方向以及载荷的性质来确定:工作载荷不变时,转动圈(一般为内圈)要紧。转速越高、载荷越大、振动越大、工作温度变化越大,配合应该越紧。常用的配合有 n6、m6、k6、js6;固定套圈(通常为外圈)、游动套圈或经常拆卸的轴承应该选择较松的配合。常用的配合有 J7、J6、H7、G7。这一部分学习过公差与配合之后会有更好的理解。使用时可以参考相关手册或资料。

六、滚动轴承的拆卸

1.拆带紧定套的轴承

将止退垫圈的方齿从紧定螺母的凹槽中拔出,松开紧定螺母。用内径比轴略大的套管套在轴上,抵住紧定套直径小的一端,将紧定套向大端敲击,使紧定套松动,即可将轴承拆下。

2.拆内圈直接紧装在轴上的轴承

应用拔轮器(拉扳)将轴承拉出,拔轮器的爪子应钩住轴承内圈的端面,如图 6－11 所示。如果内圈配合较紧,拔轮器拔不下时,可用电加热方法,加热到 90～120℃,使内圈受热膨胀,再用拔轮器拔下。

七、滚动轴承的清洗与检查

为使轴承充分发挥并长期保持其应有的性能,必须切实做好定期检查和维护保养。做到早期发现故障,防止事故于未然,对提高生产率和经济性十分重要。

1.轴承的清洗

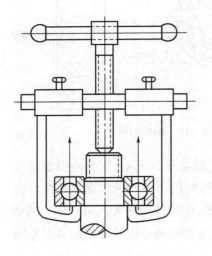

图 6－11　用拔轮器拆卸轴承

对拆卸下来的轴承要进行清洗和检查,以判断使用情况的好坏或能否再次使用。将轴承拆下检查并做好外观记录。另外,要确认剩余润滑剂的量并对润滑剂采样,然后再清洗轴承。

将轴承表面油污初步清除后,先浸入废煤油中清洗,再用清洁煤油清洗,最后用汽油漂洗。根据需要有时也使用温性碱液等。不论用哪种清洗剂,都要经常过滤以保持清洁。

2.清洗的轴承检查与判断

为了判断拆下的轴承能否重新使用,要着重检查其尺寸精度、旋转精度、内部游隙以及配合面、滚道面、保持架和密封圈等。

清洗后,应用手指插入内圈支撑轴承(图 6 –
12),以另一只手快速转动外圈,以检验轴承转动是
否灵活、平稳,声响是否正常,并观察惯性回转时间
的长短。如内外圈之间的游隙过大,回转时保持器
会左右晃动,而且有非正常声响,惯性回转时间短;
如内外圈之间游隙过小,则回转时不灵活。

同时要仔细观察和记录被拆下来的轴承外观情
况,检查滚道面、滚动面和配合面的状况以及保持架
的磨损状态等。如果有下面几种缺陷,则轴承就不
能再用,需更换新的轴承。

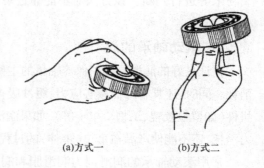

(a)方式一　　　　(b)方式二

图 6 – 12　检验轴承时的支撑方式

(1)内外圈、滚动体、保持架中的任何一个有裂纹或出现碎片的。

(2)内外圈、滚动体中任何一个有剥离的。

(3)滚道面、挡边、滚动体有明显卡伤的。

(4)保持架磨损严重或铆钉松动的。

(5)滚道面、滚动体生锈和有伤痕的。

(6)滚动面、滚动体上有明显压痕和打痕的。

(7)内圈内径面或外圈外径面上有蠕变的。

(8)过热变色严重的。

(9)润滑脂密封轴承的密封圈和防尘盖破损严重的。

轴承清洗、检验后应将轴承浸入机油中,或用干净的揩布包好待用。

3. 运转中轴承的检查与判断

有些部位的轴承是不方便拆卸的,在这样的情况下,就要通过不拆卸检查来识别或预测运
转中的轴承有无故障,这对提高生产率和经济性是十分重要的。主要的识别方法如下:

(1)通过声音进行识别。通过声音进行识别需要有丰富的经验,必须经过充分的训练来达
到能够识别轴承声音与非轴承声音。为此,应尽量由专人来进行这项工作。用听音器或听音棒
贴在外壳上可清楚地听到轴承的声音。轴承在运转中,可用金属棒一端顶住轴承座,另一端靠
紧耳窝查听轴承转动的声响。当轴承安装不当,游隙过大、过小,润滑脂不足,轴承内有杂物等
时,会听到不正常的声响。

(2)通过工作温度进行识别。该方法属比较识别法,仅限于用在运转状态不太变化的场
合。为此,必须进行温度的连续记录。出现故障时,不仅温度升高,还会出现不规则变化。出现
温度升高的原因有安装不良(包括轴承、轴、轴承紧定套三者之间的装配不良、加工不良、同心
度不良等)、轴承损坏(包括滚珠、或滚针磨损,外圈磨损,保持架损坏等)、润滑脂不良或失效
(包括充加油脂过多使回转阻力大,加油周期过长,油质不纯或油脂变质,缺油干磨等)、负荷过
重,传动带和链过于紧张,速度过快等。

(3)通过润滑剂的状态进行识别。对润滑剂采样分析,通过其污浊程度是否混入异物或金

属粉末等进行判断。该方法对不能靠近观察的轴承或大型轴承尤为有效。

八、滚动轴承的润滑

保证良好的润滑是维护保养轴承的主要手段。润滑可以降低摩擦阻力,减轻磨损和节约动力消耗。同时,还具有降低接触应力、缓冲吸振及防腐蚀等作用。特别是靠表面摩擦传递半成品的机件(如罗拉胶辊、织物牵拉辊等),如果润滑工作不到位,不但缩短机件的使用寿命和增加节约动力消耗,还不能使产品在牵拉(牵伸)的过程中得到正确张力,以至于形成粗节、细节和疵布等。

常用滚动轴承的润滑剂为润滑脂和润滑油两种。具体选择可按速度因数 $D_m n$ 来决定(D_m 为轴承的平均直径;n 为轴承的转速)。$D_m n$ 间接反映了轴颈圆周速度,当 $D_m n < 2 \times 10^5 \sim 3 \times 10^5 \, mmr/min$ 时,一般采用脂润滑;超过这一范围宜采用油润滑。

一般情况下,滚动轴承使用的是润滑脂,它可以形成强度较高的油膜,承受较大的载荷,缓冲和吸振能力好,黏附力强,可以防水,不需要经常更换和补充。滚动轴承的装脂量为轴承内部空间的 $1/3 \sim 2/3$。在滚动轴承内加润滑脂的量应合适。轴承转速在 1500r/min 以下时,加到轴承座总空腔的 $1/2 \sim 2/3$ 左右为宜。轴承转速在 1500r/min 以上时,加到总空腔的 $1/3$ 左右为宜。加油脂过多,易使润滑脂产生过多内摩擦,会引起轴承高热,缩短使用寿命,增加电耗。

润滑油的内摩擦力小,便于散热冷却,适用于高速机械。速度越高,油的黏度应该越小。当转速不超过 10000r/min 时,可以采用简单的浸油法。当转速高于 10000r/min 时,搅油损失增大,引起油液和轴承严重发热,应该采用滴油、喷油或喷雾法。

第三节　滑动轴承

滑动轴承是支撑轴承的零件或部件,轴颈与轴瓦面接触,属滑动摩擦。尽管滚动轴承有很多优点,在一般机器中获得广泛应用,但滑动轴承有其独特的优点,使得它在某些特殊的场合仍占有重要的地位。如普通滑动轴承构造简单,制造方便,成本低,在低速而有冲击载荷及不重要的场合比滚动轴承优越。又如在高速时滑动轴承比滚动轴承寿命长,运转平衡,对冲击和振动敏感性小等,故在高速、高精度、重载、强冲击、结构上要求剖分(如曲轴轴承)以及在特殊条件下(如在水或腐蚀性的介质中)工作的轴承,更显示出它的优越性能。滑动轴承在纺织设备上被应用,主要是因为其加油量少甚至不需要加油,对纺织品污染机会较少。

一、滑动轴承的种类

根据所承受载荷的方向,滑动轴承可分为径向轴承、推力轴承两大类。

根据轴系和拆装的需要,滑动轴承可分为整体式和剖分式两类。

根据颈和轴瓦间的摩擦状态,滑动轴承可分为液体摩擦滑动轴承和非液体摩擦滑动轴承。

根据工作时相对运动表面间油膜形成原理的不同,液体摩擦滑动轴承又分为液体动压润滑轴承和液体静压润滑轴承,简称动压轴承和静压轴承。

二、滑动轴承的结构形式

1. 径向滑动轴承的结构形式

（1）整体式。由轴承座 1、轴套（轴瓦）2、固定螺钉（栓）3 和油孔 4 等组成（图 6 - 13）。其优点是结构简单、成本低。其缺点是轴套磨损后，间隙无法调整；装拆不便（只能从轴端装拆），对于重量大的轴或中间有轴颈的轴，装拆甚至成为不可能。

（2）剖分式。轴承座和轴瓦被分成两部分，由螺栓联接，便于调整间隙和装拆（图 6 - 14）。剖分有正剖分和斜剖分两种。剖分面制成阶梯状，便于对中，防错动。也有轴承座被分成两部分，而轴瓦还是一体的。剖分式滑动轴承结构复杂但安装方便。轴瓦磨损后，可以通过减少剖分面处的垫片厚度，调整因磨损而造成的间隙。调整后应修刮轴瓦内孔。

（3）调心式。调心式滑动轴承的轴瓦与轴承之间不是柱面配合，而是球面配合，轴瓦可随着轴的弯曲而转动，适应轴径的偏斜（图 6 - 15）。

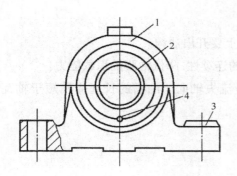

图 6 - 13 标准整体式径向滑动轴承
1—轴承座 2—轴套（轴瓦） 3—固定螺钉（栓） 4—油孔

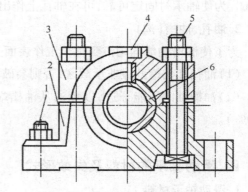

图 6 - 14 标准剖分式滑动轴承
1—轴承座固定螺栓 2—下轴承座 3—上轴承座
4—油孔 5—联接螺栓 6—轴瓦

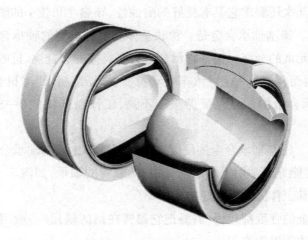

图 6 - 15 调心式滑动轴承

2. 推力滑动轴承的结构形式

(1)实心式:轴颈端面的中部压强比边缘的大,润滑油不易进入,润滑条件差。

(2)空心式:轴颈接触面上压力分布较均匀,润滑条件较实心式的改善。

(3)单环式:利用轴颈的环形端面止推,结构简单,润滑方便,广泛用于低速、轻载的场合。

(4)多环式:利用轴颈的环形端面止推,结构简单,润滑方便,广泛轻载的场合。

(5)环式:不仅能承受较大的轴向载荷,有时还可承受双向轴向载荷。由于各环间载荷分布不均,其单位面积的承载能力比单环式低50%。

三、轴瓦结构

1. 轴瓦的形式与结构

轴瓦应具有一定的强度和刚度,要固定可靠,润滑良好,散热容易,便于装拆和调整。轴瓦固定在轴承座上,轴瓦表面常浇铸一层减摩性更好的材料,称为轴承衬,厚度从零点几个毫米到6mm。为使轴承衬固定可靠,可在轴瓦上作出沟槽。

2. 油孔、油槽(沟)

为了使润滑油能均匀流到整个工作表面上,轴瓦上要开出油沟。

(1)油孔和油槽开在非承载区,否则会破坏油膜的连续性,降低油膜的承载能力。

(2)油槽轴向不能开通,以免油从油槽端部大量流失轴向。油槽的长度应稍短于轴瓦宽(80%)。

四、滑动轴承的材料及失效形式

1. 滑动轴承材料

滑动轴承材料是指用于制造滑动轴承轴瓦及内衬的材料。滑动轴承在工作时,承受轴传给它的一定压力,并和轴颈之间存在摩擦,因而产生磨损。由于轴的高速旋转,工作温度升高,故对用作轴承的合金,首先要求它在工作温度下具有足够的抗压强度和疲劳强度,良好的耐磨性和一定的塑性及韧性,其次还要求它具有良好的耐蚀性、导热性和较小的膨胀系数。

(1)锡基轴承合金。锡基轴承合金是一种软基体硬质点类型的轴承合金。它是以锡、锑为基础,并加入少量其他元素的合金。锡基轴承合金具有良好的磨合性、抗咬合性、嵌藏性合耐蚀性,浇注性能也很好,因而普遍用于浇注汽车发动机、气体压缩机、冷冻机合船用低速柴油机的轴承和轴瓦。锡基轴承合金的缺点是疲劳强度不高,工作温度较低(一般不大于150℃),价格高。

(2)铅基轴承合金。铅基轴承合金的硬度、强度、韧性都比锡基轴承合金低,但摩擦因数较大,价格较便宜,铸造性能好。常用于制造承受中、低载荷的轴承,如汽车、拖拉机的曲轴、连杆轴承及电动机轴承,但其工作温度不能超过120℃。

铅基、锡基轴承合金的强度都较低,需要把它镶铸在钢的轴瓦(一般用08钢冲压成型)上,形成薄而均匀的内衬,才能发挥作用。

（3）铝基轴承合金。铝基轴承合金是一种新型减摩材料,具有比重小、导热性好、疲劳强度高和耐蚀性好的优点。它原料丰富,价格便宜,广泛用在高速高负荷条件下工作的轴承。按化学成分可分为铝锡系、铝锑系和铝石墨系三类。

铝锡系轴承合金具有疲劳强度高、耐热性和耐磨性良好等优点,因此适用于制造高速、重载条件下工作的轴承。铝锑系轴承合金适用于载荷不超过 $20MN/m^2$、滑动线速度不大于 $10m/s$ 工作条件下的轴承。铝石墨系轴承合金具有优良的自润滑作用和减震作用以及耐高温性能,适用于制造活塞和机床主轴的轴承。

铝基轴承合金的缺点是膨胀系数较大,抗咬合性低于前两种合金。

（4）多层轴承合金。多层轴承合金是一种复合减磨材料。它是综合了各种减磨材料的优点,弥补其单一合金的不足,从而组成二层或三层减磨合金材料,以满足现代机器高速、重载、大批量生产的要求。例如,将锡锑合金、铅锑合金、铜铅合金、铝基合金等之一与低碳钢带一起轧制,复合而成双金属。为了进一步改善顺应性、嵌镶性及耐蚀性,可在双层减磨合金表面上再镀上一层软而薄的镀层,这就构成了具有更好减磨性及耐磨性的三层减磨材料。这种多层合金的特点都是利用增加钢背和减少减磨合金层的厚度以提高疲劳强度,采用镀层来提高表面性能。

（5）粉末冶金减磨材料。粉末冶金减磨材料在纺织机械、汽车、农机、冶金矿山机械等方面已获得广泛应用。粉末冶金减磨材料包括铁石墨和铜石墨,经高压、高温烧制成多空隙结构材料,可制作滑动轴承。这种材料制成的滑动轴承,孔隙率占总体积的 15%～35%,可预先浸满油或脂,又称含油轴承。

粉末冶金多孔含油轴承与前面的几种合金相比,具有减磨性能好、寿命高、成本低、效率高等优点,特别是它具有自润滑性,轴承孔隙中所贮润滑油,足够其在整个有效工作期间消耗。因此特别适用于制氧机、纺纱机等场合应用的轴承。

（6）非金属材料轴承。在与清水及其他液体接触的滑动轴承,因不能采用机油润滑,此时就可用胶木、尼龙、橡胶等非金属材料制成,也可采用金属与非金属材料复合制成。例如,纺织空调设备中用的水润滑轴承就是采用铜合金作衬套,橡胶作内衬复合而成的。

2. 滑动轴承的失效形式及原因

滑动轴承的主要失效形式表现在轴瓦有磨损、胶合（粘着磨损）。其他常见的失效形式还有轴瓦压溃、刮伤、疲劳破坏、腐蚀,以及因工艺原因出现的轴承衬脱落等。造成滑动轴承失效的原因有油眼堵塞或缺油干磨;油料黏度太低,加油量不足、油料流失或油膜被挤破失去润滑功能;摩擦件表面不光洁;加压过重;装配不良或位置走动;轴承或轴承加工不良,不同心或配合间隙过小。

五、含油轴衬

含油轴衬是一种多孔性粉末冶金制作的滑动轴承,具有自动润滑的作用,减磨性能好,可以延长加油周期,对纺织品污染机会少。由于上述优点,含油轴衬已在纺织设备上被广泛应用。也正由于此原因,才重点讲述含油轴衬。

1. 含油轴衬的结构和性能

含油轴衬具有多孔性海绵状结构,整个体积的 20% 是孔隙。充油后,孔隙内吸储润滑油,含油容积可达 18% 以上。轴回转时,由于轴衬壁受压力和摩擦升温影响,油从微孔中渗出,在轴衬和轴颈之间形成油膜,起自动润滑和减磨作用。轴停转后,油被微孔吸回,重新储存起来。含油轴衬中包含的石墨粉,是一种固体润滑剂,可以减少偶然缺油造成的卡轴现象。

2. 含油轴衬的装配和加油

由于含油轴衬海绵状结构的特征,它的装配作业具有一定的特殊性。在装配含油轴衬时,要注意下列事项。

(1)在装配前,要检查内外径尺寸,掌握含油轴衬和配合轴、孔的间隙和过盈量;检查表面有无裂纹、锈斑和碰伤等。

(2)含油轴衬压入座孔后,如发现轴衬内孔过小时,要进行切削扩孔。含油轴衬经切削加工后,要用机械油清洗,并重新充油,才能装配。

(3)新含油轴衬切忌用汽油或煤油浸泡洗涤,以免影响含油量。如已误洗,应重新充油。

(4)在储存和安装中,含油轴衬表面应保持清洁,防止尘杂黏附,堵塞毛细孔。必要时可用机械油或高速机械油清洗,用干净布擦净或压缩空气吹净。

(5)含油轴衬压配时,要用带有台肩的芯棒穿入含油轴衬的孔内,再缓缓压入,或垫木板用榔头轻轻打入,切忌猛力敲击,以免破碎。

(6)由于含油轴衬的储油量有一定限度,使用一定时间后,就会出现缺油现象,需要及时加油或补充浸油。含油轴衬不宜采用润滑脂润滑,要用机械油,可根据不同条件,采用真空浸油法、加温浸油法和灌油法来加油。

(7)含油轴衬需要拆出时,宜用专用工具均匀压出。含油轴衬取出后应随即浸在机械油中,也可放在涂蜡纸盒内;但不可用滑石粉当去湿剂撒在轴衬上,以免堵塞微孔。

六、滑动轴承的装配

1. 整体式径向滑动轴承的装配

整体式径向滑动轴承主要由轴承座和轴瓦两部分组成。其装配步骤是:首先把轴瓦压入轴承座,然后再固定轴瓦,修整轴承孔及检验轴套。其压入方法分手锤敲入与压力机压入两种。当轴瓦尺寸及过盈量较小时,可使用手锤加垫板来敲入轴瓦。在当轴瓦尺寸及过盈量较大时,就使用压力机和专用工具把轴瓦压入。

2. 剖分式径向滑动轴承的装配

(1)轴瓦与轴承盖及轴承座的装配。进行装配时,应使轴瓦背与轴承座孔接触良好,且不允许有缝隙;若不符合要求,要以座孔为基准修刮轴瓦背部(若是不能进行修刮的薄壁轴瓦,需要进行选配)。为了使配合紧固,要求轴瓦的剖分面比轴承座的剖分面高出 0.05 ~ 0.1mm 左右。

(2)轴瓦孔的配刮。对于剖分式轴瓦,大多用与其配合的轴来研点,并用涂色法使轴与半轴瓦对研以及检修下半轴瓦的表面,直到接触均匀并达到规定的接触点数为上;接下来再将上半轴瓦装上并拧紧轴承座上的螺栓,以同样方法修刮上轴瓦,直至轴与轴瓦的配合表面接触良好及达到有关要求为止。

(3)装配间隙的调整。对配刮好的轴瓦进行清洗,并重新装入;再通过调整结合面处的垫片,来保证轴与轴瓦间的径向配合间隙达到设计要求。

七、滑动轴承的润滑

滑动轴承绝大多数用润滑油润滑,只有在轴颈圆周速度小于 $1\sim2m/s$ 时才使用润滑脂。在特别高速时可用气体润滑剂(如空气)。当工作温度特高或特低或在真空中时,可使用固体润滑剂(如二硫化钼、石墨、聚四氟乙烯等)。

1. 润滑油的选择

黏度是润滑油最重要的性能指标,是选择轴承用油的主要依据。黏度太低,轴承承载能力不够,黏度过高,则摩擦损耗和温升过大。选择轴承用润滑油的黏度的一般原则如下。

(1)在压力大或冲击、变载等工作条件下,应选用黏度高一些的油。

(2)滑动速度高时,容易形成油膜,为了减少摩擦功耗,减小温升,应选用黏度低一些的油。

(3)加工粗糙或未经磨合的表面,应选用黏度高一些的油。

(4)循环润滑、芯捻润滑时,应选用黏度低一些的油;飞溅润滑应选用高品质、能防止与空气接触而氧化或因剧烈搅拌而乳化的油。

2. 润滑脂的选择

润滑脂密封简单,不需经常添加,不易流失,承载能力也较大。但它的物理及化学性质不如润滑油稳定,摩擦损耗也较大,机械效率低,不宜在高速的条件下使用。润滑脂流动性差,无冷却效果。常用于要求不高、难以供油,或者低速重载以及做摆动运动的轴承。选择润滑脂品种的一般原则如下。

(1)平均压强高和滑动速度低时,选锥入度小一些的品种;反之,则选锥入度大一些的品种。

(2)所用润滑脂的滴点,一般应高于轴承的工作温度 $20\sim30℃$,以免工作时过多地流失。

(3)在有水或潮湿的环境下,应选择耐水性好的润滑脂,如钙基脂。工业上应用最广的润滑脂是钙基润滑脂。

八、滑动轴承在纺织机械上的应用

在纺织设备上,有的传动轴比较长,于是就用滑动轴承在中间支撑,如图 6-16 所示的传动轴托架。有时,为了方便轴的装卸,就常用开口滑动轴承(剖分式的下半部分)(图 6-17),如细纱机罗拉和浆纱机经轴使用的滑动轴承就是开口的。粗纱锭子下面的支撑就是实心式推力滑动轴承的一种形式,如图 6-18 所示。现代细纱机用的高速锭子,就同时使用了径向滑动轴承和平面推力滑动轴承。

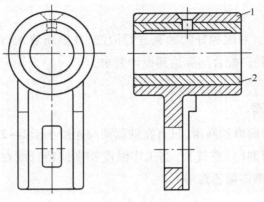

图 6 - 16　纺织传动轴托架

1—轴承座　2—轴瓦

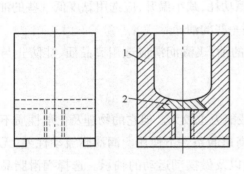

图 6 - 17　开口式滑动轴承

1—轴承座　2—轴瓦

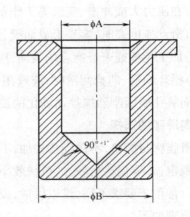

图 6 - 18　实心式推力滑动轴承

第四节　螺纹联接

一、常用螺纹的类型特点和应用

1. 螺纹的主要参数

普通螺纹的主要几何参数有螺纹大径 $d(D)$、小径 $d_1(D_1)$、中 d_2 径(D_2)、螺距 P、螺纹线数 n、导程 L、螺旋升角 λ、牙型角、牙型斜角 β（图 6 - 19）。其中 D、D_1、D_2 用于内螺纹，螺纹的大径为公称直径。螺距与导程的关系为 $L = nP$。

2. 螺纹的类型、特点和应用

（1）根据螺纹的牙形，可分为三角形螺纹、矩形螺纹、梯形螺纹和锯齿形螺纹等（图 6 - 20）。三角形螺纹主要用于联接，其余三种用于传动，其中锯齿形螺纹仅用于单向传动。

（2）根据螺旋线方向，可分为右旋和左旋螺纹。其判别方法：当螺纹轴线垂直放置时，螺纹自左到右升高者，称为右旋，反之为左旋。常用右旋螺纹，左旋螺纹一般用于特定场合。

（3）根据螺旋线的数目，螺纹一般分为单线和双线（图6-21）。通过观察垂直于轴线的螺纹端面，可判别螺纹的线数，联接螺纹一般用单线。

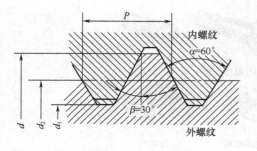

图6-19　螺纹的主要参数

(a)三角形　　(b)矩形　　(c)梯形　　(d)锯齿形

图6-20　螺纹的牙形

(a)单线螺纹

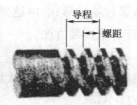

(b)双线螺纹

图6-21　螺旋线的数目

牙型角为60°的三角形圆柱螺纹，称为普通螺纹。凡牙形、大径和螺距等都符合国家标准的螺纹，称为标准螺纹。

二、螺纹联接的主要类型

螺纹联接有四种基本类型，即螺栓联接、双头螺柱联接、螺钉联接和紧定螺钉联接。前两种需拧紧螺母才能实现联接，后两种不需要螺母。用螺纹起联接和紧固作用的零件，通常称为螺纹联接件。螺纹联接件的种类很多，常用的有螺栓、双头螺柱、螺钉、螺母和垫圈等（图6-22）。它们的结构和尺寸已经标准化，只需根据需要选择即可。

1. 螺栓联接

根据螺栓杆与内孔的配合关系，螺栓联接又分为普通螺栓联接［图6-23(a)］和铰制孔用螺栓联接［图6-23(b)］两种。螺栓联接的结构简单、装拆方便、使用时不受被联接件材料限制，应用极广。

2. 双头螺柱联接

被联接件上要切制螺纹，用于被联接件太厚或太软，不宜开通孔，可以经常拆装的场合［图6-23(c)］。为保证双头螺柱在装拆螺母的过程中不出现任何松动迹象，螺柱紧固端大多采用

(a)六角头螺栓　　　(b)双头螺柱　　　(c)六角螺母　　　(d)六角开槽螺母

(e)内六角圆柱头螺钉　(f)开槽圆柱头螺钉　(g)开槽沉头螺钉　　(h)紧定螺钉

(i)平垫圈　　(j)弹簧垫圈　　(k)圆螺母用止动垫圈　　(l)圆螺母

图 6 - 22　螺纹联接件

过渡配合、使用带台肩或带过盈的形式,以达到紧固目的。另外,为保证将来拆装方便,装双头螺柱时,须加润滑油,保证将来拆装方便。

3.螺钉联接

被联接件上要切制螺纹,用于被联接件太厚或太软,不宜开通孔的场合,但不宜经常装拆,以免螺纹孔损坏[图 6 - 23(d)]。

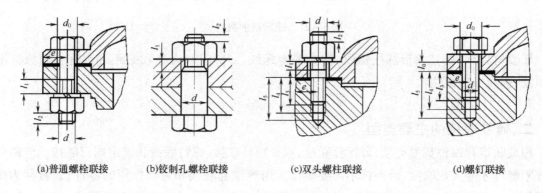

(a)普通螺栓联接　　(b)铰制孔螺栓联接　　(c)双头螺柱联接　　　(d)螺钉联接

图 6 - 23　螺栓联接

三、螺纹联接的预紧及拧紧顺序

1.螺纹联接的预紧

在实用中,绝大多数螺纹联接在装配时都必须拧紧,使联接在承受工作载荷之前,预先受到力的作用,这个预加的作用力称为预紧力。对于重要的螺纹联接,应控制其预紧力,因为预紧力的大小对螺纹的可靠性、强度和密封性均有很大的影响。一般规定,拧紧后螺纹联接件的预紧力不得超过其材料屈服极限的80%。

　　预紧的目的是增强联接的可靠性和紧密性,以防止受载后被联接件间出现缝隙或发生相对滑移。在螺栓联接中,预紧力的大小要适当,如在气缸盖螺栓联接中,预紧力过小时,在工作过程中,缸盖和缸体间可能出现间隙而漏气。当预紧力过大时,又可能使螺栓拉断。

2. 螺纹联接的拧紧顺序

　　在装配成组联接的螺母时,务必按一定的顺序进行,并分几次逐步拧紧(通常分三次)。在拧紧图6-24(a)及图6-24(b)的呈方形或圆形布置的成组螺母时,也须按图示顺序对称进行。在拧紧图6-24(c)呈长方形布置的成组螺母时,应按图示顺序从中间开始,再逐渐向两边对称地扩展且分次逐步拧紧。

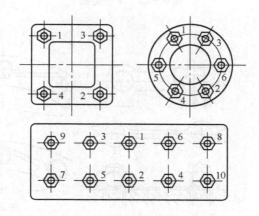

图6-24　螺纹联接的拧紧顺序

四、螺纹联接的防松

1. 松脱的原因

　　在静载荷和工作温度变化不大时,螺纹联接不会自动松脱。但在冲压、振动或变载荷的作用下,螺纹联接可能失去自锁作用而松脱,使联接失效,造成事故。因此,为了防止联接松脱,保证联接安全可靠,设计时必须采取有效的防松措施。

2. 防松的措施

　　防松的根本问题在于防止螺纹副的相对转动。防松的方法很多,按工作原理不同,可分为三类:摩擦防松、机械防松(直接锁住)和破坏螺纹副的运动关系。

　　(1)摩擦防松。使用双螺母对顶、弹簧垫圈或里面镶嵌尼龙圈的防松螺母(图6-25)。双螺母对顶时,螺栓始终受到附加拉力和摩擦力的作用,故螺母不容易松动。弹簧垫圈被压平后,利用其反弹力使螺纹间保持压紧力和摩擦力。镶嵌尼龙圈的防松螺母拧紧后,其尼龙圈内孔被螺栓箍紧而起防松作用。

　　(2)机械防松。一般使用带翅的开口销、止动垫片和串联钢丝等等固定螺母(图6-26)。

　　(3)破坏螺纹副的运动关系。对于按照后不需要拆卸且需要防松的螺纹联接,可以用冲头将螺纹破坏一两个螺距;也可以使用黏合剂涂到螺纹上,使其拧紧后固化。

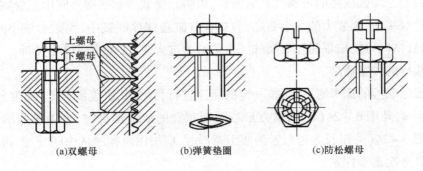

(a)双螺母   (b)弹簧垫圈   (c)防松螺母

图6-25　摩擦防松

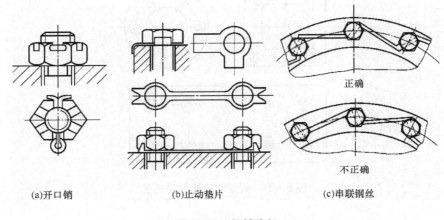

正确

不正确

(a)开口销   (b)止动垫片   (c)串联钢丝

图6-26　机械防松

第五节　键联接和销联接

一、键联接

键联接主要用于轴和轴上零件的周向固定并传递转矩,有的兼作轴上零件的轴向固定或轴向滑动。键是标准件,其尺寸可根据轴颈查相关标准。键联接有松键联接(使用平键和半圆键)、紧键联接(使用斜键)、花键联接三种形式。在纺织企业的实际工作中,维修人员常常需用选择尺寸合适的键,或者使用键料自己配键,然后安装。故本节主要介绍其装配方法。

(一)松键联接的类型、特点及应用

根据键的结构形式,松键联接主要使用平键、半圆键等。平键分为普通平键、导向平键和滑键。通常,普通平键及半圆键用于静联接,而导向平键和滑键用于动联接。松键联接只对轴上零件实现周向定位,但不能实现轴上零件的轴向定位,当然也不能传递轴向力。故轴上零件只能依靠附加紧定螺钉及定位环等零件来实现轴向定位。

1．平键

平键是矩形截面的联接件，它以两侧面为工作面，上表面与轮毂上的键槽底部之间留有间隙，键的上、下表面为非工作面，靠键与键槽侧面的挤压来传递运动和扭矩（平键联接不能承受轴向力），故定心性较好。按用途不同，平键又分为普通平键、导向平键和滑键三种。平键的尺寸见表6-4。

表6-4　平键的主要尺寸　　　　　　　　　　　　　　　mm

轴径 d	>10~12	>12~17	>17~22	>22~30	>30~38	>38~44	>44~50
键宽 b	4	5	6	8	10	12	14
键高 h	4	5	6	7	8	8	9
键长 L	8~45	10~56	14~70	18~90	22~110	28~140	36~160
轴径 d	>50~58	>58~65	>65~75	>75~85	>85~95	>95~110	>110~130
键宽 b	16	18	20	22	25	28	32
键高 h	10	11	12	14	14	16	18
键长 L	45~180	50~200	56~220	63~250	70~280	80~320	90~360

键的长度系列：8，10，12，14，16，18，20，22，25，28，32，36，40，45，50，63，70，80，90，100，110，125，140，160，180，200，220，250，280，320，360。

（1）普通平键。普通平键的主要尺寸是键长 L、键宽 b 和键高 h。普通平键按端部形状的不同可分为圆头（A型）、平头（B型）和单圆头（C型）三种（图6-27），C型键用于轴端。A型、C型键的轴上键槽用端铣刀切制，对轴应力集中较大。B型键的轴上键槽用盘铣刀铣出，轴上应力集中较小。

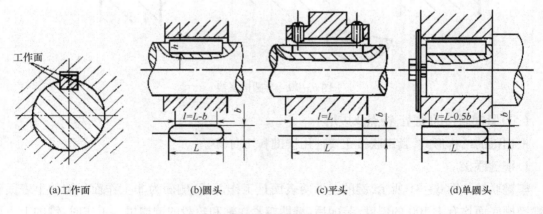

(a)工作面　　　　(b)圆头　　　　(c)平头　　　　(d)单圆头

图6-27　普通平键联接

（2）导向平键。导向平键用于动联接，它与轴固定在一起，以满足轮毂沿轴向方向与轴相对滑动的需要。其安装方式如图6-28所示。FA421型粗纱机的伞形往复齿轮就是利用导向平键移动的。

（3）滑键。滑键也用于动联接,它与轮毂固定在一起,与轮毂一起沿键槽滑动（图6-29）。它一般用于机械式离合器。

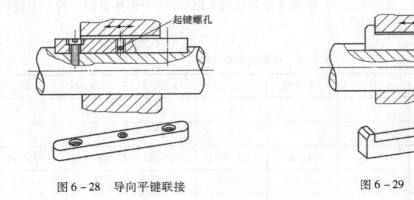

图6-28　导向平键联接　　　　　　　　　　　图6-29　滑键联接

2.半圆键联接

半圆键呈半圆形,如图6-30所示。它靠键的两个侧面传递转矩,故其工作面为两侧面。轴上键槽是用与半圆键相同的圆盘铣刀加工,因而键在槽中能绕其几何中心摆动,以适应轮毂槽由于加工误差所造成的斜度。半圆键常用于锥形轴端与轮毂的联接。

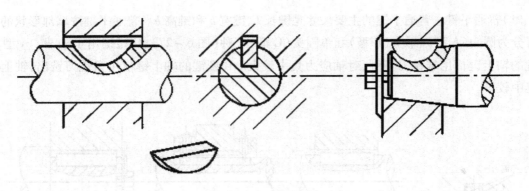

图6-30　半圆键联接

（二）紧键联接的类型、特点及应用

根据键的结构形式,紧键联接主要使用楔键和切向键等。

1.楔键联接

楔键联接如图6-31所示,键的上下两表面是工作面,两侧面为非工作面。键的上表面和轮毂键槽底面均有1:100的斜度,装配后,键即楔紧在轴和轮毂的键槽里。工作时,键的上下两工作面分别与轮毂和轴的键槽工作面压紧,工作表面产生很大预紧力,靠其摩擦和挤压传递扭矩。楔键分为普通楔键和钩头楔键两种。楔键联接在传递有冲击和振动的较大转矩时,可保证联接的可靠性。但键在楔紧后,轴和轮毂的配合产生偏心和偏斜,破坏了轴与毂的同轴度,故这种联接主要用于对中精度要求不高和低速的场合。

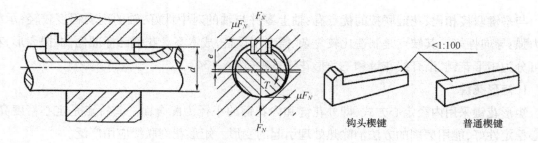

图 6-31　楔键联接

2.切向键联接

切向键联接由两个普通楔键组成。装配时两个楔键分别自轮毂两端楔入,使两键以其斜面互相贴合,共同楔紧在轴毂之间(图 6-32)。切向键的工作面是上下互相平行的窄面,其中一个窄面在通过轴心线的平面内,使工作面上产生的挤紧力沿轴的切线方向作用,故能传递较大的转矩。

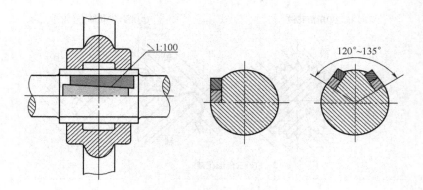

图 6-32　切向键联接

(三)花键联接

花键联接是平键在数量上发展和质量上改善的一种联接,它由轴上的外花键和毂孔的内花键组成,如图 6-33 所示,工作时靠键的侧面互相挤压传递转矩。花键联接多用于载荷较大、定心精度要求较高的联接。

图 6-33　内花键和外花键

与平键联接相比,花键联接的优点有:轴上零件与轴的对中性好;轴的削弱程度较轻;承载能力强;导向性好。其缺点是制造比较复杂、需专用设备,成本高。花键已标准化,根据齿形,花键可分为矩形花键、渐开线花键和三角形花键三种(图6-34)。

1. 矩形花键

矩形花键采用内径定心方式,即外花键和内花键的小径为配合面。其特点是定心精度高,定心稳定性好,能用磨削的方法消除热处理引起的变形。矩形花键联接应用广泛。

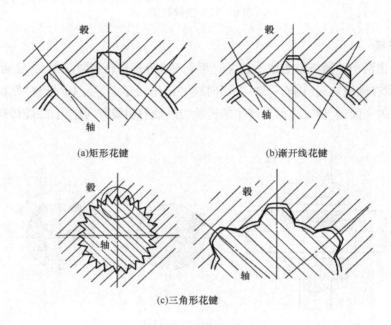

(a)矩形花键　　　　　　　　(b)渐开线花键

(c)三角形花键

图6-34　花键的齿形

2. 渐开线花键

渐开线花键的齿廓为渐开线,分度圆压力角有30°和45°两种。渐开线花键可以用制造齿轮的方法来加工,工艺性较好,制造精度较高,应力集中小,易于定心。当传递的转矩较大且轴径也较大时,宜采用渐开线花键联接。渐开线花键的定心方式为齿形定心。当齿受载时,齿上的径向力能起到自动定心作用,有利于各齿均匀承载。

3. 三角形花键

三角形花键不如矩形花键和渐开线花键应用广泛,主要用于轻载和薄壁机件的联接。

(四)键的失效形式

平键联接工作时的主要失效形式为组成联接的键、轴和轮毂中强度较弱材料表面的压溃,极个别情况下也会出现键被剪断的现象(图6-35)。

其他键的失效形式与平键相似,不再一一赘述。

(五)键的装配

在实际工作中,可以购买固定规格的成品键,也可以用键坯来制作键,其装配方法和过程如下。

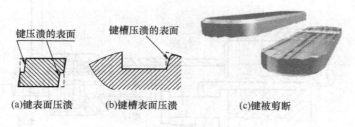

（a）键表面压溃　　（b）键槽表面压溃　　（c）键被剪断

图 6 – 35　平键的失效形式

1. 松键的装配

制键材料一般用 45 号钢,其抗拉强度要求在 6.0×10^8 Pa 以上。松键联接的装配步骤如下。

（1）把要连接的机件,如齿轮、凸轮、手轮活套在轴上,检查孔、轴间隙,应不超过 0.10mm。间隙过大,运转受力后键易损坏;连接易松动,造成机件偏心或端面跳动。

（2）清理键及键槽的毛刺并检验键的精度。修配键与键槽并进行检验:不论是普通平键,还是半圆键,都应紧嵌在轴槽中;对圆头平键,还应锉配键的长度,并使键头与轴槽有 0.1mm 左右的间隙。

（3）修配键宽。平键两侧,应与键槽精密接触。装配时,平键上垫木板或钢皮,用榔头轻轻打入键槽口。如果平键过宽,不可猛力敲击,因为猛力敲击会使键和键槽变形。可先将平键用粗锉锉狭,再用细锉推光,倒角(0.4×45°),两侧面要互相平行,并与键底垂直。

（4）检查键厚。平键的顶面应与键槽留有间隙。在键槽中试探键过厚时,应锉顶面,一般键底面是基准,不应锉修,以便用角尺、外卡控制两侧垂直和底顶平行。锉修时,先粗锉,后用细板锉推光,倒角。

（5）新机安装有大量配键,而且锉修余量很大时(0.5~0.8mm),可在比较硬的木板上按键的外形雕刻一深约 5mm 长方槽,使键嵌入槽内,用砂轮粗磨,大致合格后,再进行精锉。新键底面毛糙,要用细锉推光至刀痕不明显为止,但不可多锉,以免失去基准。

（6）装键:在键与键槽的配合面上加油,再用铜棒或带软垫的台虎钳将键压入到键槽中;对于导向平键,还须用螺钉固定在轴槽中;若是方头平键,还应用紧定螺钉紧固。

（7）为了拆卸方便,不带钩头的斜键底面的一端应锉一斜角,以便拆卸时把键从键槽中起出。钩头斜键的拆卸可用如图 6 – 36 所示的工具和方法。

2. 紧键的装配

紧键联接的常用形式有斜键联接和切向键联接两种,它们的工作面都是上、下两个,工作时依靠摩擦力和挤压力来传递扭矩。

（1）斜键联接的装配。斜键两侧与键槽间隙应尽量小,最大不超过 0.05mm;斜键的顶底部应与键槽密接,两侧有间隙。斜键顶面的 1:100 斜度必须准确,以保证与键槽顶面全部密接。

装配斜键时,可用涂色法检查斜键与键槽斜面的接触情况,并使用锉或刮刀来修整键槽,然后装上斜键且使键的上、下表面与轴槽和轮毂槽的底部贴紧,而在其侧面应留有一定的间隙。

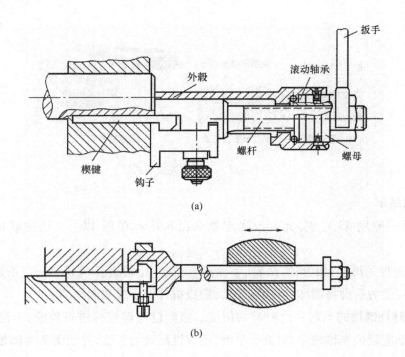

图 6 - 36　钩头斜键的拆卸

斜键在键槽中的松紧,控制的方法是键放入槽内,两边用圆头凿子把键锁紧在键槽中,以防零件敲入时键随零件走动。把连接零件套上,使手能推入键全长的1/3,用小榔头敲入1/3,其余1/3用大榔头敲入,而且要求顶面接触全面均匀,接触面应大于70%。

（2）切向键的装配。切向键的上、下两面均为工作面。装配切向键时,可用涂色法检查切向键与键槽及键与键之间的接触情况,并用锉及刮刀修整键槽,且注意在锉（或刮）削修整时须保证一个工作面处于包含轴心线的平面内;接下来可装上切向键,并使两楔键以其斜面互相贴合,以共同楔紧在轴毂之间。此外,在键侧和键槽之间还应留有一定的间隙。

3. 花键的装配

装配花键时,应先清除花键及花键槽的毛刺和锐边,以防装配时发生咬住现象。对静联接花键的装配,过盈量小的可用铜棒轻轻地打入套件:当过盈量较大时,可把套件加热到 80 ~ 120℃后,再进行装配。至于动联接花键的装配,因套件与花键轴为间隙配合,故只要将套件套在花键轴上即可。装配时,应做到套件在全长上移动时,松紧程度应均匀一致。检验时,可以用涂色法检查修整配合的情况,也可以用花键推刀修整花键孔以达到相关技术要求。

（六）键对纺织设备和产品质量的影响

1. 键对设备的影响

纺织设备上有些键往往承受反复冲击和震动,为了使连接可靠,键宽、键厚、倒角、垂直度、斜度都必须严格控制。受力大的斜键,最好做到两侧面也要与键槽密接。否则,修配时草率勉强打入,表面上是打"紧"了,实际上只是局部面积上受力,运转后,先是连接微小松动,使键和键槽开始磨损,接着连接严重松动,孔磨大,使机构受额外冲击力以至损坏。

2. 键对产品质量的影响

键、轴槽或轮毂槽在宽度方向的磨灭,都会使配合松动,增加齿轮、带轮和链轮等的传动误差(运转顿挫),直接影响产品质量。同样的键(轴槽或轴毂槽)的松动量,轮径愈大,产生的传动误差也愈大。这是在装配中必须注意的问题。

(1)在纺纱机械上,与喂入机构、牵伸机构等相关齿轮的键有损坏,会造成传动顿挫、延时,使纱条、纱线的条干恶化。

(2)在织造机械上,与送经机构、开口机构、引纬机构和打纬机构面横档、云斑、飞梭、轧梭等问题。

(3)在染整机械上,与送布机构等相关齿轮的键有损坏,会造成布幅不匀、染色横档等问题。

二、销联接

销联接就是用销钉把被联接件联接成一体,且使它们相互间不能移动和转动。由于销联接是一种无键联接的方式,所以一般用来传递不大的载荷或作安全装置;另一作用是起定位作用。销联接具有联接可靠、安装与拆卸方便等特点,按销按形状分为圆柱销、圆锥销和异形销三类。销也是标准件。

1. 圆柱销

(1)普通圆柱销。普通圆柱销是利用微量的过盈,固定在光孔中,多次装拆将有损于联接的紧固和定位精度(图6-37)。

(2)弹性圆柱销。弹性圆柱销是用弹簧钢带制成的纵向开缝的钢管,利用材料的弹性将销挤紧在销孔中,销孔无需铰光。这种销比实心销轻,可多次装拆。

纺织设备中的圆柱销均依靠过盈固定在孔中,为保证销与销孔的过盈量,两零件中的销孔须配钻、配铰。装配时,应先在销子表面涂油,并用铜棒垫在销钉的端面上,再把销钉打入孔中。

2. 圆锥销

(1)普通圆锥销。具有1:50的锥度,小端直径是标准值,定位精度高,自锁性好,用于经常装拆的联接(图6-38)。

(2)内外螺纹圆锥销和开尾圆锥销。内螺纹圆锥销、外螺纹圆锥销(图6-39)可用于销孔没有开通或拆卸困难的场合。开尾圆锥销可保证销在冲击、振动或变载下不致松脱(图6-40)。

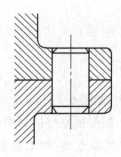

图6-37 普通圆柱销

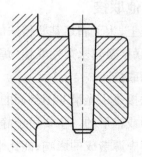

图6-38 普通圆锥销

机器中的圆锥销大多用作定位之用,因其具有 1∶50 的锥度,故具有装拆方便、经多次拆装也不损坏联接质量的特点。安装锥销时,亦要求对两零件上的销孔配钻、配铰,但须注意控制好孔径大小,通常以销子能自由插入孔中长度为总长的 80% 即可。装配时,先用铜棒垫好,然后锤击铜棒,将销子敲紧到圆锥销的端部倒角处与被联接零件的表面平齐为上。

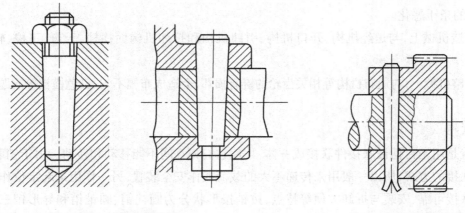

图 6-39　外螺纹圆锥销　　　　　　　　　　图 6-40　开尾圆锥销

3. 异形销

(1)槽销。槽销[图 6-41(a)]用弹簧钢滚压或模锻而成,有纵向凹槽。由于材料的弹性,销挤紧在销孔中,销孔无需铰光。槽销的制造比较简单,可多次装拆,多用于传递载荷。

(2)开口销。图 6-41(b)为开口销,它是一种防松零件,与其他联接件配合使用。

(3)销轴。图 6-41(c)是销轴,用于铰接处,用开口销锁定,拆卸方便。

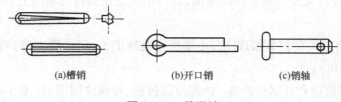

(a)槽销　　　　　　　(b)开口销　　　　　　(c)销轴

图 6-41　异形销

三、其他联接

在工程上,为了满足某些特殊的需要,还有许多其他类型的联接方式,例如:型面联接、胀套联接、过盈联接及其永久性联接(焊接和胶接)等。

1. 型面联接

型面联接是由光滑非圆剖面的轴与相应的毂孔构成的联接,如图 6-3(e)所示。轴和毂孔可作成柱形或锥形的。主要用于静联接。其优点是:装拆方便、能保证良好的对中性;型接面上没有应力集中源造成的影响;能比平键联接传递更大的转矩。其缺点是:加工复杂。所以实际中应用较少。

2. 胀套联接

胀套联接是一种新型联接方式,它靠拧紧高强度螺栓使胀套与轴间或套间包容面间产生正压力,相伴产生摩擦力,实现负荷传递的一种无键联结装置(图6-42)。胀套也称胀紧联接套,有不同标准形式,适用于不同的轴毂联接。联接胀套能传递相当大的转矩和轴向力,没有应力集中,定心性能好,拆装方便。但有时使用受到结构上的限制。在纺织设备上,它常用于电磁离合器与主轴的连接。胀套联接与一般过盈的无键联结、有键联结的传统机械联结方式相比有许多独特的优点和特性。

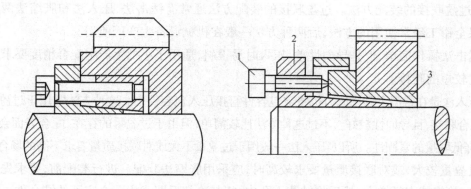

图6-42　胀套联接
1—螺栓　2—内胀套　3—外胀套

(1)制造和安装简单。安装胀套的轴和孔加工不像过盈配合那样要求高精度的制造公差,安装胀套也无需加热、冷却或使用加压设备,只需将螺钉按规定扭矩值拧紧即可。

(2)有良好地互换性,且拆卸方便。拆卸时,只需松开压紧螺栓,并用顶出螺栓拧动加压后,即可解除联结状态,将胀套与联结零件分离。

(3)胀套联结可以承受重负荷。其结构可做成多种式样,为适应安装负荷需要,一个胀套不够,还可多个串联组合使用。

(4)胀套联结是一种精密无间隙、无键的联结,具有传动精度与传动效率高、使用寿命长、不易腐蚀等优点。在工作中无相对滑动,不会磨损。特别适宜在各种高精度传动和伺服机构中使用。

(5)胀紧联结套在轴向安装时,不需要轴向任何固定就可以方便地调整其轴向所需位置尺寸及零件的相对位置。

(6)随着应用范围的扩大,机械中各种复杂联结形式都可以用特殊胀紧联结套替代。简化传动结构或成为机械零部件中一个组成部分,如无间隙的膜片联轴器。

(7)胀套选用可使主机配套商品化率高,便于主机技术进步与发展和产品更新。

(8)胀紧联结套可在30~200℃温度范围之间工作,并可以根据工作环境和介质的不同,选择多种不同材料制作。

3. 过盈联接

过盈联接是利用两个被联接件本身的过盈配合来实现的联接,具有结构简单、对中性好、承载力强等优点,但存在装配困难及对配合尺寸精度要求高等缺点。过盈联接的配合面通常为圆柱面(图6-3e),有时也为圆锥面。装配后,包容件和被包容件的径向变形使配合面间产生很大的压力。工作时,靠压紧力产生的摩擦力来传递载荷。配合面间的摩擦力也称固持力。过盈联接是配合的一种,等我们学习完公差与配合之后将会对这一种联接形式有更深的理解。

(1)过盈联接的装配要求。

①装配后的实际过盈量应该保证不使零件遭到损伤、甚至破坏。

②装配后的最小实际过盈量应保证两个零件的位置正确及联接可靠。

(2)过盈联接的装配方法。过盈联接的装配方法通常有锤击法、压入法和胀缩法两种。锤击法是保全钳工经常使用的方法,后两种方法一般在机械设备生产厂使用。

①锤击法操作简单,但是导向性差、压入时易歪斜,适用于小批生产中配合精度要求较低及配合长度较短的联接。

②压入法是在常温下利用压力机将被包容件直接压入包容件中。这种方法常用于过盈量较小的过盈配合联接,且导向性较好。不过这种方法比较简单,但由于过盈量的存在,配合表面会产生擦伤等,会降低联接的紧固性。所以,压入法一般用于过盈量不大或对联接质量要求不高的场合。

③过盈量较大,或对联接质量要求较高时,应采用胀缩法装配。进行装配前,要求先将孔类零件加热,并使其直径增大,然后将轴装入孔中,待其冷却后即成为一个牢固的结合件。即加热包容件、冷却被包容件,形成装配间隙。

第六节 联轴器

联轴器是机械传动中的一种常用轴系部件,它的基本作用是联接两轴(有时也联接轴和其他回转零件),并传递运动和动力。有时联轴器也用作安全保险装置。联轴器所联接的两轴,只有在运动停止后经过拆卸才能彼此分开。由于联轴器的种类繁多,本节仅对少数典型结构及其有关知识作些介绍。

联轴器的类型较多,通常按照组成中是否具有弹性变形元件划分为刚性联轴器和弹性联轴器两大类。刚性联轴器全部由刚性零件组成,没有缓冲减震能力,故适用于载荷平稳或有轻微冲击的两轴联接。它对被联接的两轴间的相对位移缺乏补偿能力,故对两轴对中性要求很高。因此,在刚性联轴器中,还可以根据它能否补偿被联两轴轴线的可能位移,划分为固定式和可移式两种类别。弹性联轴器兼有作为轴系中的弹性元件而起调节频率、减振、补偿两轴相对位移、缓冲和安全作用。一般分为无弹性元件联轴器、非金属弹性元件联轴器和金属弹性元件联轴器。后两者除具备前者补偿两轴相对位移的功能外,还具有缓冲和减振作用,但在传递扭矩的能力上,因受弹性元件强度的限制,一般不及前者。

一、刚性固定式联轴器

刚性固定式联轴器也叫平行轴联轴器,其常见的类型有套筒式、凸缘式以及夹壳式等。

1. 套筒式联轴器

这是一类最简单的联轴器,如图6–43所示。这种联轴器是一个圆柱形套筒,用两个圆锥销键或螺钉与轴相联接并传递扭矩。此种联轴器没有标准,需要自行设计,例如机床上就经常采用这种联轴器。如果销的尺寸设计得合适,过载时就会被剪断,因此可以作为安全联轴器。

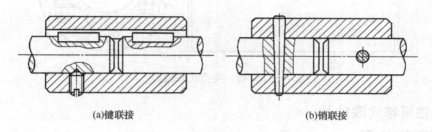

(a)键联接　　　　　　　　　　　　　(b)销联接

图6–43　套筒式联轴器

2. 凸缘式联轴器

刚性联轴器种使用最多的就是凸缘式联轴器。它由两个带凸缘的半联轴器组成,两个半联轴器通过键分别与两轴相联接,并用螺栓将两个半联轴器联成一体,如图6–44所示。

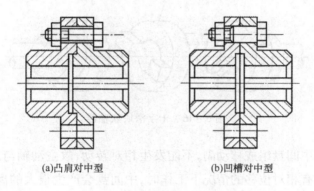

(a)凸肩对中型　　　　　　　　　　(b)凹槽对中型

图6–44　凸缘式联轴器

凸缘式联轴器按对中方式分为两类:凸肩对中型和凹槽对中型。凸肩对中型凸缘式联轴器用普通螺栓联接,工作时靠两半联轴器接触面间的摩擦力传递转矩,装拆时需要做轴向移动。凹槽对中型凸缘式联轴器用铰制孔螺栓对中,螺栓与孔为略有过盈的紧配合,工作时靠螺栓受剪与挤压来传递转矩。装拆时不需要做轴向移动,但要配铰螺栓孔。凸缘联轴器的尺寸可以按照标准GB5843–2003选用。

3. 夹壳式联轴器

夹壳式联轴器是由两个剖分的半圆筒形的夹壳组成,并使用螺栓或螺钉联接(图6–45)。安装夹壳式联轴器时,联接螺栓要交错放置,使两侧重量一致,保持平衡;先紧对侧螺母,要分几次逐步拧紧,使螺栓受力均匀,也使两半之间缝隙一致,保持螺栓、螺母端面与联轴器密接。这种联轴器在纺织设备中较常用。

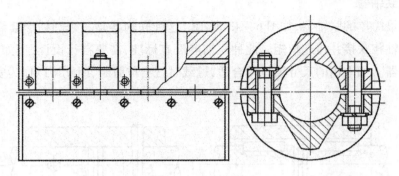

图 6 - 45　夹壳式联轴器

二、刚性可移式联轴器

1. 十字滑块联轴器

十字滑块联轴器是由两个端面带槽的套筒 1、3 和两侧面各具有凸块的浮动盘 2 组成,如图 6 - 46 所示。浮动盘两侧的凸块相互垂直,分别嵌装在两个套筒的凹槽中。浮动盘的凸块可在套筒的凹槽中滑动,故允许一定的径向位移(偏心距)($\leq 0.04d$, d 为轴径)和角位移($\leq 0.5°$)。

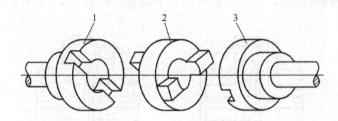

图 6 - 46　十字滑块联轴器

因为半联轴器与中间盘组成移动副,不能发生相对转动,故主动轴与从动轴的角加速度应该相等。但在两轴间有相对位移的情况下工作时,中间盘会产生很大的离心力,从而增大动载荷及磨损。因此,使用时应该注意其工作速度不得大于规定值。为了减少摩擦及磨损,使用时应中间盘的油孔注油进行润滑。

2. 滑块联轴器

滑块式联轴器与十字块联轴器相似,只是两边半联轴器上的沟槽很宽,并把原来的中间盘改为两面不带凸块的方形(四棱是圆弧形)滑块,且通常用夹布胶木制成,如图 6 - 47 所示。由

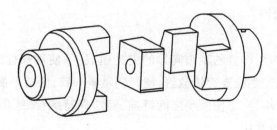

图 6 - 47　滑块联轴器

于中间滑块的质量减小,又有弹性,故具有较高的极限转速。中间滑块也可以用尼龙制成,并在装配时加入少量的石墨或二硫化钼,以便在使用时可以自行润滑。

3. 万向联轴器

万向联轴器又称万向铰链机构,用以传递两轴间夹角可以变化的、两相交轴之间的运动。图6-48所示为万向联轴器的结构示意图。

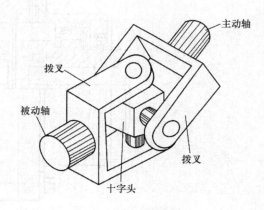

其主动轴和被动轴的末端各有一拨叉,与一个"十"字形构件相连。可以看出,当主动轴旋转一周时,被动轴显然也将随之转一周,即两轴的平均传动比为1。由于拨叉的位置不同,两轴的瞬时传动比却不恒为1,而是作周期性变化的。万向联轴器的这种特性称作瞬时传动比的不均匀性。

图6-48　万向联轴器

万向联轴器因传动负荷大,零件尺寸小,经长期使用后,会产生磨损直至断裂。所以要注意对其日常保养和润滑。图6-49为浆纱机边轴万向联轴器,其中箭头所示为加入润滑脂的位置。

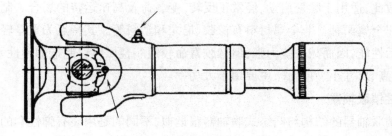

图6-49　万向联轴器的润滑

4. 齿式联轴器

齿式联轴器如图6-50(a)所示,是由两个带外齿环的套筒1、4和两个带内齿环的套筒2、3所组成。内外齿环的轮齿数、模数相同,齿廓都是压力角为20°的渐开线。套筒1、4分别装在被联接的两轴端,由螺栓联成一体的套筒2、3通过齿环与套筒1、4啮合。为能补偿两轴的相对位移,将外齿环的轮齿做成鼓形齿,齿顶做成中心线在轴线上的球面[图6-50(b)],齿顶和齿侧留有较大的间隙。齿式联轴器允许两轴有较大的综合位移。当两轴有位移时,联轴器齿面间因相对滑动产生磨损。为减少磨损,联轴器内注有润滑剂。联轴器上的密封圈6有封住注油孔和防止润滑剂外泄的作用。

齿式联轴器同时啮合的齿数多,承载能力大,外廓尺寸较紧凑,可靠性高,但结构复杂,制造成本高,通常在高速重载的重型机械中使用。

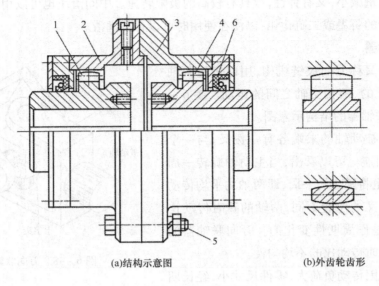

(a)结构示意图　　　　　　　(b)外齿轮齿形

图6-50　齿式联轴器

三、弹性可移式联轴器

在弹性联轴器中,由于安装有弹性元件,它不仅可以补偿两轴间的相对位移,而且有缓冲和吸振的能力。故此,适用于频繁启动、经常正反转、变载荷及高速运转的场合。制造弹性元件的材料有金属和非金属两种。非金属材料有橡胶、尼龙和塑料等。其特点为重量轻、价格便宜,有良好的弹性滞后性能,因而减振能力强,但橡胶寿命较短。金属材料制造的弹性元件,主要是各种弹簧,其强度高、尺寸小、寿命长,主要用于大功率。

1.弹性套柱销联轴器

弹性套柱销联轴器的结构与凸缘式联轴器很近似,不同的是用装有弹性套的柱销代替联接螺栓(图6-51)。弹性套的变形可以补偿两轴线的径向位移和角位移,并且有缓冲和吸振作用。这种联轴器结构简单、容易制造、装拆方便、成本较低,但弹性套容易磨损、寿命较短。其适用于经常正反转、启动频繁、载荷平稳的高速运动中。如电动机与减速器(或其他装置)之间就常使用这类联轴器。

2.弹性柱销联轴器

弹性柱销联轴器是用若干个弹性柱销将两个半联轴器联接而成(图6-52)。为了防止柱销滑出,两侧用挡环封闭。弹性柱销一般用尼龙制造。为了增加补偿量,常将柱销的一端制成鼓形。

这种联轴器结构简单,两半联轴器可以互换,加工容易,维修方便,尼龙柱销的弹性不如橡胶,但强度高、耐磨性好。当两轴相对位移不大时,这种联轴器的性能比弹性套柱销联轴器还要好些,特别是寿命长,结构尺寸紧凑,适用于轴向串动较大、冲击不大,经常正反转的中、低速以及较大转矩的传动轴系。由于尼龙柱销对温度比较敏感,故使用温度限制在-20~70℃的范围内。

3. 梅花形弹性联轴器

这种联轴器如图6–53所示。其半联轴器与轴的配合孔可做成圆柱形或圆锥形。装配联轴器时,将梅花形弹性元件的花瓣部分夹紧在两半联轴器端面的凸齿交错插进所形成的齿侧空间,以便在联轴器工作时起到缓冲减振的作用。弹性元件可根据使用要求选用不同硬度的聚氨酯橡胶、铸型尼龙等材料制造。在自动络筒机上,单锭单元主轴联接就是采用梅花形弹性联轴器。

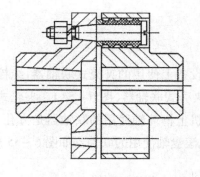 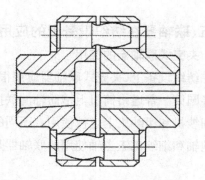

图6–51 弹性套柱销联轴器　　　　　　　　图6–52 弹性柱销联轴器

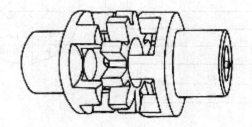

图6–53 梅花形弹性联轴器

4. 轮胎式联轴器

轮胎式联轴器是用橡胶或橡胶织物制成轮胎状的弹性元件,用螺栓与两半联轴器联接而成。轮胎环中的橡胶织物元件与低碳钢制成的骨架硫化粘结在一起,骨架上焊有螺母,装配时用螺栓与两半联轴器的凸缘联接,依靠拧紧螺栓在轮胎环与凸缘端面之间产生的摩擦力来传递转矩。它的特点是弹性强、补偿位移能力大,有良好的阻尼和减振能力,绝缘性能好,运转时没有噪声,而且结构简单、不需要润滑,装拆和维护方便。其缺点是承载能力小,外形尺寸较大,当转矩较大时会因为过大的扭转变形产生附加轴向载荷。

5. 膜片联轴器

膜片式联轴器的弹性元件为一定数量的很薄的多边形(或椭圆形)金属膜片叠合而成的膜片组,膜片上有沿圆周方向均布的若干个螺栓孔,用铰制孔用螺栓交错间隔与半联轴器相联接。这样弹性元件上的弧段分别为交错受压缩和受拉伸的两部分。拉伸部分传递转矩,压缩部分趋于皱褶。当所联接的两轴存在轴向、径向和角位移时,金属膜片便产生波状变形。

四、联轴器的装配要求

对联轴器来说,只有在机器停车后才能用拆卸的方法,使两轴分离。刚性联轴器适于两轴严格对中且工作中不产生相对位移的场合,而挠性联轴器适于两轴有偏斜或在工作中产生相对位移的场合。联轴器的装配主要要求是保证两轴的同轴度并保证其运转平稳。当两轴线的偏差过大时,会使联轴器、传动轴和轴承产生附加负荷,引发一系列问题。为此,联轴器装配时,必须保证两轴线的同轴度要求。

五、联轴器在纺织设备上的应用示例

1. 夹壳式联轴器的应用

在纺织设备上,夹壳式联轴器应用很广泛。在纺织设备上使用的夹壳式联轴器,纯粹就是两个半圆筒。普通络筒机上槽筒轴的联接,就是使用的夹壳式联轴器(图6-54)。夹壳式联轴器在细纱机和粗纱机上也被使用。不同的是,普通络筒机上槽筒轴使用的联轴器是方孔,粗纱机铁炮轴和细纱机滚盘轴使用的联轴器是圆孔。细纱机滚盘轴使用的联轴器如图6-55所示。

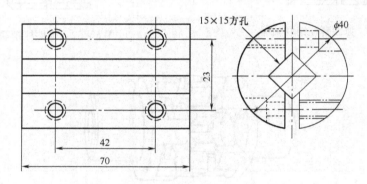

图6-54 普通络筒机槽筒轴使用的联轴器

2. 万向联轴器的应用

在新型的粗纱机上,使用万向联轴器和花键的组合来替代传统的双链条式和齿轮式的摆动装置,使筒管回转的同时做上下移动(图6-56)。

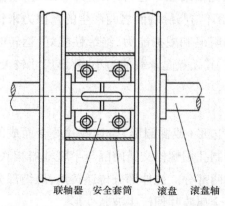

联轴器 安全套筒 滚盘 滚盘轴

图6-55 细纱机滚盘轴使用的联轴器

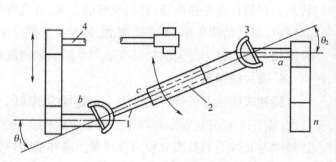

图6-56 摆动装置中的万向联轴器

1—花键 2—花键套筒 3—万向十字头 4—筒管轴

在这种摆动装置中,万向联轴器的主动轴回转一周时,被动轴也回转一周,但因拨叉所处位置不同而使两轴瞬时角速度并不时时相等。为了输出轴与输入轴完全同步而不产生附加回转,在安装万向联轴节时必须做到以下几点。

(1)输入轴 a 和输出轴 b 都必须水平且相互平行,即 $\theta_1 = \theta_2$。

(2)输入轴、输出轴及花键套筒轴(a、b、c 三轴)位于同一平面内。

(3)花键套筒轴(c 轴)两端连接的拨叉位置朝向需一致。

第七节　离合器和制动器

纺织设备和机构的传动方式有集体传动和单独传动。集体传动的形式有一台大功率电动机传动数台设备,也有一台大功率电动机通过齿轮、带轮等带动几个机构配合运动或相同单元一起运动。前一种形式的集体传动已经被淘汰,后一种形式还在被传统的纺织设备使用。随着机电技术的发展,以前单独传动也被赋予了新的意义,通过计算机控制系统,几个不同的功能机构或相同单元可以通过单独的电动机传动。不管哪种传动方式,都需要改善启动和制动方式,以满足生产工艺或产品质量的要求,于是不同的形式的离合器和制动器也随之而生。需要注意的是,在纺织设备上,离合器和制动器有时候是一体的。

一、离合器的分类

离合器是一种常用的轴系部件,用来实现机器工作时能随时使两轴接合或分离的装置。它的主要功能是用来操纵机器传动系统的断续,以便进行变速及换向等。离合器种类较多,可以从不同的角度进行分类。根据实现离合动作的方式不同,分为操纵离合器和自动离合器两大类。操纵离合器的操纵方式有机械、电磁、气动和液动等,因此又有所谓机械操纵离合器、电磁操纵离合器、气压操纵离合器和液压操纵离合器等。自动离合器能够自动进行接合和分离,不需要专门的操纵装置,它依靠一定的工作原理来自动离合。如离心离合器,当转速达到一定值时,两轴能自动接合或分离;安全离合器,当转矩超过允许值时,两轴即自动分离;超越离合器只允许单向传动,反转时即自动分离,等等。常用离合器分类见表 6 - 5。

表 6 - 5　常用离合器分类

操纵离合器	啮合式(手动、机械)	牙嵌离合器、齿轮离合器等
	摩擦式(气动、液压、电磁)	圆盘离合器、圆锥离合器
自动离合器	超越离合器	啮合式、摩擦式
	离心离合器	摩擦式
	安全离合器	啮合式、摩擦式

二、操纵离合器

1. 牙嵌离合器

牙嵌离合器是由两个端面带牙的半离合器所组成,如图6-57所示。其中半离合器1固联在主动轴上,半离合器3用平键(或花键)4与从动轴联接。通过滑环(操纵机构)5可使离合器3沿平键作轴向运动,两轴靠两个半离合器端面上的牙嵌合来联接。为了使两轴对中,在半离合器1固定有对中环2,而从动轴可以在对中环中自有地转动。牙嵌离合器结构简单,外廓尺寸小,接合后所联接的两轴不会发生相对转动,宜用于主、从动轴要求完全同步的轴系。

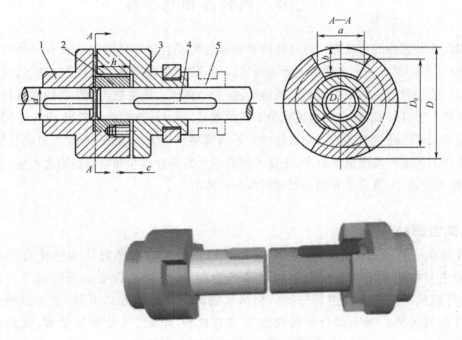

图6-57 机械式牙嵌离合器

牙嵌离合器沿圆柱面上的展开齿形有三角形、矩形、梯形、锯齿型等(图6-58)。牙嵌离合器的牙数一般为3~60不等。三角形齿接合和分离容易,但齿的强度较弱,多用于传递小转矩。梯形和锯齿形强度较高,接合和分离也较容易,多用于传递大转矩的场合,但锯齿形齿只能单向

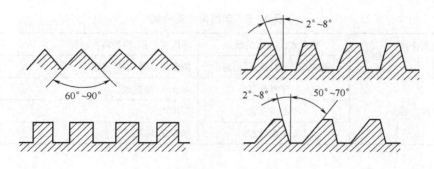

图6-58 沿圆柱面上展开的齿形

工作,反转时工作面将受较大的轴向分力,会迫使离合器自行分离。矩形齿制造容易,但须在齿与槽对准时方能接合,因而接合困难。同时接合以后,齿与齿接触的工作面间无轴向分力作用,所以分离也较困难,故应用较少。由于牙嵌离合器是刚性联接,故只能在低速时离合,若能在静止或转速同步的情况离合最好。

2. 摩擦离合器

利用主、从动半离合器接触表面之间的摩擦力来传递转矩的离合器,通称为摩擦离合器。A186 系列梳棉机锡林轴上安装有摩擦片式摩擦离合器,启动方式是:先让电动机启动平稳后,再操纵离合器,带动锡林逐步加速运转。

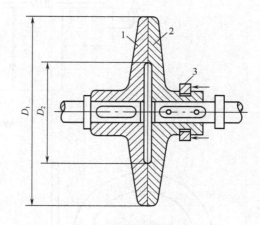

图 6 - 59　单盘摩擦离合器

(1)单盘摩擦离合器。单盘摩擦离合器如图 6 - 59 所示,由两个半离合器 1、2 组成,通过其接触面间的摩擦力来传递转矩。1 固装在主动轴上,2 利用导向平键(或花键)安装在从动轴上,通过操纵杆和滑环 3 可以在从动轴上滑移。这种单片摩擦离合器结构简单,散热性好,但传递的转矩较小。

(2)多盘摩擦离合器。当必须传递较大转矩的情况下,因受摩擦盘尺寸的限制不宜应用单盘摩擦离合器,这时要采用多盘摩擦离合器(图 6 - 60),用增加结合面对数的方法来增大传动能力。

摩擦离合器与牙嵌离合器相比较,其优点是:两轴能在不同速度下接合;接合和分离过程比较平稳、冲击振动小;从动轴的加速时间和所传递的最大转矩可以调节;过载时将发生打滑,避免使其他零件受到损坏。故摩擦离合器的应用较广。其缺点是结构复杂、成本高;当产生滑动时不能保证被联接两轴间的精确同步转动;摩擦会产生发热,当温度过高时会引起摩擦因数的改变,严重的可能导致摩擦盘胶合和塑性变形。所以,一般对钢制摩擦盘应限制其表面最高温度不超过 300 ~ 400℃,整个离合器的平均温度不超过 100 ~ 120℃。同时,摩擦盘数目多,可以增大所传递的转矩。但盘数过多,将使各层间压力分布不均匀,易于出现离合不分明的现象。

(3)电磁离合器。电磁离合器靠线圈的通断电来控制离合器的接合与分离(图 6 - 61)。电磁离合器可分为摩擦片式电磁离合器、磁粉电磁离合器、转差式(滑差式)电磁离合器,其中摩擦片式电磁离合器又分为干式单片电磁离合器、干式多片电磁离合器、湿式多片电磁离合器等。电磁离合器工作方式为通电结合和断电结合。在纺织设备上,这几种电磁离合器都有使用。如在花式纱线生产设备上,电磁离合器控制罗拉转速和启停(现逐渐由伺服电动机控制);在转杯纺纱断头时,电磁离合器的吸合、释放、倒顺和延时,控制卷绕轴与引纱罗拉轴的倒顺转动作。上面讲述的离合器是由机械方式驱动的。电磁离合器传递扭矩稳定、动作灵敏、接合方便,运行可靠,过载时打滑起安全保持作用,远距离操纵以控制方便。

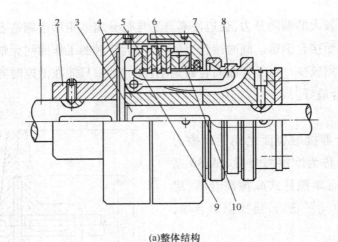

(a)整体结构

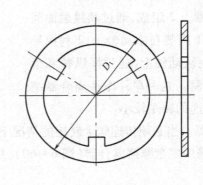

(b)外摩擦片   (c)内摩擦片   (d)蝶形内摩擦片

图6-60 多盘摩擦离合器

1—主动轴 2—外套 3—从动轴 4—套筒 5—外摩擦片 6—内摩擦片 7—滑环 8—杠杆 9—压板 10—螺母

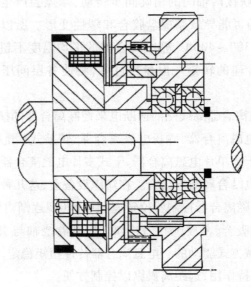

图6-61 电磁式牙嵌离合器

三、自动离合器

1. 超越离合器

超越离合器是利用从动件和主动件转速的变化和转向的变换而自动接合和脱开的离合器。超越离合器常见的形式有滚柱式和棘轮式。G142A 型浆纱机的浆槽拖引辊就是采用超越离合器传动的。

（1）滚柱式（摩擦式）超越离合器。如图 6-62 所示为精密机械中常用的滚柱式超越离合器。它由外环 2、星轮 1、滚柱 3 和弹簧顶杆 4 等组成。当星轮为主动件并顺时针回转时，滚柱被摩擦力带动而楔紧在槽的窄狭部分，从而带动外环一起旋转，离合器处于接合状态。当星轮反向旋转时，滚柱则滚到槽的宽敞部分，从动外环不再随星轮回转，离合器处于分离状态。这种离合器工作时没有噪声，故适用于高速传动，但制造精度要求较高。

（2）棘轮式超越离合器。棘轮式超越离合器的结构相对简单（图 6-63），如自行车后链轮中就采用棘轮式超越离合器。

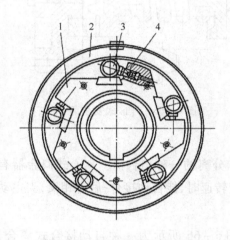

图 6-62　滚柱式超越离合器

图 6-63　棘轮式超越离合器

当外环与星轮作顺时针方向的同向回转时，根据相对运动原理，若外环的速度小于星轮转速，离合器处于接合状态。反之，如外环的转速大于星轮的转速，则离合器处于分离状态，故又称为超越离合器。从以上可知，超越离合器只能传递单向转矩，所以超越离合器又称定向离合器。

2. 安全离合器

安全离合器通常有牙嵌式和摩擦式。当载荷达到最大值时，它将分开联接件并使联接件打滑，从而可防止机器中重要零件的损坏。

（1）摩擦盘式安全离合器。如图 6-64 所示为摩擦盘式安全离合器。它的基本构造与一般摩擦离合器基本相同，只是没有操纵机构，而利用调整螺钉 1 来调整弹簧 2 对内、外摩擦片组 3、4 的压紧力，从而控制离合器所能传递的极限转矩。当载荷超过极限转矩时，内、外摩擦片接触面间会出现打滑，以此来限制离合器所传递的最大转矩。

（2）牙嵌式安全离合器。图6－65所示为牙嵌式安全离合器。它的基本构造与牙嵌离合器相同，只是牙面的倾角 α 较大，工作时啮合牙面间能产生较大的轴向力。这种离合器没有操纵机构，由弹簧压紧机构代替滑环操纵机构。工作时，两半离合器由弹簧2的压紧力使牙盘3、4嵌合以传递转矩。一旦转矩过载，牙间的轴向推力将克服弹簧阻力和摩擦阻力使离合器自动分离，牙齿跳跃滑过。当转矩降低到某一定值以下时，离合器自动接合。弹簧的压力通过螺母1调节。

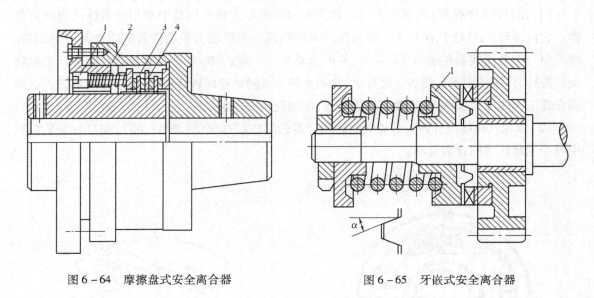

图6－64　摩擦盘式安全离合器　　　　图6－65　牙嵌式安全离合器

3. 离心式离合器

离心式离合器是利用离心力的作用来控制接合和分离的一种离合器。离心式离合器有自动接合式和自动分离式两种。前者当主动轴达到一定转速时，能自动接合；后者相反，当主动轴达到一定转速时能自动分离。

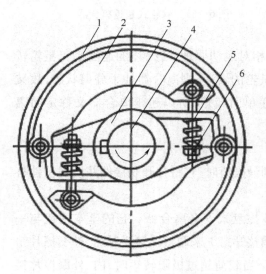

图6－66　自动接合式离合器

如图6－66所示为一种自动接合式离合器。它主要由与主动轴4相联的轴套3，与从动轴（图中未画出）相联的外鼓轮1、离心块2、弹簧5和螺母6组成。离心块一端铰接在轴套上，一端通过弹簧力拉向轮心，安装时使瓦块与外鼓轮保持一适当间隙。这种离合器常用作启动装置，当机器启动后，主动轴的转速逐渐增加，当达到某一值时，瓦块将因离心力带动外鼓轮和从动轴一起旋转。拉紧离心块的弹簧力可以通过螺母来调节，从而也调节被动轴的启动时间。某些型号梳棉机的锡林就是利用离心离合器来调节启动时间的。

这种离合器有时用于电动机伸出轴端，或直接装在皮带轮中，使电动机正、反转时都是空载启动,以降低电动机启动电流的延续时间,改善电动机的发热现象。

四、制动器

制动器是用来减低机械速度或迫使机械停止的装置。常用的制动器多采用摩擦制动原理,即利用摩擦元件(如制动带、闸瓦、制动块和制动轮等)之间产生摩擦阻力矩来消耗机械运动部件的动能,以达到制动的目的。制动器主要由制动架、摩擦元件和驱动装置三部分组成。许多制动器还装有自动调整装置。制动器的种类也很多,下面介绍常用几种制动器的基本原理。

1.带式制动器

如图 6 – 67 所示为带式制动器原理图。当驱动力 Q 作用在制动杠杆 1 时,制动带 2 便抱住制动轮 3,靠带与轮之间的摩擦力矩实现制动。带式制动器结构简单,但制动力矩不大。带式制动器主要用挠性钢带包围制动轮。为了增加效果,挠性钢带材料一般为钢带上覆以石棉或夹铁砂帆布。这类制动器适合于中小载荷的机械及人力操纵的场合。

带式制动器结构简单,由于包角大(180°～270°),故制动力矩大,有利于快速制动;但制动轮磨损不均匀,容易断裂,而且对轴的作用力大。

2.闸瓦制动器

如图 6 – 68 所示为闸瓦制动器工作原理图。主弹簧 2 拉紧制动臂 1 与制动闸瓦 3 使制动器紧闸。当驱动装置的驱动力 Q 向上推开制动臂 1,则使制动器松闸。

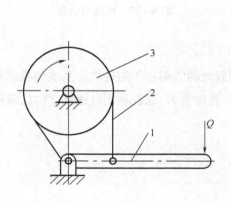

图 6 – 67　带式制动器
1—杠杆　2—制动带　3—制动轮

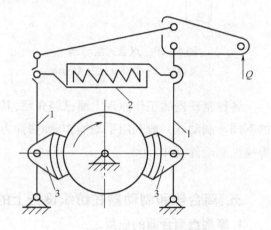

图 6 – 68　闸瓦制动器
1—制动臂　2—主弹簧　3—制动闸瓦

3.点盘式制动器

如图 6 – 69 所示为点盘式制动器示意图。制动盘 1 随轴旋转,固连在机架上的制动缸 2 通过制动块 3 旋压在制动盘上面制动。由于摩擦面只占制动盘的一小部分,故称点盘式。这种制动器结构简单,散热条件好,但制动力矩不大。

制动器通常应安装在机械的高速轴上。大型设备的安全制动器则应安装在靠近设备工作部分的低速轴上。

4.电磁制动器

电磁制动器是使机器在很短时间内停止运转并闸住不动的装置,在机械传动系统中主要起传递动力和控制运动等作用,分为电磁粉末制动器、电磁涡流制动器和电磁摩擦式制动器等多种形式。其制动方式可分为通电制动和断电制动。电磁制动器的结构和工作原理与电磁离合器类似(图6-70)。

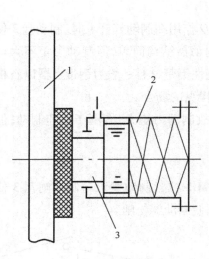

图6-69 点盘式制动器

1—制动盘 2—制动缸 3—制动块

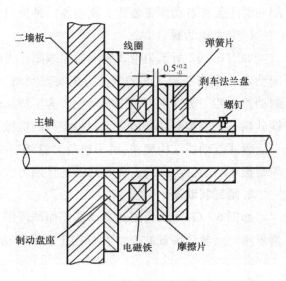

图6-70 电磁制动器

各种制动器的工作原理上面已经介绍,其实它们最大的区别在于制动杠杆系统和操纵系统的不同。制动器一般利用手动操作、弹簧弹力和拉力、重锤重力,或者利用电磁铁、气缸、液压缸等操纵制动件动作。

五、离合器和制动器在纺织设备上的应用

1.摩擦盘离合器的应用

下面介绍一种最简单的机械单盘摩擦离合器(图6-71),它用在织机送经装置上。主动摩擦盘和环形端面凸轮通过长键活套在送经侧轴(主动轴)上,可随送经侧轴一块转动,同时也可以做轴向移动。从动盘摩擦导与制动盘是一体,用花键和套筒联接可以随套筒回转,也可以沿轴向滑动。为了增加摩擦因数,在一个盘的表面上装有摩擦片。如果经纱张力变化,将使转子摆动,向环形端面凸轮施加或释放压力,从而两个摩擦盘联接在一起,达到送经轴转动的目的。推广到一般设备,工作时利用操纵机构,在可移动的主或从动盘上施加轴向压力(可由手动、弹簧、气压缸、液压缸或电磁吸力等产生),使两盘压紧,产生摩擦力来传递转矩。

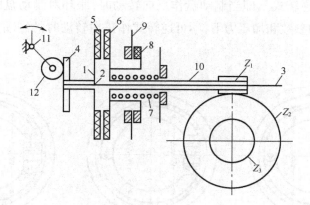

图 6 – 71　摩擦离合器送经装置示意图

1—主动摩擦盘　2—长键　3—送经侧轴　4—环形端面凸轮　5—摩擦片　6—被动摩擦盘

7—压缩弹簧　8—制动盘　9—制动托脚　10—套筒　11—轴心　12—转子　Z_1—蜗杆　Z_2—蜗轮　Z_3—齿轮

2. 带式制动器的应用

1511 型、1515 型、GA611 型和 GA615 型等织机上使用的带式制动器如图 6 – 72 所示。现在新型纺织设备上多用电磁制动器。

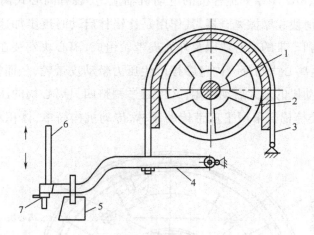

图 6 – 72　带式制动器

1—弯轴　2—制动轮　3—制动带　4—制动杆　5—重锤　6—钩杆　7—紧圈

3. 闸瓦制动器的应用

前面讲的闸瓦制动器是闸瓦在外部,但也有闸瓦在内部的,内胀环式摩擦制动装置就是典型的一种。内胀环式摩擦制动装置广泛用于普通整经机和高速整经机上,如图 6 – 73 所示。在制动时,迫使胀环 3 向外张开,使其上的摩擦片 2 同制动盘 1 相接触,利用摩擦作用使滚筒停转。其按加压性质分,有机械凸轮加压[图 6 – 73(a)]和液压(或气压)加压[图 6 – 73(b)与图 6 – 73(c)]两类。按其结构形式分,有可逆转式[图 6 – 73(a)与图 6 – 73(b)]和不可逆转式[图 6 – 73(c)]两类。所谓"可逆转式",即制动盘不论正转还是反转,胀环对制动盘的制动力矩保持不变;而"不可逆转式",即当制动盘作反向转动时,胀环对制动盘的制动力矩将显著降低,不过在相同的结构参数和加压力下,不可逆转式作正向转动时的制动力矩较可逆转式的制动力矩要大得多。

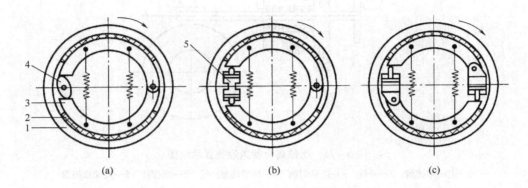

图 6-73 内胀环式摩擦制动装置

1—制动盘 2—摩擦片 3—胀环 4—凸轮 5—液压缸或气压缸

4. 离心式离合器的应用

在 FA201、FA203、FA231 系列梳棉机的电动机轴上,安装有离心式离合器,如图 6-74 所示。该离合器是离心滑块式摩擦离合器,其作用是让锡林启动时逐步加速,降低电动机启动电流。它是由四块外装刹车带的离心块以及外壳皮带轮组成,离心块安装在电动机上,电动机空载启动时,离心块产生离心力与外壳内壁摩擦产生压力带动皮带轮,从而拖动锡林启动。这种装置既可充分利用电动机的最大启动转矩,又可通过调整四只离心块的压力弹簧,使锡林启动时间控制在 90s。该类梳棉机采用平皮带传动锡林,传动机构简单,体积小,零件数量少,维修

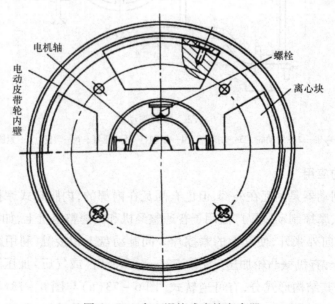

图 6-74 离心滑块式摩擦离合器

方便,易损件少,启动性能好,振动小,稳定可靠,对大惯量锡林能使其均匀升速,显著降低启动电流,节省能源。

六、离合器和制动器的装配和维护

1.离合器和制动器的装配要求

它们要保证两轴的同轴度、接合与分开的灵活性、工作的平稳性及能否传递足够的扭矩等。下面以牙嵌离合器的装配为例,来说明离合器和制动器装配的一些要求。

(1)先找正两轴的同轴度,再把平键和滑键分别装入两轴上,并用沉头螺钉固定滑键,且使活动半离合器能轻快地沿活动半离合器的轴移动。

(2)把固定半离合器用压配或敲击的方法装在轴上,然后装入定心环且用螺钉固定。

(3)把装有活动半离合器的轴装入固定半离合器上的定心环内,并对正中心。

2.离合器和制动器的维护要求

为了保证离合器和制动器良好运行,必须要经常对其进行维护和保养。

(1)经常在其可动部分添加润滑剂。

(2)定期检查两个接触面。在运行过程中,由于接触面之间产生摩擦,必然会产生磨损。如果磨损严重,则会影响离合和制动的可靠性。

(3)如果更换了磨损的制动面,应重新调整制动面与转盘之间的最小间隙。

(4)经常检查螺栓的紧固程度,特别要拧紧电磁铁的螺栓、电磁铁与外壳的螺栓、磁轭的螺栓、电磁铁线圈的螺栓和接线螺栓。

(5)定期检查可动部件的机械磨损情况,并清除其表面的灰尘、花毛和污垢。

习题

1.键连接的功用及类型。

2.平键连接的特点和种类。

3.半圆键连接、花键连接、楔键连接的特点。

4.销连接的功用及销的类型。

第七章　纺织设备平装、校车和试车

本章主要讲述纺织设备平装使用的专用量具和工具、平装的准备工作、平装原理及平装后的校车和试车,由于篇幅关系,不涉及纺织设备平装的具体过程和技术。

第一节　平装专用量具和工具

量具和工具在纺织设备的平装过程中占很重要的位置,它能帮助平装人员提高平装质量和工作效率,降低劳动强度。因此,平装人员要正确使用和维修并定期检校量具和工具,使其经常处于良好状态,以充分发挥作用。通常用的量具和工具在第一章已经讲述,本节主要介绍纺织设备平装过程中使用的专用量具、工具。

一、平装专用量具

(一)水平仪

水平仪又称水平尺,是测量角度变化的一种常用量具,主要用于测量机件相互位置的水平位置和设备安装时的平面度、直线度和垂直度,也可测量零件的微小倾角。纺织设备平装时常用的水平仪是气泡水平仪,有条式水平仪、框式水平仪和光学合像水平仪等。

1. 条式水平仪

图 7-1 是钳工常用的条式水平仪。条式水平仪由作为工作平面的 V 形底平面和与工作平面平行的水准器(俗称气泡)两部分组成。工作平面的平直度和水准器与工作平面的平行度都做得很精确。当水平仪的底平面放在准确的水平位置时,水准器内的气泡正好在中间位置(即水平位置)。在水准器玻璃管内气泡两端刻线为零线的两边,刻有不少于 8 格的刻度,刻线间距为 2mm。当水平仪的底平面与水平位置有微小的差别时,也就是水平仪底平面两端有高低时,水准器内的气泡由于地心引力的作用总是往水准器的最高一侧移动,这就是水平仪的使用原理。两端高低相差不多时,气泡移动也不多,两端高低相差较大时,气泡移动也较大,在水准器的刻度上就可读出两端高低的差值。如分度值 0.5mm/m,即表示气泡移动一格时,被测量长度为 1m 的两端点,高低相差 0.5mm。

校正机架水平时,通常用 1500mm 的直尺,而在直尺与墙板间放有垫铁,所以实测的是机架两块垫铁处的水平高低差(图 7-2),它们的距离不

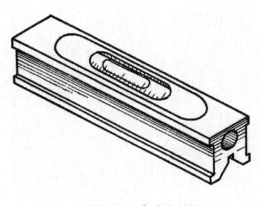

图 7-1　条式水平仪

一定正好是 1m，这时，可用下列公式计算出这两块垫铁处的水平高低差：

$$h = a \times b \times L$$

式中：h——两块垫铁间的水平高低差，mm；

a——水平仪的刻度值，mm/m；

b——水平仪气泡偏出格数；

L——两块垫铁的中心距离，m。

例如，我们用 0.05mm/m 的水平仪，检查机架横跨水平，水平仪气泡偏出两格，两块垫铁间的距离是 1.2m，它们的水平高低差为：

$$h = 0.05\text{mm/m} \times 2 \times 1.2\text{m} = 0.12\text{mm}$$

2. 框式水平仪

图 7-3 所示为常用的框式水平仪，主要由框架 1 和弧形玻璃管主水准器 2、调整水准 3 组成。利用水平仪上水准泡的移动来测量被测部位角度的变化。

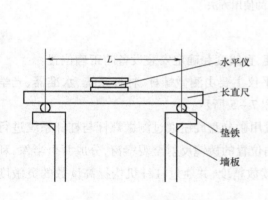

图 7-2　条式水平仪的使用

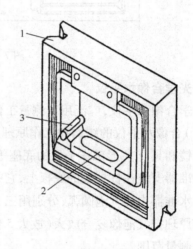

图 7-3　框式水平仪

框架的测量面有平面和 V 形槽，V 形槽便于在圆柱面上测量。弧形玻璃管的表面上有刻线，内装乙醚（或酒精），并留有一个水准泡，水准泡总是停留在玻璃管内的最高处。若水平仪倾斜一个角度，气泡就向左或向右移动，根据移动的距离（格数），直接或通过计算即可知道被测工件的直线度、平面度或垂直度误差。

使用框架水平仪时，要注意以下几点。

①框架水平仪的两个 V 形测量面是测量精度的基准，在测量中不能与工作的粗糙面接触或摩擦。安放时必须小心轻放，避免因测量面划伤而损坏水平仪和造成不应有的测量误差。

②用框架水平仪测量工件的垂直面时，不能握住与副测面相对的部位，而用力向工件垂直平面推压，这样会因水平仪的受力变形，影响测量的准确性。正确的测量方法是手握持副测面内侧，使水平仪平稳、垂直地（调整气泡位于中间位置）贴在工件的垂直平面上，然后从纵向水准读出气泡移动的格数。

③使用水平仪时,要保证水平仪工作面和工件表面的清洁,以防止脏物影响测量的准确性。测量水平面时,在同一个测量位置上,应将水平仪调过相反的方向再进行测量。当移动水平仪时,不允许水平仪工作面与工件表面发生摩擦,应该提起来放置。如图7-4所示。

④当测量长度较大工件时,可将工件平均分若干尺寸段,用分段测量法。粗纱机、细纱机和络筒机长度较长,测量其平装水平时,常用分段测量,以一定程度的高低相间来避免测量误差扩大化。

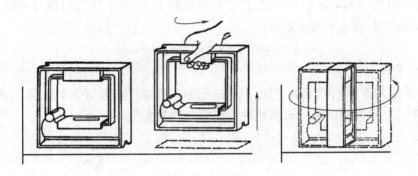

图7-4 水平仪的使用方法

3.光学合像水平仪

光学合像水平仪,广泛用于测量工件的平面度、直线度和确定安装设备的正确位置。

(1)合像水平仪的结构和工作原理。合像水平仪主要由测微螺杆、杠杆系统、水准器、光学合像棱镜和具有V形工作平面的底座等组成,如图7-5所示。

水准器安装在杠杆架的底板上,它的水平位置用微分盘旋钮通过测微螺杆与杠杆系统进行调整。水准器内的气泡圆弧,分别用三个不同方向位置的棱镜反射至观察窗,分成两个半像,利用光学原理把气泡像复合放大(放大5倍),提高读数精度,并通过杠杆机构提高读数的灵敏度和增大测量范围。

当水平仪处于水平位置时,气泡A与B重合,如图7-5(c)所示。当水平仪倾斜时,气泡A与B不重合,如图7-5(d)所示。

测微螺杆的螺距$P=0.5$mm,微分盘刻线分为100等分。微分盘转过一格,测微螺杆上螺母轴向移动0.005mm。

(2)使用方法。将水平仪放在工件的被测表面上,眼睛看窗口1,手转动微分盘,直至两个半气泡重合时进行读数。读数时,从窗口4读出毫米数,从微分盘上读出刻度数。

例 分度值为0.01mm/m的光学合像水平仪微分盘上的每一格刻度表示在1m长度上,两端的高度差为0.01mm。测量时,如果从窗口读出的数值为1mm,微分盘上的刻度数为16,这次测量的读数就是1.16mm,即被测工件表面的倾斜度,在1m长度上高度差为1.16mm。如果工件的长度小于或大于1m时,可按正比例方法计算:1m长度上的高度差×工件长度。

4.简易检验方法(条式和框式水平仪)

(1)检验刻度值。将水平仪放在较准确的直尺上,在距直尺两端对称的位置处垫入两块垫

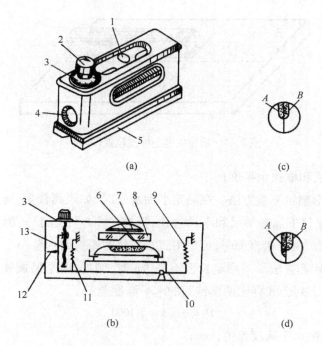

图7-5 数字式光学合像水平仪

1、4—窗口 2—微分盘旋钮 3—微分盘 5—水平仪底座 6—玻璃管 7—放大镜

8—合成棱镜 9、11—弹簧 10—杠杆架 12—指针 13—测微螺杆

铁,垫铁的距离为1m。校正直尺一端的高低,使水平仪气泡的一端与刻度线对齐。然后在直尺的这一端垫入与水平仪刻度值相同的比较准确的测微片,如图7-6所示。若气泡正好移动一格或一格±0.2格,那么该水平仪的刻度值为合格。

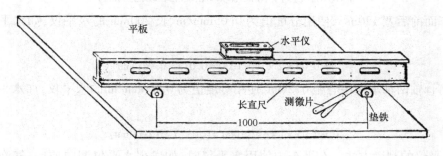

图7-6 检验刻度值

(2)检验气泡的标准位置(零位)。先将平板调整至水平,在平板上用铅笔轻轻画出相垂直的两条线,将水平仪与线靠齐(图7-7)记下气泡对水平仪甲端的偏移格数。再将水平仪调转180°放在原位,记下气泡对水平仪乙端的偏移格数。两次对比应不相差半格,若超过半格,即为不合格(对于可调整的水平仪。可把尺面上的调节螺钉盖打开,用小螺丝刀转动调节螺钉,调整玻璃管两端高低)。

205

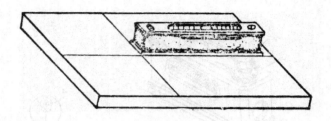

图7-7　检验气泡的标准位置(零位)

5. 使用方法(条式和框式水平仪)

(1)根据零件外形确定测量方法。在测定平面水平时,如距离较短,可直接用水平仪测量,如距离较远,可在水平仪下加垫平尺和平尺搁铁,形成一个"平尺副"。测定圆柱面水平时,可用水平仪的V形槽面。测定铅直面时,可用框式水平仪的铅直面测量。

(2)水平误差的计算方法。当测定长度不是1m时,例如,两平尺搁铁间的距离,多数情况下不是1m,这时可用下列公式算出两搁铁间的水平高度差:

$$H = a \times b \times d/1000$$

式中:h——两搁铁间的水平高度差值,mm;

a——水平仪的分度值,mm/m;

b——水平仪气泡偏移格数;

d——两搁铁间的中心距,mm。

以某型号纺织设备为例:

①设两车架中心跨距1008mm,使用分度值为0.02mm/m的水平仪,如水平仪气泡偏移1.5格时:

$$h = 0.02 \times 1.5 \times 1008/1000 = 0.03024 \approx 0.03(\text{mm})$$

②设车面前后宽170mm,使用分度值为0.05mm/m、长200mm的水平仪,如水平仪气泡偏移2格时:

$$h = 0.05 \times 2 \times 170/1000 = 0.017 \approx 0.02(\text{mm})$$

③设筒管轴两轴承座中心距672mm,使用分度值为0.05mm/m的水平仪,如水平仪气泡偏移1格时:

$$H = 0.05 \times 1 \times 672/1000 = 0.0336 \approx 0.03(\text{mm})$$

(3)水平仪的判读方法。在平车中使用水平仪时,如发现水平仪调向前后,气泡位置不在同一位置,可通过调头观察,分别摸清水平仪和被测零件的不水平度,分述如下。

①调头前后,如气泡方向相反,偏离格数相等,说明零件表面是水平的,水平仪的不水平度等于气泡偏离格数。

②调头前后,如气泡方向虽相反,但偏离格数不等,说明气泡偏离格数多的一端是零件的高端,零件的不水平度是两次偏离格数之差的一半,水平仪的不水平度是两次偏离格数之和的一半。

③调头前后,有一次读数是零,另一次偏离一定格数,说明气泡偏向的一端是零件的高端,零件和水平仪的不水平度都是偏离格数的一半。

④调头前后,如气泡方向相同,偏离格数相等,说明水平仪目视无误差,气泡偏向是零件的高端,偏离格数是零件的不水平度。

⑤调头前后,如气泡方向虽相同,但偏离格数不等,说明气泡偏离格数多的一端是零件的高端,零件的不水平度是两次偏离格数之和的一半,水平仪的不水平度是两次偏离格数之差的一半。

6.水平仪使用时的注意事项

(1)使用水平仪时,先校平水平仪横向短气泡,再查看纵向长气泡,使读数符合水平仪精度要求。

(2)环境温度变化对测量精度有较大的影响,使用时不要接近水平尺呼吸,拿水平尺时手不要触摸水准管,以免因温度变化影响读数的准确性。

(3)使用后,应将其底面向上,随时放入水平尺盒内,使水准器的玻璃管不易碰坏。

(4)敲击机件之前,应取下水平尺,以免水平尺受震损伤。

(5)测量工件被测表面误差大或倾斜程度大时,使用条式水平仪和框式水平仪,气泡就会移至极限位置而无法测量,光学合像水平仪就没有这一弊病。

(二)长直尺(平尺)

长直尺一般用 HT20~40 铸铁经定性处理加工制造,或用工字钢制成,按精度不同分为三级,平装纺织设备时常用 1 级和 2 级。

1.长直尺的质量要求

其质量要求见表 7－1,相应的简易检验方法如下。

表 7－1　长直尺的质量要求

长度	直度允许偏差(μm)			平行度允许偏差(μm)		
(mm)	0 级	1 级	2 级	0 级	1 级	2 级
1000	5	10	20	8	15	30
1500		15	30		20	40
2000		20	40		25	50
2500		25	25		30	60

(1)检验平直度。将被检验的平尺与高精度平尺工作面相对贴合放正,用塞尺测间隙。塞尺插入的最大厚度即平直度误差,如图 7－8 所示。另外,可在高精度平尺的工作面上涂一层薄红丹油,将被检验的平尺工作面和它贴合研磨,检验平直度看色点分布情况,色点越小、分布越均匀越好。

(2)检验平行度。用螺旋测微器在平尺工作面中心,沿长度方向依次任测几点,如测的读数不一时,即为上下两个工作面不平行,最大最小读数之差,就是平行度误差(图 7－9)。

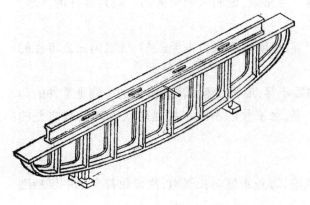

图 7 - 8　检验平直度

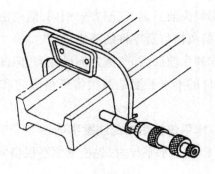

图 7 - 9　检验平行度

2. 使用与维护

（1）如直尺上涂有防锈油（或黄牛油），使用时应先将防锈油揩擦干净。

（2）直尺在使用后应竖直挂在墙上，以防弯曲变形，且须与墙壁离开一定距离，以防受潮生锈。长时期不用，应在直尺工作面上涂防锈油。

（3）在车间里使用后，可将直尺侧卧放置，避免工作表面碰损及工作面方向的弯曲变形。如有条件，可放在专用的木盒内，盒底要平整，最好铺上绒布。

（三）线锤

线锤一般用中碳钢或黄铜制成，它的规格是按重量有多少克来区分的。线锤的顶尖应在正中。根据锤线长度，选用不同重量的线锤；锤线直径要与孔吻合，捻动悬挂线锤的丝线，锤尖不应摆动。使用时应防止锤尖碰击硬物或水泥地面，以免碰秃或碰毛，否则会导致测视不准。

二、平装专用工具

纺织设备平装过程中使用的专用工具包括各种假轴承、标准轴、定位定规等。它们的共同特点是：不易变形，摩擦部分硬度高，关键部位尺寸准确，光洁度、几何形状和位置精度高，而且其制造误差均在装配规格允许误差的 1/10 ~ 1/3。

1. 标准轴

标准轴是用以校正轴孔中心的工具，纺织设备的不同位置有不同尺寸的标准轴，相同尺寸的标准轴可以共用。因标准轴中部的硬度不高要注意防止弯曲，所以在校车时，不能硬扳硬拉；用过后，要竖放在木架上，若是卧式轴架，支承应均衡；轴的表面应涂一薄层机油以防锈。新的标准轴，由于热处理残余应力的作用和运输中的变形，它的不直度可能超差，用前应该检验，超差应该矫直。

2. 假轴承

假轴承一般和标准轴配合使用。在平装用滚动轴承支承的高速回转轴时，为了保证轴承的同心度，采用假轴承与标准轴来平校，可以方便而迅速地确定轴承座的位置。假轴承（图 7 -

10)的外径、厚度和滚动轴承的外径、厚度相同,其内径则根据标准轴的直径而定。左右两只轴承座装到机台上。将假轴承装到轴承座内,先根据定位销或定位尺寸将主动侧轴承座位置固定,另一侧轴承座螺栓暂不拧紧。穿进标准轴,校正水平。用手转动标准轴,通过感觉转动是否有卡阻、顿挫来判断轴承座的同心度,逐步拧紧轴承座螺栓。如转动不灵活,可先用摇轴法,然后结合间隙检查法进行校调。

使用时,要防止撞击假轴承发毛,不用时涂薄油存于盒内。定期用游标卡或千分尺检验内外径,并在孔内穿入标准轴,然后转动假轴承,用百分表检验它的径向跳动量。

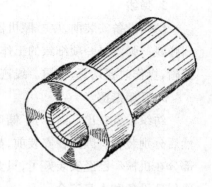

图 7-10　假轴承

3. 拔销器

拔销器是用以拆卸带钩斜键的。拔销器的拉钩,用 45 号钢淬火制成。使用时,应注意下列情况:若键在键槽中锈死时,应先把零件向里打松;键的钩端头不平时应先锉平;键的钩端弯曲时,则应先把键钩端修直,然后才能使用拔销器。否则易弄坏拔销器。

4. 定位定规、卡板

两个机件之间的相对位置要求较严格或安装过程中不易把握的,一般要用到定位定规、卡板。某些定位定规、卡板是可以通用,而某些定位定规、卡板则只能用于一种型号纺织设备的平装。无论是共用的或是专用的定规、卡板,都要注意以下几点。

(1)防止定规、卡板撞毛、变形和生锈。特别是棱角部位不能受到撞击,因为这些部位往往是零位或关键部位。

(2)定规、卡板的关键尺寸要定期检验校正。

(3)要订出定规、卡板的磨损变形公差,作为返修的极限依据,如检验超差,应及时修理。

(4)定规、卡板用过后,要及时用净揩布擦拭干净,放在工具匣内。

第二节　平装的准备工作

纺织设备的安装和平车(大小修理)称为平装,本节讲述其准备工作的内容。

一、安装准备工作

1. 地坪要求

安装纺织设备的地面叫地坪,也叫机座。对其要求是坚实,不能有起皮、裂缝,以保证设备安装稳定;要有一定的平整度,纺织设备一般较长,故对地坪的平整度要求较高,同时局部也要保持平整,能使车脚与地面紧密接触;要求有一定的光洁度,纺织车间里飞花和尘屑不断散落,地坪越光洁越利于清扫。

2. 弹线

纺织设备安装前,要按照机器排列图、地脚图在安装现场地面标出机器位置线,这项工作就叫弹线。弹线是一项细致的工作,关系到安装质量和施工进度,因此,要求弹线位置正确,线迹清晰,操作时要认真、慎重。线迹的上面一般刷一层清漆,以保持长久,供以后平车时参考。

3. 开箱揩擦

纺织设备在出厂时,为了储运方便,防止锈蚀、损坏,在零件的加工面上,大多涂防锈油脂,然后分别装箱。因此在安装前,都要经过开箱揩擦,满足机器安装的需要。现在有的纺织设备部分在机械厂已经安装好了,只要将其联接起来即可。一般纺织设备体形较大,在搬运、开箱时要保证设备和人身安全。

二、平车准备工作

平车前要做好各项准备工作,包括机物料和工器具的准备,及对平车机台的检查、拆卸,使平车工作能多、快、好、省地进行。

1. 物质准备

(1)机物料准备。平车前,将煤油、汽油、机械油、润滑脂和揩布等物料,及供平车备用的零件(机料),事先作好准备。备用零件一般有三类:轮换备件、常用备件和非常用备件。

(2)工器具准备。清理设备上和周围成品、半成品及杂物,设备周围和保全室都要留出一定空间来准备放机件。平车所用的工具要准备好,以便高效工作。

2. 平车前检查

平车前要检查设备的运转状况和机械状态,征求修机工及挡车工对机器的反映,包括不属于平车拆检范围的反映,如生产异常情况及耗电等。如有机器病历卡及坏车记录,可查阅参考,做到心中有数。这样可评估平车工作量,并事先通知相关工种及时配合。

3. 拆车

拆车不仅是拆卸零件,同时还要检查零件的磨损程度,以便修理或调换。发现不正常磨损,应及时与有关方面分析原因,以消除隐患。

(1)拆车范围。现在大小平车已很少进行,多以状态维修为主。但是在必要时大小平车还是要进行的,一般根据车况确定拆车范围。

(2)拆车原则。拆车操作要有合理的方法和顺序,以防损坏零件,达到提高工效、减轻劳动强度和保证安全的目的。

①合理布置工作地(工具、容器、车辆等),合理安排分工和拆车路线,避免等待、窝工,减少空程往返。

②由外而内,自上而下,依次拆卸。

③不用扳手的先拆,有碍操作的先拆,如锭翼、导条辊、胶辊及加压机构,上下龙筋罩板、车头防护罩等。

④相同尺寸、同种用途的螺母、螺钉,可用一只扳手一次扳松,然后将零件逐一拆下。数量

较多的可分类集中放在容器内,数量少的拆下后可旋在原零件上。各种键、销拆下后,要妥善保管,避免丢失。

⑤凡属选择装配的零部件,拆下后仍要保持对配,如轴承与轴承盖、滚动轴承与紧定套,摇臂和摇臂轴承盖等。

⑥能整套拆卸的套件,可成套拆下。

4. 擦洗和上漆

要揩擦和揩洗设备零部件上面的飞花、尘屑和油污。如果设备表面有掉漆或油漆颜色暗淡的现象,为保持设备美观,需要重新上漆。

第三节 平装原理

平装机器的目的,是把分散的零部件装配成相互位置符合装配规格和工艺要求,具有一定装配精度,动作配合协调,连接稳定可靠,符合生产和安全要求的成台机器。平装操作,主要是装配作业。装配质量的好坏,主要体现在装配的准确性和可靠性上。反映装配准确性的,主要是实际装配位置和理想位置的一致程度;反映装配可靠性的,主要是零件的连接、配合经得起长期运转的稳定程度。

本章主要介绍有关纺织设备平装准确性和可靠性方面的一些平装原理。平装原理来自操作实践,又能指导操作实践。它对于提高纺织设备的平装与维修质量,与纺织品的产量和质量关系密切。

一、装配误差的控制

1. 装配误差产生的原因

零部件的安装位置,与装配规格和工艺要求所需要的理想位置相比,往往会有一定的差异,这种差异就叫装配误差。提高平装质量的一个重要方面,就是要在多快好省的前提下,减少装配误差。一般地说,装配误差产生的原因有零件误差、工具误差和操作误差等三个方面。

(1)零件误差。零件的制造误差和使用磨损变形后的附加误差,都属于零件误差。零件误差不可避免,故在制造和修理时,对零件的尺寸、表面形状和表面位置,都设定一定范围的允许误差(简称允差)。凡在允差范围内的零件,都算合格,可见合格件也还存在着误差。零件经过长期使用后,磨损、变形,使零件超过制造允差,就产生附加误差。由于零件误差的存在,使装配工具依靠零件的基准离开理想位置,或在运动状态时离开理想位置,这是产生装配误差的第一个原因。

(2)工具误差。工具误差包括通用、专用量具(定规)和其他工具等的制造或修理误差,以及使用后磨损、变形产生的附加误差。由于工具存在着一定的误差,使装配尺寸、位置随着产生一定的误差,这是产生装配误差的第二个原因。

(3)操作误差。操作误差包括操作技术误差和操作条件误差两个方面。

①操作技术误差包括凭手感测松紧、冷热、震动的精度,目光判断的精度,操作技巧的熟练程度等。

②操作条件误差包括工作地温湿度的地区差异和时间差异,车间光线的强弱和射向,空气的流向和风压,以及操作时人体位置的偏正等,都属操作条件误差。例如,温度波动,使水平仪气泡变位;空气流动,使线锤线偏歪。

由于操作误差不同程度的存在,是导致产生装配误差的第三个原因。

当我们弄清每一个零件、每一件工具和每一项操作都存在一定的误差时,就可以能动地减少和消除一些误差,使平装质量进一步提高。

2. 装配误差的控制措施

可采用下列合理操作方法,以减少装配误差。

(1)减少传递环节,降低累计误差。制订合理的平装方法和顺序可以减少误差传递环节。

(2)掌握误差变化规律,消除系统误差装配误差。有偶然误差和系统误差两大类。误差值随机波动,时大时小的,叫偶然误差,一般指操作误差;误差值比较稳定,有一定规律的,叫系统误差,一般指工具和量具误差。对于偶然误差可通过提高操作技术水平、稳定周围环境来避免;对于系统误差,可事先掌握系统误差的数值,以便在装配时扣除这一误差值。例如,有一把游标卡尺的内径量爪磨灭了 0.02mm,使每个读数都虚大 0.02mm,可把目测的读数主动减去 0.02mm,得到准确的读数。又如一水平仪(水平尺)的气泡不准,经过定位调头检查,发现水平仪正向时气泡偏右一格表示水平状态,我们在看水平时,可在水平仪正向时故意让气泡偏右一格,使零件达到水平。

(3)采用互借、冲销的方法,减少装配误差。车头墙板、车尾墙板、车架、车面、上龙筋和下龙筋等大型铸件发生扭曲变形时,由于矫形不便,只能检查多点铅直度或水平度,使平装后的读数正反方向最大值相等,或使正反方向的最大值相减后的差值不大于允差,这种方法就叫"互借"。例如,查看墙板、车架滑槽铅直度时,取上、中、下三点的读数,进行互借。

当作业的装配基准传递级数较多时,可有意识让正值和负值交替出现,正负值得到冲销的机会,使累计误差值减小,这种方法叫做"冲销"。以平车面为例,当用长平尺和精密平仪(水平尺)平车面时,要使单跨、双跨的水平仪气泡相反,如图 7 – 11 所示,使正负值互相冲销。

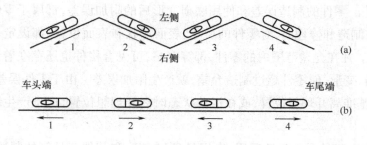

图 7 – 11　正负值互相冲销

(4)利用调节环,减少累计误差。两个或两个以上环节的尺寸、形状或位置互相串连时,构成尺寸链。为了控制累计误差不超过允差,一般可选择尺寸链中一个环节的尺寸或形位加以改变,这个可改变的环节,叫做"调节环"。改变调节环的尺寸或形位,一般常用锉、焊、垫等修配法或用可调节的零件。

(5)选择装配,减少装配误差。对零件进行选择,使零件装配符合尺寸、位置要求的方法,叫做"选择装配"。选择装配可分直接、分组和复合三种方法。在装配过程中选择零件,一直选到零件符合装配要求时为止,这种方法为"直接选配法"。先将零件分组,然后进行装配的方法,叫做"分组选配法"。零件先经分组,然后在装配时在同一组或不同组零件中进行选配的方法,叫做"复合选配法"。

二、装配基准的选择

为了使零、部件的装配位置准确,需要选择合适的零件、合适的部位作为定位的依据,这个定位依据,就是"装配基准"。当作基准使用的零件或部件,叫做"基准零件"或"基准部件"。基准部位的常用形式,有点、线、面三种。例如,用摇轴法校锭子灵活时,要使锭尖对准油杯孔尖,此时油杯孔尖就是"基准点",车面前侧线、前罗拉高低线、锭子围线,都是"基准线";车面上放置水平仪、平尺搁铁、托线圆辊的部位,是"基准面"。

正确选择装配基准,对于提高装配精度,具有十分重要的作用。选择装配基准时,一般要考虑下列因素。

(1)尽量选择零件加工精度较高的部位,即尺寸公差小、形状精度高、位置偏差小、光洁度高的部位作为基准。例如,罗拉制造时的沟槽部分直径公差和径向跳动量比光面部分小,表面光洁度比光面部分高,因此在检查罗拉弯曲、校正罗拉隔距时,都以沟槽部分为基准。

(2)基准部位尽量靠近装配调节点。例如,平车面时,依靠车架升降螺钉调节车面高低,所以平尺搁铁要尽可能放在靠车架的部位。如把平尺搁铁放在离车架较远的地方,使基准点远离车架,当调节邻近车架高低时,会带动这一搁铁升降,使基准漂移。

(3)尽量重复使用同一基准,避免零件表面形状误差。

(4)选择基准时,要考虑平装操作方便性。

三、变形、走动的防止和补偿

任何零件,在受到力的作用时,都会发生程度不同的变形。有些变形比较明显,用眼睛能直接看出来,如一根圈簧,受拉力时就伸长,受压力时就缩短;有些变形不很明显,不易用眼睛直接看出,如两端搁起的长直尺,中部会呈弧形下垂,需用水平尺检验才能看出。其他如机架、滚筒、墙板、螺栓、齿轮等,受力后都会发生变形。有些变形虽很微小,但直接影响到装配规格的准确性。机件走动,亦是受力作用造成的。因此,必须掌握零件变形、走动的原因和规律,以便采取措施,予以防止或补偿。

1.静态变形及其防止和补偿

零件在静止状态下产生的变形,叫做静态变形。造成零件静态变形的力的来源是多方面的,主要有以下两方面。

（1）重力。机架及其上面的机件越重，相应下面的机脚的垫板要适当高些，以补偿因重力引起的下沉。

（2）弹力。由于纺织设备一般较长，校装时往往是一节一节进行。有时候，若前一节的紧固螺栓过紧会产生弹力，影响到下一节机件之间的相对移动，使前后节的机件之间相互"较劲"同时产生变形。如果校装进行不下去，就要松开前面的螺栓。

2. 动态变形及其防止和补偿

零件在运动状态下产生的变形，叫动态变形。机器开动以后，作用在零件上的力就更多，产生变形的因素就更复杂。

（1）离心力。机件回转时都要产生离心力，如果机件的质量很均匀，各质点所产生的离心力大小相等，方向相反，互相抵消，机件回转时就很平稳。如果回转体不平衡，就会产生不平衡的离心力。不平衡的离心力具有危害性，它会使轴弯曲变形，机器震动，零件走动，破坏装配规格和工艺要求。要防止回转机件产生不平衡的离心力，就应对机件校正静平衡或动平衡。例如锡林、道夫的滚筒、刺辊的铁胎等，都要进行校动平衡，以消除有危害性的离心力。

（2）传动力。零件之间互相传递动力过程中的拉力或推力。如皮带轮轴上都受到皮带的拉力，这一拉力会使该侧墙板向外倾斜，另一侧墙板向里倾斜，使校正好的隔距受到破坏。又如啮合好的一对齿轮，在转动后会产生推力，使轴弯曲，齿间隙增大。另外，轴在转动时，也往往向传动的拉力或推力方向偏移。传动力造成的动态变形，可采取预先放大间隙或减小间隙等措施加以补偿。其他外力也都会造成动态变形。一般来说，掌握了机件在静态或动态条件下受力和变形的规律，就可在装配时采取相应措施，进行预防或补偿。但有些机件的装配规格，还需要在运转状态下再作进一步校正。例如齿轮啮合松紧校好后，还必须在运转状态下听声响、查震动，再作进一步校正，才能保证运转状态正常。

3. 走动的防止

相互连接的零件，受力作用时，都有发生走动的趋势。如果连接不稳固，经过一段时间运转，就会使装配规格变动，影响机器性能。要零件装配达到稳固可靠、不走动，应注意下列几项工作。

（1）正确使用螺栓。纺织设备上的机件大部分是用螺栓连接，依靠螺栓的夹紧力来固定零件的位置。在弹性限度内和螺纹不损坏的情况下，夹得越紧，越不易走动。所用螺栓的直径，是根据所需的夹紧力来定的。螺栓夹紧力的大小，与螺栓的横截面积成正比。例如用 M12 螺栓的部位，改用 M8，夹紧力就要降低一半以上；如果改用 M10，夹紧力也要降低 1/3。所以要防止零件走动，必须正确使用螺栓。

（2）互相连接的接触面应力求平贴密接。互相连接的零件，接触面平贴密接，对装配可靠性的影响很大。如果接触面不平贴密接，力集中作用在局部接触面上，机件受到震动和冲击时，局部接触面容易产生变形或磨损，致使连接件走动。

例如用键连接零件，键与键槽的接触面不平贴时，力部集中在局部接触的小面积上，在震动和冲击力的作用下，键和键槽就容易磨损，以致使键连接松动，如再继续运转，就会使键和键槽很快磨坏。

（3）其他方面。除了用螺栓将机件夹紧外，为了防止机件走动，可以在机件容易走动的方向用其他机件顶紧；或将容易走动的机件紧靠在比较稳固的机件上。

四、装配中立体概念的运用

在平面上，确定一点的位置，要有两个方向（前后、左右）的尺寸；在立体空间里，确定一点的位置，则需要有三个方向（即前后、左右、上下）的尺寸。零件在机器上的位置，也是立体空间的位置，所以当我们平装零件时，要考虑每一个零件各个方向（包括前后、左右、上下方向，有时还有角度方向）的平装要求，这就要求在平装过程中运用立体概念。

运用立体概念平校零件各个方向的位置，可使用相应的工具、定规。

（1）水平作业。用水平仪平校车面水平，平校主轴水平。

（2）铅直度作业（即与水平面垂直的作业）。用框式水平仪平校标准锭子；用水平仪和十字水平台平校机架滑槽。

（3）垂直度作业（不包括铅直度作业）。用罗拉座直角尺校正罗拉座侧面对前罗拉的垂直度；用地面弹垂直线的方法，校正头墙板与车面之间的垂直度。

（4）平行度作业。如用平行定规校正细纱机轻重牙轴和前罗拉之间的平行度，用机后各轴进出定规校正机后各轴与车面之间的平行度。

（5）同轴度作业。用假轴承平校主轴两轴承座的相互同轴；用锭子摇轴法对锭脚油杯，校正锭子、锭管、油杯的同轴度；用百分表找轴接套两侧两锭轴的同轴度。

（6）平直度作业。用拉线和前罗拉进出定规、升降轴进出定规、假油杯分别校正前罗拉、升降轴和下龙筋的进出成一直线。

（7）定距离作业。用罗拉隔距定规分别校正前罗拉与三、四罗拉之间的隔距；用上龙筋高低定规校正上龙筋高度；用工字架高低及开档定规校正工字架高低及开档。

运用立体概念正确平装零件，除了校正零件本身位置，还要注意相互连接或支承的各零件之间，互有一定的影响。

第四节　校车和试车

纺织设备全部平装结束后，应先对其进行校车和试车。所谓校车就是在设备不运转的情况下进行检查，即静态校车；试车工作分试空车和实物试车两个阶段。

一、校车

校车是设备由平装进入运转的重要环节，主要是纠正设备安装中被忽视或有误差的项目，对各部安装规格进行全面的复查，还有一些规格，由于与几个部分相连，也须在全机装成后校车时进行调整。不同种类设备的校车应有相应合理的线路和顺序，以免迂回，重复或漏查。

（1）用手盘动设备，检查灵活程度，有无障碍，或有零件相互不正常的摩擦情况（防止产生火花）。

（2）在试车前，要复查备主要螺钉、螺栓是否扳紧，安全装置是否完整，仔细检查并收净机器四周散放的工具和多余零件，做好机器清洁。

二、试空车

纺织设备经过校车，各部机件得到正确的校正，为运转生产打下了良好的基础。但是当机器由静态变为动态，必须进行周密的检查和调整，使各部机构配合协调，并及时解决暴露出来的机械缺点和问题，这就是试空车的目的。试空车换一种说法就是对纺织设备作动态检查和调整，以保证其平装质量符合实际生产运转的要求。因为纺织设备运转时，受力条件比静态复杂、剧烈得多。静态校正的规格，会由于变形、走动而有所变化，静态校正中的一些误差，在动态条件下会表露得更明显。因此，通过试空车还可暴露问题，从而得到及时解决。

（1）检查零件是否齐全，有无零件及工具遗留在机上，主要螺检、螺钉是否紧足，检查各部齿轮啮合情况及工艺变换齿轮齿数等。

（2）各部油眼周密加油，齿轮面加齿轮润滑脂。

（3）检查各部防护罩及安全装置安装是否正确、到位。

（4）提醒机器周围人注意后才可试转电动机，校正回转方向，调整皮带、链条张力。

（5）检查工艺部位是否因受力产生变形和走动。

（6）用手感觉机台是否震动，轴承温升是否正常；用耳听设备运转有无异响；用目光看一些机件是否有不正常转动和跳动；用鼻闻是否有焦糊味，严防摩擦起火。若有不正常现象，应立即停车检查。

（7）观察压缩空气管路和液压油管路的压力是否足够、是否有泄漏。

三、实物试车

尽管纺织设备经过空运转正常，某些零件也磨合"走熟"了，但其中某些机件还须在实物运转中检查调整。这时可以装上压辊、注入浆液或染液、施加工艺压力等，进行实物试生产了，也即实物试车。

实物试车时，除对试空车检查项目继续查看外，应检查下列项目，不合格的应予以修理、调整。

（1）观察产品生产通道是否光洁、流程是否顺畅。

（2）实物试车时，必须认真检查产品质量，需要送实验室检测的要送检，如纱条棉结含量、纱条的条干均匀度、布面的上染率、色牢度。同时，可通过手感、目测产品张力，要保证产品的外形、尺寸等质量要求，如布面张力、纱条张力、布幅宽度、筒纱成形等。

（3）根据生产状况，调整工艺参数，如隔距大小、压辊压力、张力大小、输送速度、染液浓度及温度、气压和液压压力等。

（4）听取运转工人反映，做到产品质量合格、设备运转正常、操作工人满意。

习题

1. 纺织设备平装专用量具有哪些？掌握条式水平仪和框式水平仪的使用方法。

2. 简述条式水平仪的检验方法和读数。

3. 了解数字式光学合像水平仪的用法。

4. 纺织设备平装专用工具有哪些？

5. 了解纺织设备平装专用工具使用方法。

6. 平装的准备工作主要有哪些内容？

7. 纺织设备装配误差产生的主要原因和控制措施有哪些？

8. 纺织设备装配过程中，立体概念有哪几种作业？

9. 简述校车和试车主要有哪些内容？

第八章　纺织电气基础知识

随着我国生产和科学技术的发展,电气控制技术已在现代纺织设备上得到了广泛应用。这对于提高劳动生产率、改进纺织品的质量,都具有重要作用。为管好、用好采用机电一体化的新型纺织设备,纺织设备管理和维修人员必须掌握有关电气控制的基础知识。本章只是简要地介绍纺织电气控制的基本内容,使技术人员获得这方面的基础知识,以有利于与纺织电工交流并判断纺织设备故障,以便更好地使用设备和发挥设备的最佳性能。纺织设备维修人员若没有足够的电工知识和防护措施,千万不要私自拆装电气装置,以免危及自身和设备安全。

第一节　电动机

电动机按功能分类,可分为驱动电动机和控制电动机;按电流分类,可分为直流电动机和交流电动机。目前,在纺织机械中,直流电动机和交流电动机相比,交流电动机的使用数量还较大。但随着纺织设备整体式的机械传动由现在的分部电气驱动代替,直流电动机的使用量也逐渐增加。

一、三相异步电动机的类型和结构

异步电动机的结构也可分为定子、转子两大部分。定子就是电动机中固定不动的部分,转子是电动机的旋转部分。由于异步电动机的定子产生励磁旋转磁场,同时从电源吸收电能,并产生且通过旋转磁场把电能转换成转子上的机械能,所以与直流电机不同,交流电机定子是电枢。

三相异步电动机外形有开启式、防护式、封闭式等多种形式,以适应不同的工作需要。在某些特殊场合,还有特殊的外形防护形式,如防爆式、潜水泵式等。不管外形如何,电动机结构基本上是相同的。绝大部分的纺织机械的主轴传动均采用全封闭自冷式异步电动机,可以防止飞花、灰尘进入,使其保持良好的工作性能。现以封闭式电动机为例介绍三相异步电动机的结构。封闭式三相异步电动机的结构如图 8-1 所示。

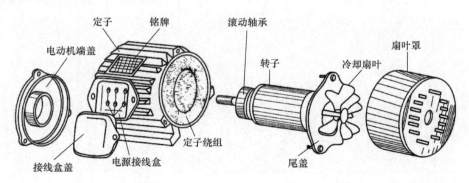

图 8-1　封闭式三相异步电动机的结构

二、三相异步电动机的铭牌

三相异步电动机在出厂时,机座上都固定着一块铭牌,铭牌上标注着额定数据。

(1)型号:用以表明电动机的系列、几何尺寸和极数。

(2)额定功率 $P(kW)$:指电动机额定工作状态时,电动机轴上输出的机械功率。

(3)额定电压 $U(V)$:指电动机额定工作状态时,电源加在定子绕组上的线电压。一般规定,电动机的运行电压不能高于或低于额定值的5%。因为在电动机满载或接近满载情况下运行时,电压过高或过低都会使电动机的电流大于额定值,从而使电动机过热。

(4)额定电流 $I(A)$:指电动机额定工作状态时,电源供给定子绕组上的线电流。如 Y/△ 6.73/11.64A 表示星形接法下电动机的线电流为6.73A;三角形接法下线电流为11.64A。两种接法下相电流均为6.73A。

(5)额定转速 $n(r/min)$:指电动机额定工作状态时,转轴上的每分转速。

(6)额定工作制:指电动机在额定状态下工作,可以持续运转的时间和顺序,可分为额定连续工作的定额 S1、短时工作的定额 S2、断续工作的定额 S3 等3种。

(7)绝缘等级:指电动机绝缘材料能够承受的极限温度等级,分为 A、E、B、F、H 五级,对应的温度为105℃、120℃、130℃、150℃、180℃。

(8)接法:用 Y 或△(星形或三角形)表示。电动机的外部接线如图 8-2 所示。

定子三相绕组的连接方式(星形或三角形)的选择,须视电源的线电压而定。如果电动机所接入的电源线电压等于电动机的额定相电压,那么,它的绕组应该接成三角形;如果电源线电压是电动机额定相电压的 3 倍,那么,它的绕组应该接成星形。如 380/220V、Y/△ 是指线电压为380V 时采用 Y 接法;线电压为220V 时采用△接法。如果改变电动机电源接至定子绕组的相序,即将三相电源任意两相互换,就可使电动机反转。如果三相电路中有一相断路(如接线松脱或保险烧断等),则会使另两相负荷过重,导致电动机过热烧坏。

此外,铭牌上还标明绕组的相数、出厂日期等。对绕线转子异步电动机,还应标明转子的额定电动势及额定电流。

三、控制电动机

前面介绍的异步交流电动机、直流电动机等都是作为动力使用的,其主要任务是能量的转换。本节介绍的各种控制电动机的主要任务是对信号进行转换和递控制,能量的转换是次要的。控制电动机的种类很多,本节只介绍常用的几种:伺服电动机、测速电动机、自整角机、步进电动机。各种控制电动机有各自的控制任务,如伺服电动机将电压信号转换为转矩和转速以驱动控制对象;测速发电动机将转速转换为电压,并传递到输入端作为反馈信号;步进电动机将脉冲信号转换为角位移或线位移。

1. 伺服电动机

伺服电动机又称执行电动机。其功能是将输入的电压控制信号转换为轴上输出的角位移和角速度,驱动控制对象。伺服电动机可分为两类:交流伺服电动机和直流伺服电动机。伺服

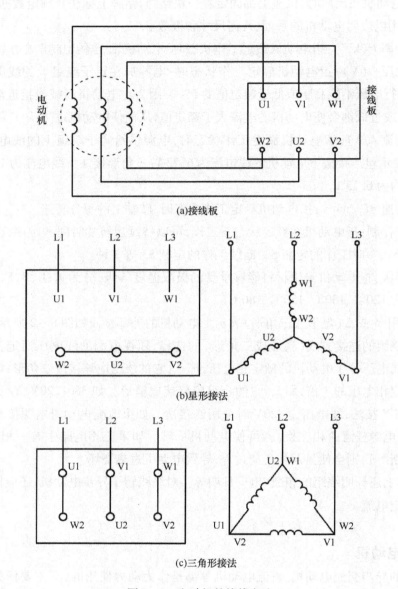

(a)接线板

(b)星形接法

(c)三角形接法

图8-2 电动机的接线方法

电动机是通过控制脉冲时间的长短控制转动角度的。伺服电动机控制系统由伺服电动机、电源开关(继电器开关或继电器板卡)和驱动器组成。

　　一般伺服电动机自带的编码器反馈信号给驱动器,驱动器根据反馈值与目标值进行比较,调整转子转动的角度。伺服电动机的控制精度决定于编码器的精度(线数)。

2.测速发电机

　　测速发电机是一种转速测量传感器。在许多自动控制系统中,它被用来测量旋转装置的转速,向控制电路提供与转速大小成正比的信号电压。测速发电机分为交流和直流两种类型。

3．步进电动机

步进电动机是将脉冲信号转换为线位移或角位移的电动机，一般和开关电源、驱动器配合使用。开关电源提供其需要的电源，驱动器设定步距角角度（如设定步距角为 0.45°，这时，给一个脉冲，电动机走 0.45°）。其特点是：每来一个电脉冲，步进电动机转动一定角度（步距角），带动机械移动一小段距离；控制脉冲频率，可控制电动机转速；改变脉冲顺序，可改变转动方向。在不超载的情况下，给定电脉冲的多少决定了步进电动机的角位移量，给定电脉冲的频率决定了步进电动机的转速。

步进电动机的驱动不同于普通的直流或交流电动机，其要按一定的节拍依次施加驱动电流到各绕组。为达到更高的控制精度，往往采用细分驱动的方法。细分信号可由嵌入式控制器计算产生，也有专用的细分驱动集成电路实现细分功能。步进电动机的详细控制方式详见相关资料。

第二节　低压电气元件

一、按钮

按钮也称控制按钮或按钮开关，它是一种用人力操作，并具有储能复位的开关电器。按钮的触头允许通过的电流较小，一般不超过 5A，因此一般情况下它不直接控制主电路的通断，而是在电气控制电路中发出指令或信号去控制接触器、继电器等电器，再由它们去控制主电路的通断、功能转换或电气联锁。

按钮一般由按钮帽、复位弹簧、桥式动触头、静触头、支柱连杆及外壳等部分构成，按钮的外形结构与符号分别如图 8 - 3。常开按钮一般用作启动按钮，常闭按钮一般用作停止按钮，复合按钮用于联锁控制电路中。

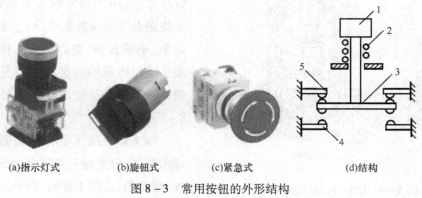

(a)指示灯式　　　(b)旋钮式　　　(c)紧急式　　　(d)结构

图 8 - 3　常用按钮的外形结构

1—按钮帽　2—复位弹簧　3—动触点　4—常开静触点　5—常闭静触点

二、刀开关

刀开关又称闸刀开关,被广泛地用于各种配电设备上,适用于非频繁地接通和分断容量不太大的低压供电线路,也可作为电源的隔离开关。在纺织企业,耐压小的刀开关一般用在辅房或机修车间单独控制小功率设备,以防其产生电弧引起火灾;耐压大的刀开关用在低压配电屏内,用于通断生产设备和照明的供电。

三、组合开关

组合开关的外形结构如图8-4所示。组合开关沿转轴自下而上分别安装了三层开关组件,每层上均有一个动触头、一对静触头及一对接线柱,各层分别控制一条支路的通与断,形成组合开关的三极。当手柄每转过一定角度,就带动固定在转轴上的三层开关组件中的三个动触头同时转动至一个新位置,在新位置上分别与各层的静触头接通或断开。组合开关经常作为转换开关使用,但在电气控制线路中也作为隔离开关使用,起不频繁接通和分断电气控制线路的作用。

四、低压断路器

低压断路器又称空气开关或空气自动开关,是低压电路中主要的操作和保护电器之一,具有保护功能多、事故动作后不需要更换元件、动作电流可按需要整定、安装方便、分断能力强等优点。低压断路器集控制和多种保护于一身,既能接通和分断电路,又能对电路设备发生的短路、严重过载、失压等故障时,能自动跳闸切断故障电路;同时也可以用于不频繁地启动电动机。电气故障排除后,低压断路器需要重新合闸才能工作。

五、接触器

接触器是使用最广泛的自动切换电器元件之一,用于频繁地接通或断开交、直流主电路及大容量控制电路,主要用于控制电动机、电热设备、电焊机等。接触器按其主触头通过电流的种类不同可分为直流和交流接触器两种。交流接触器外形结构如图8-5所示。

触头系统的主要作用是通断电路或传递信号,它分主触头和辅助触头。主触头积大、耐高温,适用于接通、断开大电流的负载电路(如电动机),一般由3对动合触头组成;辅助触头体积小,用以通断电流较小的

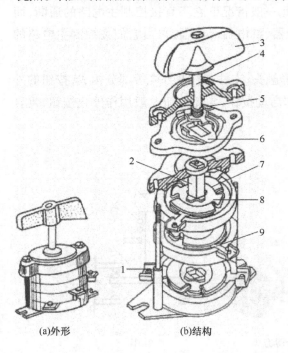

(a)外形　　　　(b)结构

图8-4　组合开关的外形结构

1—接线柱　2—绝缘杆　3—手柄　4—转轴　5—弹簧
6—凸轮　7—绝缘垫板　8—动触头　9—静触头

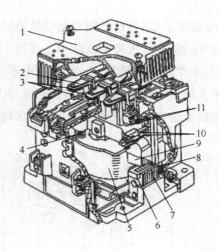

图 8 - 5　交流接触器外形结构及符号

1—灭弧罩　2—触头压力弹簧片　3—主触头　4—反作用弹簧　5—线圈　6—短路环
7—静铁芯　8—弹簧　9—动铁芯　10—辅助动合触头　11—辅助动断触头

控制电路(接控制信号),一般有动合和动断各两对触头,常在控制电路中起电气自锁或互锁作用。无论是主触头还是辅助触头,都是以其在未通电状态下的通断状态来定义,分别称为常开触头和常闭触头。

控制电路接通后,接触器的电磁线圈得电,产生的磁场将铁芯磁化,吸引动铁芯,克服反作用弹簧的弹力,使它向着静铁芯运动,拖动触头系统运动,使得动合触头闭合、动断触头断开。一旦控制电路信号消失或者显著降低,以致电磁线圈没有激磁或激磁不足,动铁芯就会因电磁吸力消失或过小而在反作用弹簧的弹力作用下释放,使得动触头与静触头脱离,触头恢复线圈未通电时的状态。总之,接触器是利用在电磁力作用下吸合和弹簧力反向作用下释放,使触头闭合和分断,控制电路的接通和断开。

六、继电器

继电器的类型有很多,主要有热继电器、时间继电器、速度继电器、中间继电器、相序继电器、电流继电器、电压继电器、压力继电器等,其中热继电器、时间继电器、速度继电器最为常用。它具有输入端和输出端。输入端通常是电压、电流等电量,也可以是温度、压力等非电量。而输出端是继电器接点的动作,当输入控制量变化到某一预定值时,被控制量发生预定的突变(如接通或断开),在电路中起着控制、保护、调节及传输等作用。

继电器一般由感测机构、中间机构和执行机构三个基本部分组成。它与接触器的不同之处在于:接触器有灭弧装置,一般用于控制大电流电路,继电器一般用于控制小电流电路;接触器一般只能用于对电压的变化作出反应,而各种继电器可以在相应的各种电量或非电量作用下动作;接触器用于通断主电路,继电器一般以控制和保护为目的。

1. 热继电器

电动机在运行过程中往往会因过载、频繁启动、欠电压运行导致绕组温度过高,从而缩短电动机寿命甚至烧毁电动机,因此必须对电动机采用过热保护措施。热继电器就是利用电流的热效应工作的保护电器,在电气控制线路中主要用于电动机的过载保护。热继电器根据过载电流的大小自动调整动作时间,过载电流大,热继电器动作时间较短;过载电流小,热继电器动作时间较长;而在正常额定电流时,热继电器长期保持无动作。排除电气故障后,要手动按复位按钮复位,否则电动机无法启动。热继电器的结构如图8-6所示。

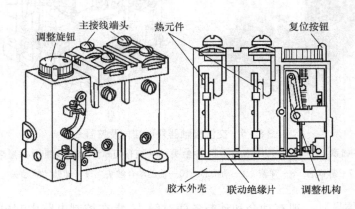

图 8 - 6   热继电器的结构

2. 时间继电器

时间继电器是一种利用电磁原理和机械原理实现触头延时接通或延时断开的自动控制电器。时间继电器在接受信号后,需要经过一定的时间它的执行部分才会动作。其触头可以是延迟闭合,也可以是延迟断开。时间继电器有通电延时与断电延时之分,吸引线圈通电后延迟一段时间后触头动作,吸引线圈一旦断电,触头瞬时动作的为通电延时型时间继电器;吸引线圈断电后延迟一段时间触头动作,吸引线圈一旦通电,触头瞬时动作的为断电延时型时间继电器。间继电器也可以按工作结构分,常分为空气阻尼式时间继电器、晶体管式时间继电器和电动机式时间继电器等。图8-7所示为时间继电器。

在新型纺织设备的自动控制系统中,很多时间控制都是利用 PLC 中的软计时器来实现的。

3. 速度继电器

速度继电器主要用于三相异步电动机反接制动的控制电路中,当电动机轴速度达到规定值时,速度继电器动作。它的任务是当三相电源的相序改变以后,产生与实际转子转动方向相反的旋转磁场,从而产生制动力矩,因此使电动机在制动状态下迅速降低速度。在电动机转速接近零时立即发出信号,速度继电器触头自动及时切断电源使之停车(否则电动机开始反方向启动)。目前,速度继电器逐渐被利用速度传感器制作的电子速度开关所取代。

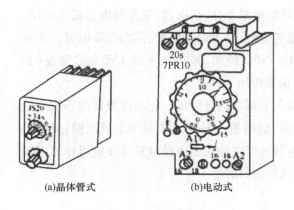

(a)晶体管式   (b)电动式

图 8 - 7   时间继电器

速度继电器的结构原理和符号如图8－8所示。速度继电器转子的轴与被控电动机的轴相连接，而定子空套在转子上。当电动机转动时，速度继电器的转子随之转动，定子内的短路导体便切割磁场，产生感应电动势，从而产生电流。此电流与旋转的转子磁场作用产生转矩，于是定子开始转动，当转到一定角度时，装在定子轴上的摆锤推动簧片动作，使常闭触头分断，常开触头闭合。当电动机转速低于某一值时，定子产生的转矩减小，触头在弹簧作用下复位。

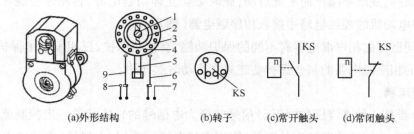

(a)外形结构　　(b)转子　　(c)常开触头　(d)常闭触头

图8－8　速度继电器的结构原理和符号

1—电动机轴　2—转子　3—定子　4—绕组　5—胶木摆杆　6,9—簧片　7,8—静触头

一般速度继电器的转轴在130r/min左右即能动作，在100r/min时触头即能恢复到正常位置。可以通过螺钉的调节来改变速度继电器动作的转速，以适应控制电路的要求。

4. 中间继电器

中间继电器与小型的接触器基本相同，只是其电磁机构尺寸较小、结构紧凑、触点数量较多。其触点有多对，没有主辅之分，多用于交流控制电路。如果把触点簧片反装，便可使动合与动断触点相互转换。它是用来转换控制信号的中间元件。它输入的是线圈的通电或断电信号，输出信号为触点的动作。它的触点数量较多，各触点的额定电流相同。

中间继电器在电路中具有传递、放大、翻转、记忆等功能。由于中间继电器触头较多，触头容量较大，因此可以通过中间继电器来增加控制回路或放大信号。将多个中间继电器组合起来，还能构成具有各种逻辑运算和计算功能的电路。中间继电器的结构如图8－9所示。

5. 相序继电器

一般情况下，电动机工作的接线顺序是有规定的，如果由于某种原因，导致相序发生错乱，电动机将无法正常工作甚至损坏。三相电源中有A相、B相、C相，假如按ABC相序电源接入电动机，电动机是正转，那么按ACB相序电源接入电动机，电动机就是反转了。为了防止电动机反转，就加入了相序继电器，来防止进来电源相序

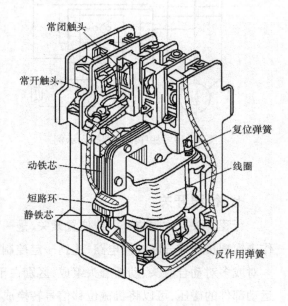

常闭触头

常开触头

动铁芯

短路环

静铁芯

复位弹簧

线圈

反作用弹簧

图8－9　中间继电器的结构

反相,造成电动机反转。电动机的控制电路接入相序继电器后,当电路中相序与指定相序不符时,相序继电器将触发动作,切断控制电路的电源从而达到防止电动机反转的目的。

据统计,三相异步电动机绕组烧毁事故,大多数是由于电动机缺相运行造成的。三相异步电动机缺相运行时,电动机有不正常的振动和响声,若不及时切断电源,电动机的温升将过高或冒烟或有臭味,最终烧毁,因此电动机缺相保护十分重要。如果电动机在启动前就有一相断路,则在接通电源后只发出嗡嗡声而不能启动,此时必须立即切断电源,否则也会烧坏电动机。这时候就需要在电动机的控制电路中接入相序继电器(图8-10)。

其实,不同型号的相序继电器有不同的保护功能,有断相保护、三相不平衡保护、过(欠)压保护等,但有的相序继电器的某些保护功能只在启动时起作用。

6. 压力继电器

压力继电器是一种将液压(或气压)信号转变为电信号的转换元件。当控制流体压力达到调定值时,它能自动接通或断开有关电路,使相应的电气元件(如电磁铁、中间继电器等)动作,以实现系统的预定程序及安全保护。一般压力继电器都是通过压力和位移的转换使微动开关动作,借以实现其控制功能。常用的压力继电器有柱塞式(图8-11)、膜片式、弹簧管式和波纹管式等,其中以柱塞式最为常用。

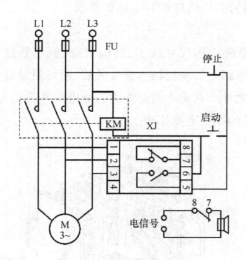

图8-10　相序继电器接入示例

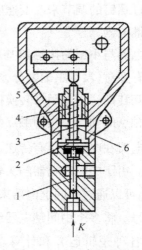

图8-11　压力继电器
1—柱塞　2—机械限位器　3—推杆　4—调节螺杆
5—微动开关　6—压力弹簧

七、行程开关

行程开关又称限位开关或位置开关,是一种利用生产机械某些运动部件的碰撞,使触点动作来实现接通或分断控制电路,达到一定控制目的的电器。其工作原理和按钮相同,一般都由一对或多对动合触头、动断触头组成,区别在于其接通与断开不靠手指的按压,而利用生产机械运动部件的碰压,可以将机械位移信号转换成电信号,再通过其他电器间接控制机械设备运动部件的行程、运动方向或进行限位保护等。微动行程开关安装在机械关键部位罩壳处,打开罩壳可使机器自停,以防伤人。图8-12所示为常见行程开关的外形。

通常,这类开关被用来限制机械运动的位置或行程,使运动机械按一定位置或行程自动停止、反向运动、变速运动或自动往返运动等,主要用于控制生产机械的运动方向、行程大小或位置保护。抓棉机、成卷机、粗纱机、细纱机、捻线机、印染机和针织横机等纺织设备需用行程开关。如抓棉小车每转一圈抓棉打手下降3~6mm,下降的距离可以通过调节行程开关与机械撞块相互接触的时间来改变。抓棉打手升降到上、下极限的位置受上、下限位行程开关控制。微动行程开关用在并条机上,可以在拥花或绕花时使机器自停。

此外,服装缝纫机械和整经机中经常使用的脚踏开关实际上是行程开关的一个典型利用。它可以通过脚踏来进行操作电路通断的开关,使用在双手不能及的控制电路中以代替或者解放双手达到操作的目的。

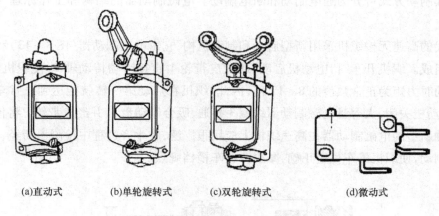

(a)直动式　　　(b)单轮旋转式　　　(c)双轮旋转式　　　(d)微动式

图8-12　行程开关的外形

八、电磁执行电器

在电器控制系统中,除了用到前面已经介绍过的低压配电电器和低压控制电器外,还常用到为完成执行任务的电磁铁、电磁离合器、电磁阀等。

1.电磁铁

电磁铁是利用通电的铁心线圈吸引衔铁或保持某种机械零件工作于固定位置的一种电器。电磁铁的类型很多,从结构上看大都由两个基本部分组成,即感测部分和执行部分。电磁铁在纺织机械应用很广,传统的纺纱设备用来控制龙筋的升降,织机用于多臂和提花开口机构,针织机和绣花机用来选针、选色纱等。

电磁铁由励磁线圈、铁芯和衔铁三个基本部分构成。线圈通电后产生磁场,因此称之为励磁线圈,用直流电励磁的称为直流电磁铁,用交流电励磁的则称为交流电磁铁。直流电磁铁的铁芯根据不同的剩磁要求选用整块的铸钢或工程纯铁制成,交流电磁铁的铁芯则用相互绝缘的硅钢片叠成。衔铁是铁磁物质,与机械装置相连,所以,当线圈通电,衔铁被吸合时,就带动机械装置完成一定的动作,把电磁能转化为机械能。

2. 电磁离合器

电磁离合器靠线圈的通断电来控制离合器的接合与分离。电磁离合器可分为摩擦片式电磁离合器、磁粉电磁离合器、转差式(滑差式)电磁离合器,其中摩擦片式电磁离合器又分为干式单片电磁离合器,干式多片电磁离合器,湿式多片电磁离合器等。电磁离合器工作方式为通电结合和断电结合。在纺织设备上,这几种电磁离合器都有使用。如在花式纱线生产设备上,电磁离合器控制罗拉转速和启停(现逐渐由伺服电动机控制);在转杯纺纱断头时,电磁离合器的吸合、释放、倒顺和延时,控制卷绕轴与引纱罗拉轴的倒顺转动作。

3. 电磁制动器

电磁制动器是使机器在很短时间内停止运转并闸住不动的装置,在机械传动系统中主要起传递动力和控制运动等作用,分为电磁粉末制动器、电磁涡流制动器和电磁摩擦式制动器等多种形式。其制动方式可分为通电制动和断电制动。电磁制动器的结构和工作原理与电磁离合器类似。

如现代的高速无梭织机采用新型启动和制动机构,它由电磁制动器(图 8 – 13)和超启动力矩电动机组成。织机开车时,电动机启动,通过皮带轮 1 直接带动传动轴 2,使织机回转,由于电动机启动时力矩为正常数值的 8 ~ 12 倍,因此,织机在启动第一转就能达到正常车速。织机停车时,电动机关闭,大容量电磁制动器线圈 3 导通,吸合制动盘 4,并经皮带轮 1 将传动轴迅速制停。这种新型的电磁制动器在高速织机上应用很广泛,在生产过程中检测出断经、断纬等时,能够及时制动,使织机停车位置正确,减少开关车横档疵点。

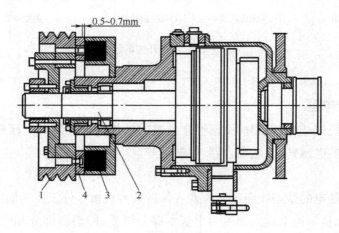

图 8 – 13　电磁制动器的结构和原理

4. 电磁阀

电磁阀通俗地讲就是电磁控制的阀类,有电磁开关阀、电磁换向阀、电磁截止阀、电磁溢流阀、电磁单向阀、电磁卸荷阀等,主要用于控制液体或气体的流动方向、流量和压力。电磁阀由电磁铁和阀体组成。电磁铁是电磁阀的主要部件之一,其作用是利用电磁原理将电信号转换成阀芯(动铁芯)的位移。电磁阀可以配合不同的电路来实现预期的控制,而控制的精度和灵活性都能够保证,一般与速度传感器和压力传感器配合使用。有许多纺织设备使用电磁阀,如清梳设备、针织大圆机等。

方向电磁阀在纺织设备中应用较多,其基本作用就是对气体的流动产生通、断作用。为了表示这种切换性能,可用电磁阀的通口数(通路数)来表达,如二通、三通等。电磁阀的切换状态数通常用位数,有两种切换状态的阀称作二位阀,有三种切换状态的阀称作三位阀,有三种以上切换状态的阀称作多位阀(三位和多位由两个及以上电磁铁控制)。

在阀的电气结构中常常设有指示灯,以识别电磁阀是否通电。通常,交流电工作时用氖灯,直流电工作时用发光二极管。在针织机上使用的电磁阀体积较小,常采用集装式结构。

第三节 纺织设备常用的传感器

一、概述

随着纺织机械自动化程度的不断提高,传感器的使用越来越广泛,同时对传感器的要求也逐渐严格。传感器在纺织生产中的广泛应用,是纺织业不断向优质、高产、自动化、连续化方向发展,走出了一条大幅度减少用人、大幅度提高劳动生产率的道路的必由之路。本节主要介绍纺织设备中常用传感器的原理和使用。

传感器是能够感受规定的被测量信息并按照一定规律转换成可用输出信号的器件或装置。传感器一般由发送器、传送器、变送器、检测器、探头等组成。传感器的功用是:一感二传,即感受被测信息,并传送出去。传感器的工作原理如图 8 – 14 所示。

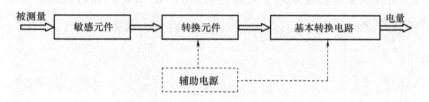

图 8 – 14 传感器的工作原理

敏感元件是直接感受被测量,并输出与被测量成确定关系的某一物理量的元件。转换元件:敏感元件的输出就是它的输入,它把输入转换成电路参量或电量。基本转换电路:上述电路参数接入基本转换电路(简称转换电路),便可转换成电量输出。辅助电源是交流电或直流电。

实际上,有些传感器很简单,有些则较复杂,大多数是开环系统,也有些是带反馈的闭环系统。最简单的传感器由一个敏感元件(兼转换元件)组成,它感受被测量时直接输出电量,如热电偶。有些传感器由敏感元件和转换元件组成,没有转换电路,如压电式传感器。有些传感器,转换元件不止一个,要经过若干次转换。

二、CCD 摄像传感器

在众多的摄像传感器中,CCD 摄像传感器因具有优异的数码摄像、在线检测和图像识别功能逐渐被越来越多的纺织检测仪器和纺织生产设备采用。CCD 摄像传感器是一种大规模集成电路光电器件,又称为电荷耦合器件,简称 CCD 器件。CCD 摄像传感器是在 MOS 集成电路技术基础上发展起来的新型半导体成像传感器。

1. CCD 摄像传感器的工作特点

CCD 摄像传感器是一种大规模集成电路光电器件,它虽然是极小型的固态集成电路芯片,但却同时具备光生电荷以及信号电荷的积蓄和转移的综合多功能。与其他光电摄像方式相比,由于取消了光学扫描或电子束扫描系统,所以在很大程度上降低了再生图像的失真。如图 8 - 15 所示,应用是在平行光源的照射下,通过光学系统将纱线直径的阴影反映在光电阵列上,从而使 CCD 摄像传感器输出与纱线阴影相对应的电信号,经过放大处理后输入计算机,记录或显示纱线张力大小及纱线张力的变化情况。

2. CCD 摄像传感器在纺织机械中的应用

(1)在清棉机异形纤维检测装置中的应用。近年发展起来的异性纤维在线自动检测清除装置,采用 CCD 摄像传感器,通过彩色数码摄像技术,经过对棉网的扫描,修正照度差异,光谱分析能精确判定异纤大小及位置,由高速气流将异性纤维排出,从而保障了以后织物的质量。同时也减轻了纺织企业耗用大量人工分拣棉花的用工压力。

(2)在梳棉机上检测棉结数量。在梳棉机的道夫和剥棉罗拉间安装 CCD 摄像传感器,可以对棉网中的棉结的数量做出准确的评估和统计,从而使梳棉棉条的检测结果更全面、客观、及时,又节省试验室的人力。

(3)在粗纱机上检测粗纱张力。为检测粗纱机前罗拉和假捻器之间的粗纱张力,CCD 摄像传感器通过扫描粗纱的悬垂程度来判定粗纱的张力(图 8 - 16)。粗纱机纺纱张力自动检测调节过程如图 8 - 17 所示。

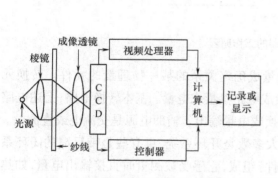

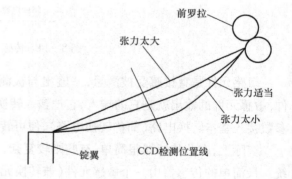

图 8 - 15　CCD 摄像传感器测量纱线张力的原理　　　　图 8 - 16　新型粗纱机张力纺纱张力的判定

(4)在纺织仪器中的应用。CCD 摄像传感器不但在纱线生产设备上得到应用,还在纺织仪器上得到广泛应用,如自动纱线综合测试仪、光电式条干测试分析仪和棉花分级评定纤维测试仪等。

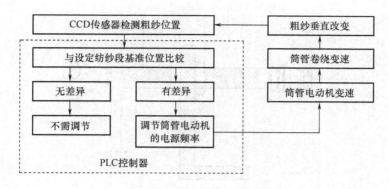

图 8 - 17　新型粗纱机纺纱张力自动检测调节过程

3. CCD 摄像传感器在纺织机械上应用展望

随着 CCD 摄像传感技术的日益成熟和使用成本的不断降低,在纺织工业中会有越来越多的应用。

(1)用 CCD 取代现有的光电式或电容式电子清纱器以提高清纱精度。

(2)CCD 在线检测织布时织口的位置,结合电子送经和电子卷曲实时控制织口位置不变,保证准确打纬,避免稀密路的产生。

(3)用 CCD 自动验布,避免因视觉疲劳、环境干扰等因素造成的漏检和误检,做到检验客观准确。

(4)用 CCD 在布匹的彩色套印过程中精确定位各色套印图样,确保定位的精度。

(5)用 CCD 检验布匹的印染质量,将摄像与存储在计算机中的电子图样模板进行逐行对比,找出二者的差异,并按照预先设定的阈值划分产品等级。

(6)用线阵 CCD 检测生丝细度。

(7)用面阵 CCD 检测纺织品外观质量,如织物组织、织物起球、抗皱等级评定、织物悬垂性能、织物疵点统计、非织造布的结构等诸多方面。

三、转速传感器

转速传感器是一种工业自动控制用接近开关,由转速检测头和鉴频控制器组成。转速检测头由磁钢和霍尔电路组成转速传感器,把机械转动转变为电脉冲频率。鉴频控制器全部由集成电路组成,对检测头获得的脉冲频率进行鉴别比较,根据比较结果发出信号,驱动执行继电器,完成开关动作。其构造简单、刚性好、耐环境好、不受振动、温度、油灰尘等影响;由于是非接触式检测信号,对旋转体不加负荷,故可以安全测量。

1. 转速传感器的工作原理

在被测转速的转轴上安装一个齿轮,也可选取机械系统中的一个齿轮,将传感器靠近齿轮(图 8 - 18)。齿盘的转动使磁路的磁阻随气隙的改变而周期性地变化,霍尔器件输出的微小脉冲信号经隔直、放大、整形后可以确定被测物的转速。

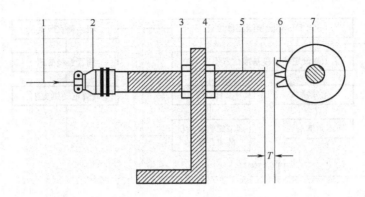

图 8 – 18　转速传感器

1—输入导线　2—插头　3—螺母　4—固定支架　5—磁性传感器　6—齿轮　7—被测轴

使用时应在被测量转速的轴上装一齿轮(正、斜齿轮或带槽圆盘都可以)将传感器安装在支架上,调整传感器与齿轮顶之间隙 T 为 1mm 左右。在被测轴跳动较大时,应注意适当放大间隙,避免损坏传感器。

当轴旋转时带动齿轮旋转,根据电磁感应的原理在传感器内部线圈的两端产生一个脉冲信号,轴转动一圈时就产生在 Z 个电压脉冲信号,可以测出被测轴转速:

$$n = 60f/Z$$

式中: f——频率,Hz;

　　　n——被测轴转速,r/min;

　　　Z——齿轮齿数。

当齿轮齿数为 60 时,就把轴的每分钟转数 n 转化成频率为 f 的电压脉冲信号,将此信号送到智能转速表中,就可以反映出轴的转速。

2.转速传感器的应用

转速传感器通过对纺织设备的转速检测,既可以检测设备故障,又可以用检测头获得的脉冲频率计数,从而统计棉条、纱线等的长度,是理想的监控装置。

开棉机转速传感器防嗑车装置原理如图 8 – 19 所示。转速传感器对开棉打手轴的转速进行监测。若开棉打手转速符合工艺要求,给棉电动机自动启动,给棉机构开始给棉;开棉打手转速不符合工艺要求,给棉电动机自动停止,给棉机构停止给棉,使开棉打手嗑车状态不再加剧。

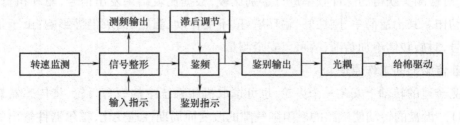

图 8 – 19　开棉机转速传感器防嗑车装置原理图

开棉打手继续慢速转动逐渐输出原棉,阻力逐渐减小,然后开棉打手速度逐渐回升至设计工艺速度,开始正常工作。

四、位移传感器

位移传感器是将位移量转换为电量的传感器,又称为线性传感器,按其工作原理可分为电感式、电容式、光电式和霍尔式等。在成卷机、梳棉机、并条机上安装自调匀整装置所采用的位移传感器几乎都是电感式的一种——差动变压器式位移传感器。

差动变压器式位移传感器实质上就是一个变压器,由铁芯、初级线圈和次级线圈等组成(图8-20)。差动变压器式位移传感器的灵敏度高,线性度好,一般为每毫米位移能输出 80～300mV 电压。由于它的信号电平高,输出阻抗低,因此具有很强的抗干扰能力。而且,若采用在初级线圈两侧反向缠绕次级线圈的结构,还可根据输出电压的" + "、" - ",轻而易举地判断出物体的位移方向,即棉层厚度、棉条粗细的变化。

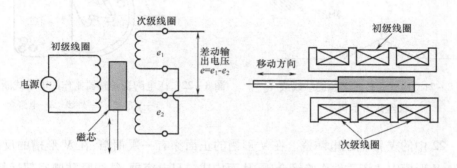

图 8 - 20　差动变压器式位移传感器的工作原理

差动变压器式位移传感器在检测棉层和棉条时都是检测棉层厚薄的变化量。棉层厚薄的变化量一般是经过杠杆放大后,再传递给位移传感器,使位移传感器产生与棉层厚度变化量相关的电压信号。USG 型自调匀整装置就是采用差动变压器式位移传感器。位移传感器在 ±5mm 的工作范围内输出电压是线性变化,超出了这个范围则电压与位移不是成比例变化,必须使位移传感器工作在 ±5mm 范围内。将位移传感器的输出电压在凹凸罗拉中有标准棉条时调整为 0V 左右,就可得到最大的线性工作范围。

五、张力传感器

纺织设备多采用应变式传感器、压电陶瓷传感器和接近开关式传感器检测纱线张力。同时,PLC 也可根据纱线张力的有无来判断纱线是否断头,从而来指示纺织设备整体停止工作或部分停止工作。

1. 应变式传感器

由金属箔片或压电陶瓷组成的各种在纺织机械上应用极广,种类繁多。用来检测纱线或长丝张力的应变式传感器的示例如图 8 - 21 所示。

由于采用应变片式张力传感器检测的经纱张力感应装置具有响应快、控制精度高,特别便于通过键盘直接设定经纱张力,而且基本上可以消除开关量式接近开关经纱张力感应装置无法解决的周期性的微量张力波动,成为电子送经的发展方向。

目前,日本 TSUDAKOMA 公司的 ZA2OX、TOYOTA 公司的 JAT 喷气织机、PICANOL 公司的 DeltaX 和新型 Gamma 剑杆织机、SOMIT 天马 11E 剑杆织机、德国 DORNIER 公司的喷气织机和 LW552 喷水织机都采用这种类型的张力检测装置。

2. 压电陶瓷传感器

压电陶瓷传感器一般制作成圆形或 V 形槽。许多整经机、各种织机和针织机的筒子架都采用压电陶瓷传感器制作的电子式断头自停装置(图 8 - 22)。

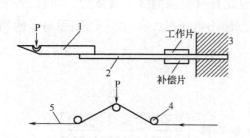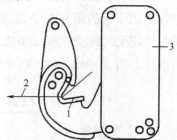

图 8 - 21　应变式传感器检测纱线或　　　图 8 - 22　压电陶瓷传感器制作的电子式断头自停装置
　　　　　　长丝张力示例　　　　　　　　　　　1—V 形槽　2—纱线　3—电路盒

图 8 - 22 中的 V 形槽压电陶瓷。在 V 形槽的正面涂有一层铜箔,在 V 形槽的反面涂一层灰色银层。V 形槽中的瓷质件作绝缘介质,从而构成一只电容器,纱线紧贴槽底部运行,靠压电效应和摩擦静电使该电容器的极板上产生感应电荷,形成电压。经放大、整形、虑波、功率放大等一套控制电路保证机台正常工作。一旦纱线出现断头,压电陶瓷失去摩擦和压力,“噪声电压”消失,自停装置没有信号输出,控制电路立即发动停车。

3. 开关量式接近开关

在有的织机上利用开关量式接近开关的检测经纱张力(图 8 - 23)。当经纱张力较大时,铁

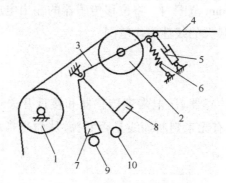

图 8 - 23　接近开关式送经机构的经纱张力检测装置原理图
1—固定后梁　2—活动后梁　3—托架　4—经纱　5—液压缓冲器　6—张力弹簧　7、8—铁片　9、10—接近开关

片7遮住接近开关9,输出高电平二进制开关信号,触发送经电动机回转,送出经纱;当经纱张力减小时,活动后梁上移,铁片7偏离接近开关9,送经电动机停止送经;接近开关10则起保护作用,当经纱张力太大时,铁片8遮住接近开关10,发出高电平,使织机停车;当经纱张力太小时,铁片7遮住接近开关10,同样使织机停车。

六、旋转编码器

由于PLC在纺织机械上的广泛使用,就需要旋转编码器采集、感知纺织机械的运动状态和位置。采用计算机控制的多电动机传动的新型纺织机械,如果需要控制机件的位置、位移、转速等,一般在主轴、罗拉等处安装旋转编码器,自动检测纺纱过程中主轴、罗拉等的运行数据,为计算班产、锭速、牵伸倍数、细纱线密度、捻度、织物卷取量等工艺参数以及为锭子速度曲线控制提供数据。若织机的旋转编码器的测速信号不正常,会造成织机的慢快速无法转换;影响探纬器工作,产生百脚;影响储纬器和电磁阀工作;影响送经。

纺织设备上常用的光电编码器的结构和工作原理如图8-24所示。发光二极管光源位于编码盘(光栅板)的一侧,光敏三极管位于另一侧,沿编码盘的径向排列,每一只光敏三极管都对着一条码道。当码道透光时,光敏三极管接收到光信号导通,经非门整形输出高电平"1";当码道不透光时,光敏三极管收不到光信号,因而输出低电平"0"。不管转轴怎样转动,都可以通过随转轴一起转动的编码盘来获得转轴所在的确切位置。由于纺织企业飞花较多,一定要经常给旋转编码器做清洁,以免影响其正常工作。

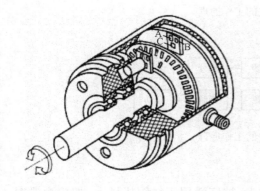
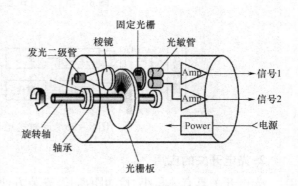

图8-24　光电编码器的结构和工作原理

(1)编码器轴与机器的连接应使用柔性连接器。在轴上装连接器时,不要给轴施加直接的冲击,不要硬压入。即使使用连接器,因安装不良,也有可能给轴加上比允许负荷还大的负荷,或造成拨芯现象,因此要特别注意。

(2)不要将旋转编码器进行拆解,这样做将有损防油和防滴性能。防滴型旋转编码器也不宜长期浸在水、油中,表面有水、油时应擦拭干净。

(3)尽量减轻旋转编码器的振动。加在旋转编码器上的振动,往往会成为误脉冲发生的原因。因此,应对设置场所、安装场所加以注意。每转发生的脉冲数越多,旋转槽圆盘的槽孔间隔越窄,越易受到振动的影响。在低速旋转或停止时,加在轴或本体上的振动使旋转槽圆盘抖动,可能会发生误脉冲。

（4）连接线时应注意的事项。误接线,可能会损坏内部回路,故在接线时应充分注意。

七、光电传开关

1. 光电传开关的工作原理

光电开关是采用光电元件作为检测元件的传感器。它首先把被测量的变化转换成光信号的变化,然后借助光电元件进一步将光信号转换成电信号。它具有体积小、功能多、寿命长、精度高、响应速度快、检测距离远以及抗电磁干扰能力强等优点。光电开关按检测方式一般可分为对射式、反射式两种类型。对射式光电开关由发射器和接收器组成,其工作原理是:通过发射器发出的光线直接进入接收器,当被检测物体经过发射器和接收器之前阻断光线时,光电开关就产生开关信号。与反射式光电开关不同之处在于,前者是通过电—光—电的转换,而后者是通过介质完成。对射式光电开关的特点在于:可辨别不透明的反光物体,有效距离大,不易受干扰,灵敏度高,响应时间快,使用寿命长。对射式光电开关和反射式光电开关的工作原理分别如图 8-25 和图 8-26 所示。

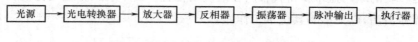

图 8-25　对射式光电开关的工作原理

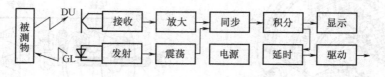

图 8-26　反射式光电开关的工作原理

2. 光电开关的应用

光电开关具有体积小、检测距离长、安装方便等优点,被广泛用于纺织机械上,如检测抓棉机上棉包的高度、混棉机里棉仓原料的高度,梳棉机、并条机、粗纱机、细纱机、整经机和织机等上面的断条、断纱等。

目前,纺织机械大多采用对射式光电开关检测装置。该装置采用红外线发光二极管作为发射源,接收部分采用与发光管波长接近的光敏三极管。由成对的红外线发射器和接收器在每层纱线下面形成一条光束通道。如在整经机上,当纱线未断时,经停片由纱线支撑于光路上方,光束直射光敏三极管上,光敏管将光信号转换成高电位输出信号。当纱线断头时,经停片下落挡住光路,光敏管输出低电平信号。经电路判明是断经形成之后,发动关车并指示灯闪亮。

八、温度传感器

在种类繁多的传感器中,温度传感器是应用最广泛、发展最快的传感器之一。温度传感器是利用物质各种物理性质随温度变化的规律把温度转换为电量的传感器,是实现温度检测和控制的重要器件。在浆纱和染整生产中需要温度传感器检测温度,以合理控制生产工艺所需的温度。

九、湿度传感器

在纺织生产中,经常需要对生产过程的温度和湿度进行测量及控制。但测量湿度要比测量温度复杂得多,温度是个独立的被测量,而湿度却受其他因素(大气压强、温度)的影响。要求不严格的生产车间用干湿球湿度计或毛发湿度计来测量环境湿度尚可,但浆纱和染整生产工艺对湿度要求很严,故一般采用各种湿度传感器来测量湿度,从而更方便、快捷地检测和控制纱线和织物的回潮率。

近年来,国内外在湿度传感器研发领域取得了长足进步。湿敏传感器正从简单的湿敏元件向集成化、智能化、多参数检测的方向迅速发展,将湿度测量技术提高到新的水平。

湿度传感器的测湿电极给浆纱加上一定量的测量电压,随着浆纱回潮率的变化,浆纱电阻发生变化,通过浆纱的电流也相应变化。变化的电流在控制仪中放大并转换成电压信号,该信号与预设定的回潮率电压相比较,然后由控制电路发出脉冲信号,控制浆纱机升降速装置作升速或降速,使湿纱通过烘燥区域的时间缩短或延长,从而控制浆纱回潮率(图 8 - 27)。浆纱机速度经过测速装置(测速发电动机)转换成电压信号输入控制仪,其目的是使回潮率自控系统在断头处理的慢速运行过程中暂时停止自控作用,以免经纱过干引起的自动升速,影响操作。

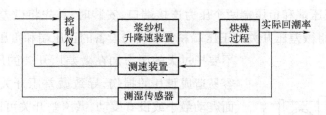

图 8 - 27 浆纱机利用湿度传感器控制回潮率原理图

十、微压差开关

压力传感器的种类繁多,但常用的压力传感器有电阻应变片压力传感器、半导体应变片压力传感器、压阻式压力传感器、电感式压力传感器、电容式压力传感器、谐振式压力传感器、电容式加速度传感器和光纤压力传感器等。前面讲的张力传感器就是压力传感器的一种,这里主要讲在纺织机械上广泛应用的微压差开关。微压差开关又名风压开关、空气压差开关、微压开关等,它本质上就是一个压力传感器,一般用在清棉机械、除尘设备、高温高压溢流染色机、空气压缩机和化纤挤出机等(图 8 - 28)。

图 8 - 28 微压差开关

1. 微压差开关的工作原理

下面介绍纺织机械常用的微压差开关的两种工作原理。

（1）机械式。这种微压差开关是利用气的压力推动微动开关,实现微差压信号到开关量信号之间的转换的仪表。微差压开关有两条检测口,即正压检测口和负压的检测口,其腔体也由此分为正压腔和负压腔。两腔之间用皮膜隔离,当有压力源时皮膜移动触动微动开关从而达到开/关目的,微差压开关上设有调节控制盘,在调节时改变弹簧的压力大小使风压开关的开机点和关机点（即 ON 点和 OFF 点）发生变化。

（2）电容式。这种微压差开关使用的传感器实质上是位移传感器,它利用弹性膜片在压力下变形所产生的位移来改变传感器的电容（此时膜片作为电容器的一个电极）,从而检测压力。

2. 微差压开关的安装

微差压开关有正压端和负压端两个压力连接端口,安装时,首先将微差压开关固定在设备上,然后用连接软管将微差压开关的正压端和负压端与设备的正压端和负压端连接起来。一定

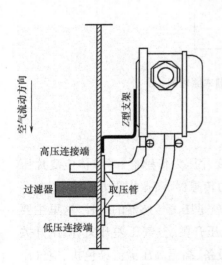

图 8 - 29　微压差开关的安装

不要把过大的压力加在微差压开关的压力端口出,这样很容易造成膜片的损伤,导致微差压开关失灵。要保证装配面震动最小或没有震动,微压差开关可以直接固定在管道、空调机组、除尘机组或加热器的面板上（图 8 - 29）。为保证动作的精确性,微压差开关应垂直安装,这样可以使其内部的气膜自重不影响产品精度。检测气体压力时,在湿度较高的系统中可能发生水汽凝结现象,安装时应注意软管连接管口向下。如必须水平安装时,实际设定点比刻度点加 20Pa（封盖向上）或减约 10Pa（封盖向下）。

3. 微压差开关的应用示例

（1）微压差开关可用于清梳联的输棉管气压检测、多仓混棉机棉仓的压力检测、清梳联自动喂棉箱压力的测量。

在多仓混棉机生产过程中,当棉仓压力传感器检测到当前仓位中的气压连续大于设定的换仓压力值6s后,仓位自动移动1次。

(2)高温高压溢流染色机是随着合成纤维及混纺织物的发展而出现的一种的染色设备,染色的最高工作温度为140℃,一般由电脑全自动控制。微压差开关的作用是对其染缸内蒸汽压力及水泵出水口压力进行监测并反馈给电脑控制从而实现染布过程的自动化。

十一、其他传感器

新型纺织机械使用的传感器传感器越来越多,下面简要介绍一下声传感器和金属探测器的应用。

1. 声传感器

开清棉机声吸收法开松度检测多数纤维是良好的吸声材料,吸声的强弱与纤维单位体积的重量直接有关系。体积重量大,吸收声波的能力也大,所以,可以用纤维吸声的大小表示其蓬松程度。其检测原理如图8-30所示。

2. 金属探测器

金属探测器由振荡器、探头、放大器、触发器、执行器等组成。如在抓棉机之后,必须安装金属探测器(图8-31)。当含有金属杂物的棉流通过时,由于金属对磁场起干扰作用,探测环感应发出信号,经电子系统控制器放大传递,控制排杂门瞬间打开,将杂物排出并立即关闭恢复常态。

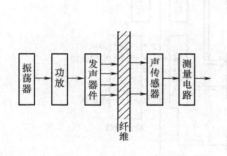

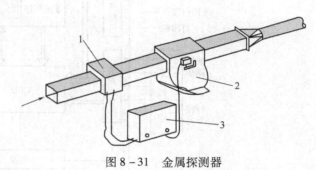

图8-31　金属探测器

图8-30　声吸收法开松度检测原理框图

1—探测环　2—排杂斗　3—电子系统控制器

第四节　PLC和变频器

PLC(可编程序控制器)和变频器是纺织机电一体化技术的核心单元。它们在纺织工业中的应用,减少了电控柜内大量的继电器、接触器等,实现了硬件软件化,具有很强的运算功能和多种控制功能,大大提高了纺织机械的启动、停止、生产顺序、卷绕速度等控制工作的可靠性和灵活性。

PLC已广泛应用于清花、梳棉、并条、精梳、粗纱、细纱、络筒、并纱、捻线、整经、浆纱、无梭织机等主流纺机产品;变频器已经应用于从清花设备到无梭织机的所有设备;高档梳棉机、带自动调匀整的并条机、新型粗纱机、数控细纱机、分条整经机、浆纱机、圆网印花机等设备应用了交流伺服;PLC 加变频器构成控制系统已应用到浆纱机、新型粗纱机、部分化纤设备;高产梳棉机、精梳机、新型粗纱机、数控细纱机、高档分条整经机和浆纱机等单机自动化程度较高的设备已普遍采用触摸屏人机界面。本节主要介绍 PLC 和变频器的基本知识及其在纺织设备中的应用。

一、PLC 的基本组成和工作原理

1. PLC 的基本组成

不管 PLC 按何种标准分类,其基本组成都是一致的。PLC 基本组成包括中央处理器(CPU)、存储器、输入/输出接口(缩写为 I/O,包括输入接口、输出接口、外部设备接口、扩展接口等)、外部设备编程器及电源模块(图 8 - 32)。PLC 内部各组成单元之间通过电源总线、控制总线、地址总线、数据总线连接,外部则根据实际控制对象配置相应设备与控制装置构成 PLC控制系统。

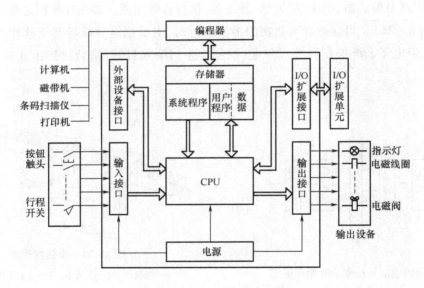

图 8 - 32　PLC 的基本组成

2. PLC 的工作原理

PLC 采用"顺序扫描、不断循环"的工作方式,这个过程可分为输入采样、程序执行、输出处理三个阶段(图 8 - 33)。整个过程扫描并执行一次所需的时间称为扫描周期。

二、PLC 外围接线

1. PLC 输入接口端子接线

输入接口用来接收和采集两种类型的输入信号,一类是由按钮、选择开关、行程开关、继电

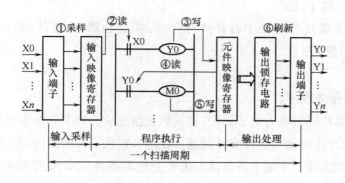

图 8-33　PLC 的工作过程

器触点、接近开关、光电开关、数字拨码开关等的开关量输入信号。另一类是由电位器、测速发电机和各种变送器等来的模拟量输入信号。一旦某个输入元件状态发生变化，对应输入继电器的状态也就随之变化，PLC 在输入采样阶段即可获取这些信息。传感器作为 PLC 一种常见的输入源，其接线如图 8-34 所示。

许多 PLC 还可向外部提供直流 24V 稳压电源，用于向输入接口上的接入电气元件供电，从而简化外围配置。旋转编码器利用 PLC 供电的接线方式如图 8-35 所示。

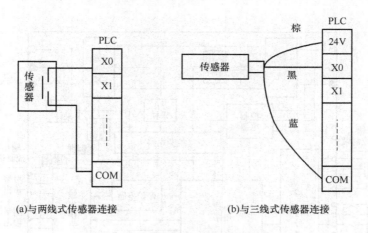

(a)与两线式传感器连接　　　(b)与三线式传感器连接

图 8-34　PLC 与传感器连接示意图

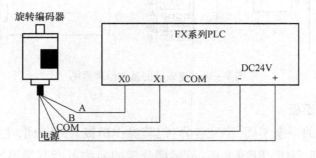

图 8-35　旋转编码器利用 PLC 供电的接线方式

2. PLC 输出接口端子接线

输出接口用来连接被控对象中各种执行元件,如接触器、电磁阀、指示灯、调节阀(模拟量)、调速装置(模拟量)等。

三、变频器的基本结构

变频器是由计算机控制电力电子器件,将工频交流电变为频率和电压可调的三相交流电的电气设备,用以驱动交流电动机进行变频调速。在过去很长一段时间内,由于没有变频电源,异步电动机只能工作在调速性能要求不高或不需要变速的场合。20 世纪 70 年代以来,随着交流电动机调速控制理论、电力电子技术、以微处理器为核心的全数字化控制等关键技术的发展,交流电动机变频调速技术逐步成熟。不仅可取代结构复杂、价格昂贵的直流电动机调速,而且交流电动机采用变频调速能够节省大量的能源。

目前,变频调速技术的应用几乎已经扩展到了工业生产的所有领域,在纺纱机械、织造机械、印染等纺织设备中得到了广泛的应用。

1. 变频器的基本控制原理

变频器是把电压、频率固定的交流电变成电压、频率可调的交流电的变换器。它与外界的联系基本上分为主电路、控制电路两个部分,如图 8 - 36 所示。

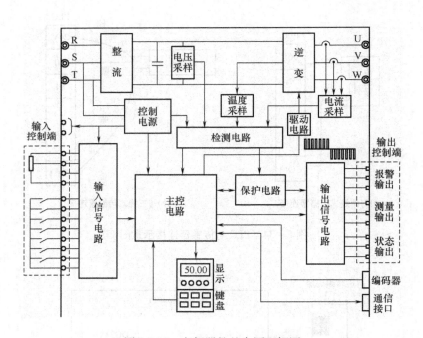

图 8 - 36 变频器的基本原理框图

2. 变频器的操作面板

尽管生产变频器的厂家不同,型号各异,但其操作面板大致相同,主要有▲键、▼键、ESC键、ENT 键、RUN 键和 STOP/RESET 键,虽然部分键的名称可能有所不同,但功能基本一样。

EV1000 系列变频器的操作面板如图 8 – 37 所示,其上半部为数码显示单元,下半部为电位器和各种按键。

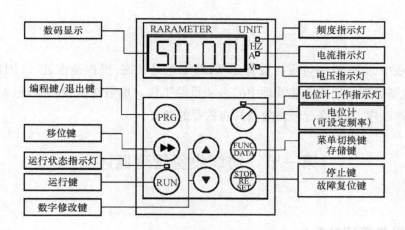

左侧标注(自上而下):数码显示、编程键/退出键、移位键、运行状态指示灯、运行键、数字修改键

面板显示:RARAMETER　UNIT　50.00　HZ　A　V

右侧标注(自上而下):频度指示灯、电流指示灯、电压指示灯、电位计工作指示灯、电位计(可设定频率)、菜单切换键存储键、停止键故障复位键

面板按键:PRG、▶▶、▲、▼、RUN、FUNC DATA、STOP RE SET

图 8 – 37　变频器的操作面板

四、纺织企业的变频器一般的调速方式

在纺织企业空调系统变频调速时,每个变频器控制一台电动机,控制线路相对简单。在纺纱、印染设备的控制系统中,经常需要多电动机同步调速。

同步调速必须采用闭环控制,要有同步信号(也可以叫反馈信号),同时各变频器必须有统一的给定信号,同时升降速,并且同时开停。同步信号来自前面讲述的各种传感器。在电动机数量较多的同步调速控制系统中,一般采用 PLC 的输出控制中间继电器,再用中间继电器的触点控制变频器和信号灯。

习题

1. 三相异步电动机铭牌主要有哪些部分构成?
2. 纺织设备常用的低压电气元件有哪些? 其主要特征是什么?
3. 纺织设备常用的传感器有哪些? 了解其作用。
4. PLC 和变频器的工作原理和结构是什么?

第九章　纺织设备管理基础知识

在纺织企业中,有这样一句话:"设备是基础,工艺是关键,操作是保证"。因此,对纺织企业来说,纺织设备管理是纺织企业管理中的一项重要工作。加强纺织设备管理,对于保证纺织企业的正常生产秩序,提高企业经济效益具有重要的意义。

第一节　纺织设备管理概述

一、纺织设备管理的意义

设备是企业进行生产的物质基础,是社会生产力的主要组成要素,是企业进行生产和扩大再生产的重要保证。设备的好坏不仅直接影响产品质量和生产效率,而且也直接影响生产安全,因此搞好设备管理是纺织企业管理工作中的一项重要工作。随着科技发展,纺织设备型号和种类越来越多,且设备的机、电、光、仪、气、液一体化,自动化和智能化的程度不断提高,因此要做到对各种设备科学管理、合理使用,使其安全运行,最大限度地发挥效能是十分必要的。

在纺织企业管理现代化中,还要不断地对现有设备进行革新、改造和更新。设备管理的根本目的,是提高企业的技术装备水平,充分发挥设备的效能,在设备上以最少的投入达到良好的工艺加工状态,获得最多的产出,取得最佳的经济效益。

二、纺织设备管理的方针和原则

纺织企业的设备管理应贯彻执行依靠技术进步、促进生产发展和预防为主的方针。坚持设计、制造与使用相结合,维护与计划检修相结合,修理、改造与更新相结合,专业管理与全员管理相结合,技术管理与经济管理相结合的原则。

技术进步是要求上报管理工作开展科学研究,采用新技术、新材料和新设备,推行设备管理现代化、信息化,适时地对陈旧设备进行改造和更新,以促进技术进步和生产的不断发展。预防为主,这主要是要求设备管理部门和人员,树立设备管理、维修为生产服务的观点,严格按照企业设备管理制度做好预防性维修维护工作,以防止设备带病运转,把设备和质量事故隐患消灭在发生之前,防患于未然。设备维修和管理人员,还应经常了解和听取生产部门对设备维修管理工作的意见和要求,解决设备上存在的关键问题,努力做到设备经常处于良好状态,安全运转,充分发挥设备效能,提高企业的经济效益。

三、设备管理的任务

总的来说,纺织企业设备管理的基本任务就是要把主机、辅机、通用设备、辅助设备、运输工具、纺专器材和试化验仪器等用好、维护好、管理好和改造好。它具体包括以下几个方面。

1. 正确地选购设备

设备管理部门要根据本企业的产品的品种和结构,及时掌握国内外技术发展状况和动向,从技术上先进成熟、经济上合理、生产上可行和节能的原则,正确地选购、配置设备。

2. 保证设备始终处于良好的运转状态

要求企业正确、合理、充分和有效地使用设备,同时抓好设备的维修工作,努力做到"在用设备台台完好,在修设备台台修好,能用设备台台管好",确保设备的技术状态良好。

3. 做好现有设备的改造和更新工作

企业要根据生产需要,围绕提高经济效益,组织技术力量,积极采用先进技术,有步骤地进行设备的改造和更新,以保证设备的适用性,使企业生产跟上市场的需要。

4. 做好引进设备的管理工作和消化吸收

要对培训设备维修和使用人员进行培训,鼓励设备维修和使用人员主动学习先进知识,充分发挥设备的应用功能和效率。

四、设备管理的内容

纺织设备管理是对设备全过程的管理,即对从设备的规划、选购安装调试开始,到设备的使用、维护和修理,直到为适应新技术、新工艺对设备进行的改造,最后对不能适应生产运转的需要而报废、更新的全过程实行管理。

设备在其运动全过程中存在着两种运动形态。一种是设备的物质运动形态,包括从设备的选购、安装、使用、维护、改造直至报废退出生产为止的全过程。另一种是设备的资金运动形态,包括设备的最初投资,维修费用支出,折旧、更新、改造资金的筹措、支出等。设备管理就是对机器设备的这两种运动形态的管理,前者叫做设备的技术管理,后者叫做设备的经济管理。

五、设备的合理使用

设备的合理使用是设备管理的重要内容。设备使用情况的好坏直接影响产品质量、设备利用率和设备使用寿命,这是在生产实践中反复验证的。为了正确合理使用设备,必须做到以下几点。

(1)根据产品要求和生产任务的需要选择和配置好设备。

①设备的数量配置要前后基本平衡,并适当使纺前工序的机台留有余地,以适应小批量、多品种生产和设备维修的需要。不使少机台设备长期处于带病运转状态。

②设备的类别和型号要适应生产品种及特点的需要。如纺精梳纱要配置精梳设备,并根据精梳纱品种质量要求不同选配相应精梳机。如纺股线就要配并纱与捻线或倍捻机。纺半精纺纱要采用棉纺与毛纺相结合的纺纱设备等。

（2）根据各类设备的结构性能、特点正确合理地安排车速与负荷。既要防止"大材小用"、"精机粗用"，又不允许超速度、越负荷运转，应当使机器设备在一定负荷极限下充分发挥其效能和作用。

（3）对各类设备的维护要配备具有一定技术水平和熟练操作技术的工人，按照操作规程和操作标准进行操作，并逐步达到四会标准，即"会使用、会保养、会检查、会排除故障"。

对于精密的复杂的和关键性的设备，包括引进设备，应指派具有专门技术知识和实际操作水平的工人去操作。

（4）要建立健全设备操作技术规程和设备维修制度，这是设备合理使用的重要保证。操作技术规程可指导工人正确地进行技术操作，正确使用设备。设备维修制度是设备维修的规章制度，根据"设备维修制度规定"结合本企业实际制定实施细则，建立责任制，切实做好设备维修管理工作。

要使这些规章制度严格贯彻执行，除了各级领导的重视与督促检查外，更重要的是经常对维修人员进行思想教育，提高他们对设备维修工作重要性的认识，增强责任感，养成爱护设备的良好风气和习惯，纠正不良习惯和操作习惯。

第二节　纺织设备的选型、改造与更新

一、纺织设备的选型

设备选型是纺织企业设备管理的首要环节，要保证新设备技术上先进、经济上合理、生产上适用，以利于企业生产的发展，提高经济效益，实现技术进步。企业在设备选型时，一般主要应考虑以下因素。

（1）生产性。生产性指设备的生产率。对纺织机器设备来说，用每千锭时产量、台时单产等来反映，应符合先进水平。

（2）可靠性。可靠性指精度、准确度的保持性，零部件的耐用性和安全可靠性等。

（3）节能性。节能性指设备耗用能源的性能。对纺织设备，它表现为单位时间的能源消耗量，例如每小时耗电量、耗气量、耗煤量等，消耗量越少越先进。

（4）维修性。维修性指设备维修的难易程度。维修性直接影响设备维护和修理的工作和费用。

（5）安全性。安全性指设备对安全生产的保障性能。如是否安装自动控制装置，以提高设备在操作失误后防止事故的能力等。

（6）环保性。环保性指设备对环境保护的性能。如设备对噪声的控制能力，对设备本身排放的有害物质的控制能力等。

（7）经济性。经济性是选择设备的综合指标。现在纺织企业越来越多是私营企业，企业主越来越关注经济性。这时不但要关注第一次购买时的费用，而且还要使设备在整个寿命周期内

的总费用最小。目前,在设备选型时,往往比较注重第一次购买时的费用,却忽视维修费用。总费用最小的设备才是经济性最好的设备。

当前,市场对纺织品质量的要求越来越高,新型纺织设备也越来越多,市场竞争也进入白热化。因此,在进行设备选型时,既要熟知纺织材料性能和产品用途等专业知识,也要了解各种型号的设备的性能、特点。要依据以上标准进行仔细比较,既要满足生产的实际需要,又要根据本企业的经济状况量力而行,防止盲目攀比造成不必要的浪费。

二、设备的改造

设备在使用过程中有两种磨损,即有形磨损和无形磨损。对设备的有形磨损,可以通过维修来弥补。随着新技术、新工艺的推广,原来的设备不能使用新产品生产的需要,即产生了无形磨损。设备改造就是在原有设备的基础上进行的改造,是补偿无形磨损的重要方式;是指针对原有设备,通过技术改造,使其恢复精度,增加功能,提高效率等。如更换或添加部分部件,进行数控化改造等。改造费用相对低一些,花费一般低于原设备的现有价值。

1. 设备改造的形式

(1)设备的改装。它是指为了满足增加产量或加工要求,对设备的容量、功率、体积和形状的加大或改变。例如,将普通络筒机、细纱机以短接长,改造为长车,达到减少用工和能耗的目的;有的纺织企业将两台织机并联在一起,形成宽幅织机等。改装能够充分利用现有条件,减少新设备的购置,节省投资。

(2)设备的技术改造(也称现代化改造)。它是指把科学技术的新成果应用于企业的现有设备,改变其落后的技术面貌。例如,在旧型号的纺织设备上加装变频器,以达到控制转速和节约能耗的目的;在普通环锭细纱机的普通罗拉换为紧密纺装置,以生产附加值较高的紧密纺纱线。技术改造可提高产品质量和生产效率,降低消耗,提高经济效益。

2. 改造内容

(1)提高设备自动化程度,实现数控化、联动化。

(2)提高设备功率、速度和扩大设备的工艺性能。

(3)提高设备零部件的可靠性、维修性。

(4)将通用设备改装成高效、专用设备。

(5)实现加工对象的自动控制。

(6)改进润滑、冷却系统。

(7)改进安全、保护装置及环境污染系统。

(8)降低设备原材料及能源消耗。

(9)使零部件通用化、系列化、标准化。

3. 改造原则

企业在搞设备改造时,必须充分考虑改造的必要性、技术上的可能性和经济上的合理性。具体应注意以下几点。

（1）设备改造必须适应生产技术发展的需要,针对设备对产品质量、数量、成本、生产安全、能源消耗和环境保护等方面的影响程度,在能够取得实际效益的前提下,有计划、有重点、有步骤地进行。

（2）必须充分考虑技术上的可能性,即设备值得改造和利用,有改善功率、提高效率的可能。改造要经过大量试验,并严格执行企业审批手续。

（3）必须充分考虑经济上的合理性。改造方案要由专业技术人员进行技术经济分析,并进行可行性研究和论证。设备改造工作一般应与大修理结合进行。

（4）必须坚持自力更生方针,充分发动群众,总结经验,借鉴国外企业的先进技术成果,同时也要重视吸收国外领先的科学技术。

设备改造往往是对设备局部进行机械方式改变或对某一系统进行软件的升级,使其满足生产控制需要,或更方便工人操作,或使设备更安全等。对现有设备进行改造,更能符合企业生产要求,针对性更强,投资少,见效快。对财力不足的企业,设备改造的效果更明显。

三、设备的更新

设备在使用过程中,随着使用时间增加,其维修费用也会不断增加,生产性能也会不断恶化。当达到下列情况时,企业应考虑设备的报废更新。

（1）经过预测,继续大修理后技术性能仍不能满足工艺要求和保证产品质量的;

（2）设备老化、技术性能落后、能耗高、效率低、经济效益差的;

（3）大修理虽能恢复精度,但不如更新经济的;

（4）严重污染环境,危害人身安全与健康,进行改造又不经济的。

第三节　纺织设备的维修管理

一、设备维修管理的目的

纺织企业必须正确使用设备,必须保障生产设备的正常维护和修理。纺织企业在安排生产计划的同时,要安排设备维护和修理计划,严格执行。任何设备不能只顾使用而不维修,尤其是纺织设备主机都在连续运转状态下,严禁拼设备、超负荷生产,以防出现产品质量和设备安全事故。在实际工作中,纺织设备维修可根据生产的不同特点和设备的实际技术状况,采用周期计划维修和状态计划维修两种不同的管理方式。

二、周期计划维修管理

（一）周期的确定和维修计划的分类

1. 周期的确定

周期的长短是根据过去的维修经验确定的,具体说是根据过去在设备维修工作中,所掌握的机件磨灭、损伤、变形、走动情况及其对生产造成的影响等有关资料,进行分析研究后确定的。如纺织设备的大修理周期定为 3 ~ 5 年,小修理周期定为 6 ~ 12 个月,揩车(保养)周期为 15 ~ 30 天等。

2. 维修计划的分类

(1)大周期计划。大周期计划是指严格按照原纺织工业部规定的周期(即行业管理制度)所编制的维修计划。一般大周期计划编出后,就长期循环使用,不再改变。通过大周期计划,可以看出某机台进行维修的年份和月份。

(2)年度维修计划。年度维修计划是根据大周期计划编制的本年度各月将进行维修的机台车号。方法是按大周期计划中各月的车号分别依次编入年度计划的各月中即可,但允许在年度计划相邻月度之间进行调整。通过年度计划可以确定机台所维修的月份。

(3)月度维修计划。月度维修计划是根据年度维修计划编制的各月所维修机台车号。方法是将年度计划中某月内的车号,全部依次编入当月的月度维修计划中。从月度维修计划中可以清楚看出各维修队每日的维修工作内容。月度维修计划应当如期完成,若不能按期完成,则被视为未准期完成划。要在设备管理中以"设备修理准期率"指标加以考核。

周期计划维修的好处就是使设备得到周期性、强制性维修,不会产生遗漏。其缺点是没有考虑设备运转的实际情况,有可能造成整体过度维修,造成人力和物料的浪费,同时也耽误了生产时间。也有可能设备局部问题严重,该采用大修理或小修理的方式进行修理,但时间上没有安排,使设备维修程度不够,以致对产品质量和设备安全运转带来危害。

(二)大修理

1. 大修理的定义

在纺织企业里,大修理通常称为大平车、大修。大修理就是将设备的绝大部分机件拆下(或拆开),检查或整修地基,原机台中心线不清者,要重新弹线,然后按设备的安装质量标准再将设备重新安装起来的工作。在安装过程中,对磨灭、损伤超限的机件要进行修复或换新,对变形、走动的机件要进行校正,对主要机件要进行清揩检查,对轴承要进行清洗、检查、加油或换新,有的还要结合大修理对机件进行重新油漆。纺织企业一般都根据实际情况制定大修理工作法,来指导保全工的工作。

2. 大修理的目的

通过大修理,彻底修复设备上存在的问题,达到"整旧如新"的目的。

3. 大修理的周期

过去一般为 3 ~ 5 年。实行状态计划维修的企业,可根据对设备进行监测的情况,经诊断自订大修的时间。

大修理的安装、试车等质量标准和程序同第七章所述。

(三)小修理

1. 小修理的定义

小修理又称小修、小平车。设备在运转使用中,由于各个机件负载的轻重、速度的高低、震动的大小、环境的好坏等各不相同,故各个机件的损伤快慢也会各不相同。对于损伤较快的机件,若等到下次大修理再去修复,还需要等待较长的时间,在这个时期内设备就要带病运转,这必然对设备和产品质量造成不良影响。为了解决这个问题,就在两次大修理之间安排数次(一般为5次)针对这些机件的修复工作,叫小修理。纺织企业一般都根据实际情况制定小修理工作法,来指导保全工的工作。

2. 小修理的目的

修复磨灭、损伤、变形、走动较快、较严重的机件。防止设备带病运转,恢复、稳定设备的性能。

3. 小修理的范围

比大修理的范围要小,只限损伤较快、较严重的部件。

4. 小修理的周期

过去一般是6～12个月。实行状态计划维修的企业,可根据对设备的监测情况加以诊断,自订进行小修理的时间。

各种纺织设备小修理的项目内容都包含在大修理的范围以内,故其安装质量标准与大修理的标准一般是相同的,但个别项目的标准会稍有降低。其相应的试车和接交设备程序也同大修理。

(四)揩车

揩车也叫擦车,是对设备进行保养的工作。纺织设备经过一定时期运转使用,一些工艺部件会出现走动,机台会积聚较多的飞花、尘杂、油污,不仅影响产品质量,还会造成润滑不良,电动机散热困难,引发设备事故和火警隐患。因此,需要定期对设备进行清揩、除污,减轻设备负荷;加油润滑,减少机件磨损;校正主要机件状态,更换、补齐缺损机件,校正主要工艺隔距,消除小毛病,使设备在完好状态下运作生产。这项工作就叫揩车。不同企业可根据保养人员和设备情况,制定不同人员的分工,按照揩车工作法的要求和规定进行揩车操作。

现代设备维修要求动态掌握设备运行状态,揩车又是周期短、范围广、能在停车状态下较全面了解设备各部位机械状态信息的机会。因此,揩车是现代设备维修中一项极为重要的工作项目和状态维修模式下的重要信息来源。

(五)重点检修

重点检修是现代设备维修的又一重要工作项目,属于预防性维修,防止机器经过一段时间的运转,因位移(俗称走动)、变形、磨损、震动和润滑不良等原因,造成工艺状态和机械状态出现问题进而恶化,或出现机械故障隐患,影响纺纱质量、影响设备完好。为了保证设备的正常运转,将机械事故消灭在萌芽状态,为运转生产创造良好条件,达到高产、优质和低消耗,除了正常的平揩工作外,必须按规定周期进行重点检修。重点检修包括两个方面的内容:即重点检修和重点专业维修。

(六)巡回检修

巡回检修的工作由运转班的修机工来完成。修机工要在本运转班生产的区域内进行巡回,用目视(查失损件),手摸(查发热和震动),耳听(查异响),鼻闻(查异味),口问(问挡车工)等各种方式,了解生产设备存在的问题,然后立即进行检修。一般根据生产设备台数的多少,相应配备不同数量的修机工。

三、状态维修管理

状态维修的状态,是指设备的运转状态、生产工艺状态和产品质量状态,体现了设备为生产和产品质量服务的新观念。状态维修方式在近年被企业大力推广、推崇,其实我国在 20 世纪 80 年代就开始推广,不过由于设备维修人员的工作习惯、设备制造水平和维修人员技术水平所限,并没有马上被接受。

1. 实行状态维修的必要性

(1)随着科学技术的不断进步,机械制造、装配精度越来越高,机、电、仪一体化程度也越来越高,使设备维修相对变得越来越简单。若按传统的维修方法,周期性维修不但不会使设备恢复其精度,反而会在拆装过程中造成不必要的损坏,降低安装精度,影响设备发挥其效能。

(2)在周期性计划维修制度下,工作分工过细,使保全、保养人员的工作技能单一,劳动力资源浪费严重。在保全保养的计划中,用工多而且受工作顺序限制产生"窝工"现象,造成工时的浪费。

(3)因平揩车的需要,致使部分仍能正常运转的设备却长时间停台,降低了设备运转率。

(4)若设备不分主次,一律执行周期计划预修,使有些还可以使用的零件被不必要地更换,有些部件在拆卸过程中损坏,原来磨合很好的部件又被重新装配,有些不该加油的润滑部位又被重新加油,这必然产生过剩维修的缺陷。

设备的管理维护制度必须适应时代的步伐而与时俱进,于是就出现了状态维修方式。

2. 状态维修的计划

周期计划维修侧重于计划,状态维修侧重于状态,这绝不等于说状态维修没有计划,状态维修也非常注重计划。这种计划是建立在状态基础上的计划,其目的性和针对性更强,在计划的安排上要求更合理,计划的编排要求更详细。状态维修只需要更换或修理损坏的零件,减少了坏车停台时间,减少了机物料、机配件的消耗,使设备维修的成本大幅度降低。编制计划的依据主要是对设备状态进行检查、监测和分析的结果。对得到的信息资料进行分析、诊断,问题严重的编入紧急计划,需要立即修复。问题稍轻的,可编入下月计划或将相同的问题集中在一起,编入中期维修计划进行修复。

3. 设备状态信息的来源

状态修理又叫预知修理,就是在修理之前是预知设备状态。设备状态的监测可在设备运行时进行,也可以在设备停机时进行;可以对设备及其零部件进行连续的监测,也可以定期监测。究竟用哪一种监测方式,应根据不同的使用情况,作出不同的选择。不管怎样,设备状态的监测信息来源大致如下。

(1)设备操作使用人员反映的,操作使用方面的问题。

（2）设备维修人员检查反映的设备损伤问题。

（3）工艺、质量检测人员反映的工艺规格，产品质量方面的问题。

（4）运转挡车工、检修工、电气维修工等相关人员反映的问题。

（5）新型纺织设备的在线监测功能，在设备运转过程中全程监测设备状态、产品质量状态和工艺状态，为设备维修人员提供了及时、可靠的信息。

4. 状态维修对专业人员的素质要求

状态维修明显优于传统的周期性计划维修，因而技术运作和管理水平也高于传统维修方式。它要求相关管理人员专家化和作业人员知识化。有的企业还增设了设备状态诊断工程师，专门负责现场诊断，作业人员的技术素质也得到了很大的提高。搞好状态维修，必须要做到以下几点。

（1）加强对设备管理人员和维修人员的责任心教育，使他们爱岗敬业，不断提高自身素质。尤其是要提高对设备的技术状态、加工工艺状态和产品质量状态的关联和综合处置技能，培养迅速查找异常状态征兆的全面技术素质。

（2）坚持预防维修，加强平时检查，每台设备要落实到人，必须建立运转状态分类记录档案，以利减少事后维修。

（3）从制度上阐明设备管理人员和维修人员的责、权、利三者关系，做到奖罚分明，经济收入与工作责任挂钩，充分调动积极性。

（4）学习和掌握状态维修的理论，加强技术培训，不断提高维修质量。

状态维修并不是简单的推翻周期计划维修，仍要继承和发扬周期计划维修的优良传统。随着现代高新技术在纺织设备上的广泛应用和设备制造精度的不断提高，润滑系统的合理完善和关键传动部位材质和器材的优选，传统的周期性计划维修的管理模式已明显阻碍了纺织设备性能的发挥，制约了生产效率的提高。状态维修的管理模式将成为纺织设备维修管理的方向，也必将是提高我国纺织企业的竞争力和促进企业生存发展的必由之路。

四、设备维修质量的检查和接交验收

为了保证设备维修质量达到规定的要求，企业应制定质量检查、接交验收办法。

1. 设备维修质量的检查

维护、修理人员应按维修技术标准做好各项维护、修理工作。企业各级设备管理人员必须对维护、修理工作进行一定数量的质量检查。对新型设备和进口设备，设备管理人员要根据企业实际情况逐步制订维护、修理方法和技术条件。

2. 接交验收

接交验收是保证设备维修质量的成熟经验和严把质量关的重要一环。一般在大、小修理后，设备主管人员、修机工、责任机台负责人和产品质量检测人员要分别对设备状况和产品质量进行检查、检测，合格后，保全人员方可将设备交予保养人员。挡车后，一般由保养人员与修机工、责任机台负责人进行接交。

五、维修备件管理

备件管理是维修管理的一项基本,它是指符合质量要求并有一定储备量的各种机配件,准备供修理时使用。按照备件的储备形式、机件作用的重要程度和损坏情况的不同,可分为轮换备件、常用备件(或称易损备件)和不常用备件。

1. 轮换制备件

为了提高修理质量、缩短停车时间,采用将需修理的一部分有互换性、需要定期维修、工艺作用很关键的机配件备用两套,拆下车上使用过的旧机配件送有关部门检查修理时,可直接换用已经检修过的机配件上车使用。这种作用方式称为备件的轮换制,这一类机配件称为轮换制备件。

2. 常用备件

常用备件又称为易损备件,即在设备运行中一些正常使用而自然磨损和老化的周期在几个月或一年多较短时间的机件,在维修中需要更换而准备的机配件。

3. 不常用备件

凡正常情况下不易损坏的机件,储备量相对少得多。但也应有一定的采购或求援渠道,一种是机械厂的机件供应渠道,另一种是一个地区附近几家棉纺厂同机型联合储备。

六、设备管理的主要经济技术指标

设备管理的经济技术指标是衡量企业管好、用好、修好设备的标准,也是企业内部督促维修人员做好设备管理和维修工作的一种手段。设备管理的主要经济技术指标如下。

1. 设备完好率

设备完好率反映企业大面积、运转中的机器设备的技术状况。设备完好率应每月检查,检查数量每季累计一般机台不少于全部设备的50%,多机台不少于全部机台的25%。检查设备完好状况时应随机抽取机台,如遇停台,可根据具体情况处理。如遇到正在修理的机台,可以调换机号;遇到坏车,应该作为不完好机台处理。设备完好率的计算公式为:

$$设备完好率 = \frac{完好台数}{检查台数} \times 100\%$$

2. 修理合格率

设备修理后,全部达到"接交技术条件"的允许限度者为合格,有一项不能达到者为不合格。

$$修理合格率 = \frac{合格台数}{同期修理台数} \times 100\%$$

3. 设备故障率

设备故障率以企业的生产能力设备发生时的故障计算,故障停台台班数指当班不能修复的故障台数。设备故障率的计算公式为:

$$设备故障率 = \frac{故障停台台班数(或台时数)}{计划运转台班数} \times 100\%$$

4. 净产值设备维修费用率

设备维修费用包括修理和日常维护保养的人工、管理、配件、纺专器材、材料的费用。净产

值设备维修费用率的计算公式为:

$$净产值设备维修费用率 = \frac{设备维修费用}{净产值总和} \times 100\%$$

第四节　润滑管理

润滑管理是纺织设备维修管理的基础,是搞好设备维修管理工作最主要的环节。润滑在机械传动中和设备保养中均起着重要作用,润滑能影响到设备性能、精度和寿命。对在用设备,按技术规范的要求,正确选用各类润滑材料,并按规定的润滑时间、部位、数量对各运动零部件进行润滑,以降低摩擦、温升、振动和噪声等作用,从而保证设备的正常运行、延长设备寿命、降低能耗、防治污染,达到提高经济效益的目的。相反,忽视设备润滑工作,设备润滑不当,必将加速设备磨损,造成设备故障和事故频繁,加速设备技术状态劣化,使产品质量和产量受到影响。因此,设备管理、使用人员和维修人员都应重视设备的润滑工作。

同时,在纺织行业中,一来要防止因干摩擦发热引燃飞花,二来要防止润滑油污染纺织品,形成"油污"疵点,所以抓好纺织设备润滑管理显得尤为重要。润滑剂分为润滑油(俗称机械油、机油)、润滑脂(俗称黄油)和固体润滑剂,纺织行业一般使用前两种,故本节主要讲述润滑油和润滑脂的相关知识。

一、设备润滑管理的任务

(1)建立健全润滑管理机构,制订各项润滑管理规章制度规程、定额标准、计划和各级润滑人员的岗位责任制。组织润滑宣传教育和各级润滑人员的技术业务培训。

(2)组织编制润滑工作所需的各种技术管理资料。如润滑卡片、日常润滑消耗定额、设备换油周期、换油工艺规程等。

(3)指导有关人员贯彻润滑"五定"(定点、定质、定量、定期、定人)和"三过滤"(入库、发放、加油三过滤)的管理方法,搞好现场设备润滑工作。

(4)随时检查监测设备润滑状态,及时采取改善措施,完善润滑装置,解决润滑系统存在的问题,对润滑换油情况记录分析,防止油料变质,不断改善润滑状况。

(5)协助有关人员治理设备漏油,采取有力措施,组织废油的回收与再生利用工作。协同管理、环保单位,对废油进行处理,避免水源污染。

(6)收集油品生产厂家研制新油品信息,逐步做到进口设备用油国产化;做好短缺油品的代用与掺配工作。

(7)组织推广应用润滑新油脂、新材料,交流节约用油的方法和经验。

二、润滑的作用

在纺织设备中,润滑剂主要起以下作用。

1. 润滑减摩

纺织设备运转时,轴与轴承、齿轮与齿轮等机件表面互相接触,并作相对运动,产生摩擦,因而必然引起磨损。用润滑油膜隔离两个相对运动机件的接触面,避免直接摩擦,以减少机件的磨损。润滑剂能成倍、成十倍的降低摩擦面的摩擦因数。

2. 冷却密封

润滑剂可以减少摩擦面间因摩擦而升温,使零件不至因过度发热而膨胀"咬煞",甚至摩擦起火。润滑脂还具有密封作用,轴承使用润滑脂,不但可以防止润滑剂漏出,而且还可以防止灰尘杂物进入轴承内,起到密封作用。

3. 防腐防锈

润滑剂沾附于机件表面能形成保护油膜,起防腐防锈作用。

4. 传递动力

在许多情况下润滑剂具有传递动力的功能,如液压传动就需要专门的液压油等。

5. 缓冲减震

润滑剂可以在机件之间形成油膜,可以减缓冲击的负荷。普通络筒机就是缓冲减震典型的应用,利用润滑油来减缓锭子下落的速度,避免筒纱与滚筒产生冲击,出现纱线磨断头的现象。

6. 清净分散

在油浴润滑装置中,润滑油能够将机件上的碳化物、油泥、磨损金属颗粒清洗下来,这样就通过润滑油的流动冲洗了零件工作面上产生的脏物,避免产生更多的磨损。

由此可见,润滑剂润滑是设备维护工作的一个重要方面。重要的是,如果对机件润滑不周,使其失油,会引起机件磨损;因干摩擦发热膨胀,会使轴与轴承"咬煞",甚至会引燃飞花,造成火警、火灾。

三、润滑剂的性能

润滑剂主要有润滑油和润滑脂两种。这里只介绍它们的几个主要质量指标,以供使用时参考。具体、全面的标准见 GB/T7631—2008。

(一)润滑油

润滑油主要有矿物油、合成油、动植物油等,其中应用最广泛的为矿物油。润滑油的质量指标有黏度、黏度指数、凝固点、酸值、闪点和燃点、残炭、灰分、机械杂质等。

1. 黏度

黏度就是流体流动时内摩擦力的一种表现。一般来说,黏度越大,油就越稠;黏度越小,油就越稀。黏度大小直接影响到润滑油的流动性及在两摩擦面间所能形成油膜的厚度。黏度越大,流动性越小,在摩擦面间形成的油膜抗压能力越强,而且耐冲击,但阻力大,耗电多,易发热,不能进入细小的配合间隙。黏度是润滑油的一项重要质量指标,对机械润滑好环起决定性的作用。因此,大多数润滑油是根据黏度来分牌号的。在选择或掺配润滑油时,应以黏度为主要依据。

黏度的表示方法有四种,即运动黏度、恩氏黏度、雷氏黏度和赛氏黏度。我国采用的是运动黏度和恩氏黏度,棉纺织工业也曾采用过赛氏黏度。运动黏度是在一定的测试条件下,液体相对运动所产生的阻力与同温度下液体密度的比值。纺织厂一般采用的测试温度为50℃。它的单位为"厘泊"。恩氏黏度是在一定温度下(20℃、50℃、100℃),200毫升润滑油从恩氏黏度计毛细管流出的时间,与20℃同体积的蒸馏水流出时间的比值。纺织厂一般采用的测定温度为50℃。用°E50表示,如果比值为2,就叫做2度。赛氏黏度是在一定温度下(100℉、130℉、210℉)60毫升润滑油,从赛氏黏度计一定直径的孔中,流出的时间(秒数)表示。纺织厂一般采用的测定温度为100℉,用SU100表示。如果测值为400秒,就叫做赛氏400秒。运动黏度和恩氏黏度、赛氏黏度的大约比值是:

〔50℃〕运动黏度(厘泊)×0.135≈恩氏黏度〔50℃〕

〔50℃〕运动黏度(厘泊)×9.5≈赛氏黏度〔100℉〕

上述运动黏度与恩氏黏度的大约比值,只在运动黏度在29～l00厘泊范围内适用。运动黏度与赛氏黏度大约比值,只在运动黏度在30～50厘泊范围内适用。

润滑油的黏度随温度的升高而降低。一般润滑油的牌号就是该润滑油在40℃(或100℃)时运动黏度(以mm^2/s为单位)的平均值。

2. 闪点

当润滑油在一定的加热条件下,它的蒸汽与空气形成混合气体,在接近火焰时有闪光发生,此时油的最低温度叫做闪点。根据测定方法和仪器的不同,有开口法和闭口法两种闪点。闪点是表示石油产品蒸发倾向和安全性的指标。油品的危险等级是根据闪点来划分的,闪点在45℃以下的为易燃品,45℃以上的为可燃品。油品允许受热的最高温度,一般应低于闪点20℃～30℃,以保证安全。对于在高温下工作的机器,这是一个重要参数。

(二)润滑脂

润滑脂俗名干油或黄油,在常温下呈黏稠半固体膏状的润滑剂,即使在垂直表面上也不流失,并能在敞开或不良的摩擦部位进行润滑。此外,它的密封和保护性能也比润滑油好,因此,在一些不适于用润滑油的摩擦部位(特别是电动机轴承)多用润滑脂来润滑。

润滑脂是在润滑油中加入一种能起稠化作用的物质(称为稠化剂)使之成为一种具有一定塑性的半固体膏状的润滑剂。为了使润滑脂的性能更加完善,赋予或增强脂的某些特殊性能,还加入一种或多种少量的添加剂。因此,润滑脂就是稠化了的润滑油,或者说润滑脂就是润滑油与稠化剂的混合物。

润滑脂的质量指标有锥入度、滴点、水分、腐蚀试验、氧化安定性等。润滑脂的流动性小,不易流失,所以密封简单,不需经常补充。润滑脂对载荷和速度变化不是很敏感,有较大的适应范围,但因其摩擦损耗较大,机械效率较低,故不宜用于高速传动的场合。

1. 锥入度

锥入度用来表示润滑脂黏稠软硬的程度,它是用重量为150g的标准圆锥体,在5s内沉入25℃的润滑脂的深度(单位:1/10mm)来测定。如沉入25mm,即代表针入度为25°。针入度越小,润滑脂越稠,承载能力越强,越不易进入并充满润滑空间;锥入度越大,流动性越好,过大则易泄漏。

与润滑油相比,润滑脂稠度大,不易流失,密封简单,不需经常添加,承载能力较强,但物理、化学性能没有润滑油稳定,且摩擦损耗大,流动性和散热性差,更换润滑脂时需停机后拆开机器。根据上述特性,润滑脂常用在加、换油不方便的地方;使用要求不高或灰尘较多的场合;速度低、载荷大或做间歇、摇摆运动的机械等。

2. 滴点

滴点指润滑脂受热后从标准的测量杯孔中开始滴下第一滴油时的温度。它表示润滑脂能承受热或抗温的程度,是润滑脂在高温时的工作极限。选择润滑脂时,应使其最高工作温度低于滴点 $15℃ \sim 20℃$。

四、润滑剂的选择原则

纺织设备的机型较多,运转速度和负荷各不相同,使用的润滑剂标号也各不相同。润滑油的种类和标号繁多,正确选择润滑油的种类和标号则特别重要。脂润滑因润滑脂不易流失,故便于密封和维护,且一次充填润滑脂可运转较长时间。油润滑的优点是比脂润滑摩擦阻力小,并能散热,主要用于高速或工作温度较高的轴承。润滑油的选择可按照设备说明书中规定的种类和标号进行。

选购润滑油时,要注意润滑油的物理、化学性能指标,如润滑油的黏度、抗腐蚀性、防锈性、闪点、含水量、含杂率以及酸值等。生产中应根据设备实际性能、运转条件和润滑油生产厂商的说明,在考虑综合经济效益,且能达到润滑要求,有利于管理的原则下,尽可能地减少润滑油的种类和标号,以降低购置保管费用。进口设备的关键重要部位一定要使用进口润滑油,以提高润滑性能,降低能源消耗,延长设备的使用寿命,不重要的部位可以考虑使用国产润滑油,以降低运转成本。

(一)以工作条件来选用润滑剂

下面以纺织机械工作条件为例来说明润滑油、脂的选用原则。

1. 负荷

负荷越大,应选用黏度越大或油性好的润滑油;负荷越小,选用润滑油的黏度应越小。机械运动如果是间断性的或冲击力较大的,容易破坏油膜,应选用黏度较大的润滑油,或选用针入度较小(较硬)的润滑脂。

2. 速度

速度高,要选用黏度较小的润滑油和针入度较大(较软)的润滑脂,速度低,多半是负荷较大,应选用黏度较大的润滑油和针入度较小的润滑脂。

3. 温度

在高温条件下,应选用黏度较大、闪点较高、油性好以及氧化安定性强的润滑油和滴点较高的润滑脂。在低温条件下,应选用黏度较小、凝点低的润滑油和针入度较大的润滑脂。

温度升降变化大的,应选用随温度变化而黏度变化较小(即黏度比小)的润滑油。如浆纱机的烘房、印染机的升降机、蒸汽机和干燥机、拉幅定型机等处的链条、轴承、齿轮,应使用高温润滑脂。

4.设备状况

轴和轴承的配合间隙愈小、加工精度愈高,润滑油黏度应愈小。外露齿轮、链条等宜采用黏度较大的润滑油或锥入度较小的润滑脂。

(二)以纺织设备及装置种类来选用润滑剂

1.齿轮油

齿轮油是保证齿轮正常运转,保证传动效率和常常齿轮使用寿命的重要润滑材料;在齿轮机构中主要起到防止齿面磨损,带走摩擦产生的热量以及隔绝齿面与水、空气的接触,避免锈蚀和腐蚀的发生。常用齿轮润滑油的性能和用途见表9-1。

表9-1 工业常用润滑油的性能和用途

类别	品种代号	牌号	运动黏度① mm²/s	闪点(℃) 不低于	倾点(℃) 不高于	主要性能和用途	说明
工业闭式齿轮油	L-CKB 抗氧防锈 工业齿轮油	46	41.4~50.6	180	-8	具有良好的抗氧化性、抗腐蚀性、抗浮化性等性能,适用于齿面应力在500MPa以下的一般工业闭式齿轮传动的润滑	
		68	61.2~74.8				
		100	90~110				
		150	135~165				
		220	198~242	200			
		320	288~352				
	L-CKC 中载荷工业齿轮油	68	61.2~74.8	180	-8	具有良好的极压抗磨和热氧化安定性,适用冶金、矿山、机械、水泥等工业的中载荷(500~1100MPa)闭式齿轮的润滑	L——润滑剂类
		100	90~110				
		150	135~165				
		220	198~242	200			
		320	288~352				
		460	414~506				
		680	612~748		-5		
	L-CKD 重载荷工业齿轮油	100	90~110	180	-8	具有更好的极压抗磨性、抗氧化性,适用于矿山、冶金、机械、化工等行业的重载荷齿轮传动装置	
		150	135~165				
		220	198~242	200			
		320	288~352				
		460	414~506				
		680	612~748		-5		

①在40℃的条件下。

齿轮油的选用原则:根据齿轮齿面接触应力的大小选择品种,根据齿轮节圆圆周速度和环境使用温度选择黏度,根据齿轮节圆圆周速度选择润滑方式,根据不同启动环境温度选择齿轮油的类型。

2. 液压油

液压油(液)是用于液压系统的传动介质,是液压技术的一个重要组成部分。在液压系统中,用它来实现能量的传递、转换和控制,同时还起着系统的润滑、防锈、防腐、冷却等作用。

(1)液压油可以根据使用压力、温度以及环境变化选用(表9-2),也可以根据各种液压泵选用(表9-3)。

表9-2　液压油的选用原则

环境/工况	压力 <7MPa 50℃以下	压力 7~14MPa 50℃以下	压力 7~14MPa 50~80℃以下	压力 >14MPa 80~100℃以下
室内固定设备	HL	HM	HM	HM
露天、寒区、严寒区	HM 或 HS	HM 或 HS	HM 或 HS	HM 或 HS
地下、地上	HL	HL 或 HM	HL 或 HM	HM
高温热源或明火附近	HFAE/HFAS	HFB、HFC	HFDR	HFDR

表9-3　各种液压泵选用液压油

泵型		黏度(40℃时)(mm²/s) 5~40℃①	黏度(40℃时)(mm²/s) 40~80℃	适用液压油种类和黏度
叶片泵	7MP²以下	30~50	40~75	HM32、46、68
	7MP²以上	50~70	55~90	HM46、68、100
螺杆泵		30~50	40~0	HL32、46、68
齿轮泵		30~70	95~165	HL 高压用 HM32、46、68、100
径向柱塞泵		30~50	65~240	HL 高压用 HM32、46、68、100、150
轴向柱塞泵		40	70~150	HL 高压用 HM32、46、68、100、150

(2)液压油使用注意事项。防止气体混入,防止水的混入,控制运行过程中的油温,防止固体颗粒混入。

3. 压缩机油

目前,纺织企业使用的空气压缩机使用的压缩机油多有设备生产厂家提供,否则不予保修。所以纺织企业基本不用选择压缩机油种类,只需要了解压缩机油使用时的注意事项。

(1)在储运、保管及使用过程中,不要混入水分及其他杂质,以免影响油品质量。

(2)在灰尘多的地方使用,应将空气过滤干净,避免灰尘进入压缩机。

(3)不要与其他油品混用,包括不同品种的压缩机油也不能混用。

（4）严格控制进气温度。

在特殊的情况下,空气压缩机也可以依据表9－4来选择润滑油。

表9－4 压缩机润滑油选油参考表

压缩机形式			排气压力 MPa	压缩级数	润滑部位	润滑方式	合适黏度100℃ mm²/S	推荐油品
往复活塞式	移动式		0.7～0.8	1～2	气缸及传动部件	飞溅式润滑	7～10	DAA100 DAA100 空压机油
			0.7～5	2～3			10～12	
	固定式		5～20	3～5	气缸及传动部件	压力强制润滑	12～18	DAA 或 DAA100、150 空压机油、4502 合成油
			20～100	5～7			18	
			＞100	多级			18～22	
回转式	滑片式	干式	＜0.3	1	气缸轴承	无油润滑		2# 轴承脂
			0.7	2				
		喷油式	0.7～0.8	1	气缸及轴承	喷油循环式	4～5	DAG32、46 或 100 回转压缩机油
			0.7～2	2				
	螺杆式	干式	0.3～0.5	1	轴承及同步齿轮	油环式油脂		2# 轴承脂
		喷油式	0.0～0.7	2	气缸及轴承	喷油循环式	5～7	DAG32 或 100 回转压缩机油
			1.2～2.6	3～4				
速度式	轴流式				轴承及密封环	压力循环杯油脂	5～8	L－TSA32、46、68 抗氧防锈汽轮机油或 2# 轴承脂
			＜0.9		轴承及传动机构	循环	5～8	L－TSA32、46、68 抗氧防锈汽轮机油或 2# 轴承脂

4. 冷冻机油

在夏季,大型纺织企业的空调系统常使用冷冻机机组提供冷源。冷冻机油是压缩式制冷压缩机的专用润滑油,除保证制冷压缩机中有关设备零件的润滑,减少摩擦和磨损外,同时还承担降温作用,将制冷过程中产生的大量热量不断地携带出去,使机械设备保持在较低温度下,从而提高冷冻机的效率和保证可靠的运转。

冷冻机油的选用原则如下。

（1）种类选择应与制冷剂相匹配。一般选用与制冷剂相溶的冷冻机油,否则会因其"油击"现象,造成压缩机异常磨损;油品可能会黏附在冷凝器和蒸发器表面,影响系统传热性能,制冷效率下降。

（2）黏度选择。根据设备实际工况和制冷剂类型选择合适黏度。

（3）油品闪点选择。冷冻油的闪点主要与排气温度有关,排气温度高,要求润滑油的闪点也高,一般要求油的闪点高于排气温度至少30℃。

5. 润滑油的代用、混用原则

因为不同种类的润滑油各有其使用性能的特殊性或差别。所以，要求正确合理选用润滑油，避免混用，更不允许乱代用。润滑油代用要遵循以下原则。

（1）尽量用同一类油品或性能相近的油品代用。

（2）黏度要相当，代用油品的黏度不能超过原用油品的15%。应优先考虑黏度稍大的油品进行代用。

（3）质量以高代低。

（4）选用代用油时还应注意考虑设备的环境与工作温度。

（5）齿轮油不能与蜗轮蜗杆油相混。

（6）特种油、专用油不能与别的油品混用，也不能用别的油代替。如液压油、冷冻机油和压缩机油不能用其他油代替。

（7）同一厂家同种类不同牌号产品，可以混用。不同类的油品，如果知道对混的两组份均不含添加剂，可以混用。

（三）进口纺织设备的润滑

进口纺织设备具有速度高、负荷大、设备运行的可靠性好等特点，其传动形式大都采用齿轮箱传动，传动轴的支撑点大多数采用滚动轴承，在提高了传动可靠性的同时，也改变了润滑方式。大多数进口纺织设备采用集中循环润滑或齿轮箱油浴润滑的方式，因而要求润滑油脂的抗氧化性、防锈性、抗污性要好。进口纺织设备的润滑周期在其说明书中都有详细的说明，每天、每周、每月、每季需要润滑的部位都标注的菲常清楚，生产中应严格执行。在通常情况下，进口纺织设备的说明书中所标注的润滑油脂，大多数是世界著名公司的产品，其性能较好，只要按规定进行润滑即可保证设备正常运转。在润滑工作中，一定要防止油路阻塞，注意润滑油的标号，要经常检查润滑油的油位显示窗口，避免缺油导致机械损坏，造成经济损失。在日常润滑管理中，要根据设备的润滑要求，制订出详细的润滑周期，严格按照定人、定质、定点、定量、定时"五定"进行润滑，同时要有相应的检查手段，以保证润滑质量，确保纺织设备的正常运行，发挥设备的正常效能。

五、纺织设备润滑系统的类型、结构

纺织设备的润滑系统一般由三部分组成：油浴润滑系统、集中润滑脂润滑系统和手工加油润滑。新型纺织设备润滑系统的发展趋势一般都尽量将重要的高速运动零部件纳入油浴润滑系统，减少手工加油点。这样可提高设备使用寿命，方便维修保养。

1. 油浴润滑系统

油浴润滑系统一般由喷淋循环油润滑系统和非循环油油浴润滑两部分组成。如果采用油浴润滑，则油面高度不超过最低滚动体的中心，以免产生过大的搅油损耗和热量。非循环油油浴润滑较简单，现主要介绍喷淋循环油润滑系统，如图9-1所示。高速轴承通常采用滴油或喷淋方法润滑。

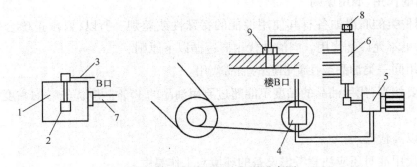

图9-1　喷淋循环油润滑示意图

1—主油箱　2、5—滤油器　3—输油管　4—油泵　6—分配器　7—回油管　8—油压传感器　9—喷嘴

该系统主要由润滑油主油箱1,滤油器2、5,油泵4,输油管3,分配器6,喷嘴9,油压传感器8和回油管7组成。润滑油先人工加入主油箱1中,可通过油标油位确定加油量。当织机主电动机启动时,通过皮带轮动油泵4工作,润滑油经粗滤油器2吸入管3,经油泵4,精滤器5,分配器6,分别输送到各需润滑处,再经喷油嘴9进入各油箱10从而润滑零部件。先进的纺织设备一般在输油管的某重要部位处加装一只油压传感器。该油压传感器由电控系统控制,当织机油路由于某种故障使输油管中的油压低于最低设定值时,电控系统就实现自动关机,这时就需机修工检修润滑系统。

2.集中润滑脂润滑系统

对于无法进行油浴润滑和低速运动零部件也要实现定时加油润滑,图9-2为集中润滑脂润滑示意图。

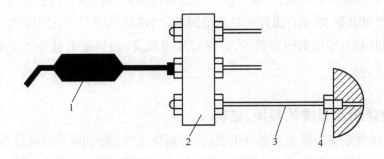

图9-2　集中润滑脂润滑示意图

1—油脂加注泵储油箱　2—分配器　3—分油管　4—加油点

该系统主要由润滑脂、油脂加注泵、分配器和各加油点组成。润滑脂先人工加入油脂加注泵1的储油筒内。油脂加注泵有电动和手动两种。下面介绍手动油脂加注泵,当需加油时,手压动油脂加注泵1,润滑脂从油脂加注泵1经过输油管进入分配器2,再通过分油管3进入各加油点4,完成加油目的。

3. 手工加油润滑

一般低速、轻载或不连续工作的相对运动的机件之间（如开式齿轮、链条、钢丝绳等）用手工加油润滑。手工加油润滑有部件工作面（如齿面）涂油、通过油嘴注油等形式。开式传动部件工作面常采用涂油的方式。通过油嘴注油一般用专用工具（如黄油枪、油杯、油杯）来加油。另外，不能或不易加油润滑的轴承，通常采用带有密封盖的轴承，内含润滑脂，实现润滑的目的。

六、纺织设备润滑管理应注意的问题

（1）生产中应根据设备实际性能、运转条件和润滑油生产厂商的说明，在考虑综合经济效益，且能达到润滑要求，有利于管理的原则下，尽可能地减少润滑油的种类和标号，以降低购置保管费用。进口设备的关键重要部位一定要使用进口润滑油，以提高润滑性能，降低能源消耗，延长设备的使用寿命，不重要的部位可以考虑使用国产润滑油，以降低运转成本。

（2）在日常润滑管理中，要根据设备的润滑要求，制订出详细的润滑周期，严格按照定人、定质、定点、定量、定时"五定"进行润滑，同时要有相应的检查手段，以保证润滑质量，确保纺织设备的正常运行，发挥设备的正常效能。

（3）纺织设备的运转环境较差，大多在含尘量较高的状态下运行。机器转动件的支撑点易受粉尘污染，致使摩擦阻力增大，机械磨损加剧。在设备的维修和润滑过程中，应认真做好机配件的更换和润滑油的更换工作。更换机配件时，揩布一定要清洁，重要部位的揩布应先清洗后使用，避免尘埃污染机件。新更换的机件其润滑部位要彻底清洁，安装部位也要彻底清洁。

习题

1. 纺织设备管理的任务和内容是什么？

2. 在纺织设备选型时，一般需要考虑哪些主要因素？

3. 纺织设备周期计划维修主要有哪几种方式？

4. 状态维修的优缺点是什么？

5. 设备管理的主要经济技术指标有哪些？

6. 简述润滑的作用。

7. 润滑剂主要有哪些质量指标？

8. 简述润滑剂的选择原则。

9. 进口纺织设备的润滑要注意哪些事项？

10. 纺织设备的润滑系统主要分哪几种？

参考文献

[1]杨建成,马士奎.保全钳工[M].北京:中国纺织出版社,2006.

[2]刘超颖.纺织机械基础知识[M].北京:中国纺织出版社,2006.

[3]郭文灿,贺荣南.粗纱维修[M].北京:纺织工业出版社,1990.

[4]吴予群.并粗维修[M].北京:中国纺织出版社,2006.

[5]刘华实,魏泰.织布保全[M].2版.北京:中国纺织出版社,1995.

[6]姜怀.机织工程[M].北京:中国纺织出版社,1995.

[7]严鹤群,戴继光.喷气织机原理与使用[M].2版.北京:中国纺织出版社,2006.

[8]河南省纺织工业局编写组.清棉保全[M].北京:纺织工业出版社,1990.

[9]河南省纺织工业局编写组.粗纱保全[M].北京:纺织工业出版社,1990.

[10]河南省纺织工业局编写组.并条保全[M].北京:纺织工业出版社,1990.

[11]黄自振,王烈,吴连祥.细纱维修[M].北京:纺织工业出版社,1990.

[12]吴予群.细纱维修[M].北京:中国纺织出版社,2009.

[13]严鹤群,戴继光.喷气织机原理与使用[M].北京:中国纺织出版社,2006.

[14]马崇启.纺织机电一体化[M].北京:中国纺织出版社,2012.

[15]纺织工业部生产司.1332M型络筒机修理工作法[M].北京:纺织工业出版社,1989.

[16]黄柏龄,于新安.机织生产技术700问[M].北京:中国纺织出版社,2007.

[17]张俊康.喷气织机使用疑难问题[M].北京:中国纺织出版社,2001.

[18]陈立秋.新型染整工艺设备[M].北京:中国纺织出版社,2002.

[19]李维荣.五金手册[M].北京:机械工业出版社,2003.

[20]潘荣昌,徐林岚,李海霞.青岛清梳联设备状态维修管理体会[J].棉纺织技术,2011(3):

[21]阎保林.浅谈纺织设备的润滑管理[J].棉纺织技术,2004(10):31-34.

[22]浦文禹.纺织机械润滑管理研究[D].苏州大学,2006,11.

[23]吴永升.无梭织机实用手册[M].北京:中国纺织出版社,2006.

[24]黄华梁,彭文生.机械设计基础[M].3版.北京:高等教育出版社,2001.

[25]陈立德.机械设计基础[M].北京:高等教育出版社,2000.

[26]黄锡恺,郑文纬.机械原理[M].北京:高等教育出版社,1989.

[27]技工学校机械类通用教材编审委员会.机械基础[M].北京:机械工业出版社,1980.

[28]技工学校机械类通用教材编审委员会.车工工艺学[M].北京:机械工业出版社,1980.

[29]中华人民共和国第一机械工业部.钳工工艺学(初级本)[M].北京:科学普及出版社,1982.

[30]广州柴油机厂.钳工[M].广东:广东科技出版社,1983.

[31]姜明德,黄芝慧.公差配合与技术测量[M].长沙:湖南科学技术出版社,1984.

[32]天津市机械工业管理局教育教学研究室.钳工[M].北京:机械工业出版社,1987.

[33]陈隆德,赵福令.互换性与测量技术基础[M].大连:大连理工大学出版社,1997.

[34]陈宏钧,马素敏.车工操作技能手册[M].北京:机械工业出版社,1998.

[35]机械工业职工技能鉴定指导中心.初级刨、插工技术[M].北京:机械工业出版社,1999.

[36]赵月望.机械制造技术实践[M].北京:机械工业出版社,2000.

[37]孙大俊,中国劳动社会保障部教材办公室.机械基础[M].4版.北京:中国劳动社会保障出版社,2007.

[38]徐鸿本.实用五金大全[M].武汉:湖北科学技术出版社,2004.

[39]薛彦登.液压与气压传动[M].济南:山东大学出版社,2005.

[40]陈革,杨建成.纺织机械概论[M].北京:中国纺织出版社,2011.

[41]林子务.纺织企业现代管理[M].北京:中国纺织出版社,2005.

[42]金永安.纺织设备管理[M].北京:中国纺织出版社,2007.

[43]萧汉滨.祖克浆纱机原理及使用[M].北京:中国纺织出版社,1999.

[44]王嘉荣,金铁鸣.AUTOCONER-238型自动络筒机使用手册[M].北京:中国纺织出版社,1994.

[45]任家智.纺织工艺与设备(上册)[M].北京:中国纺织出版社,2004.

[46]吴先文.机械设备维修技术[M].北京:人民邮电出版社,2008.

[47]史志陶.棉纺工程[M].3版.北京:中国纺织出版社,2004.

[48]上海纺织控股(集团)公司,《棉纺手册》(第三版)编委会.棉纺手册[M].3版.北京:中国纺织出版社,2004.

[49]章友鹤.棉纺织生产基础知识与技术管理[M].北京:中国纺织出版社,2011.

[50]裘愉发,吕波.喷水织机原理与使用[M].北京:中国纺织出版社,2008.

[51]江南大学,无锡市纺织工程学会,《棉织手册》(第三版)编委会.棉织手册[M].3版.北京:中国纺织出版社,2006.

[52]张自勇.纺织电工[M].北京:中国纺织出版社,2012.

[53]张建中.机械设计基础[M].北京:高等教育出版社,2008.

推荐图书书目：纺织类

书 名	作 者	定价(元)
【纺织高职高专教育教材】		
纺织品检测实训	李 南	33.00
纺织厂空调与除尘(第2版)	严立三	35.00
棉纺织设备电气控制	张伟林	36.00
纺织品经营与贸易	闫志俊	30.00
会计基础	张 慧	28.00
纺织材料学(第2版)	姜怀 等	35.00
纺织实验技术	夏志林	34.00
纺织测试仪器操作规程	翟亚丽	38.00
纺织机械基础知识(第2版)	刘超颖	32.00
保全钳工(第3版)	杨建成	32.00
机织学(第2版)下册	毛新华	36.00
纺织工艺与设备(上册)	任家智	40.00
纺织工艺与设备(下册)	毛新华	48.00
机织概论(第3版)	吕百熙	25.00
纺材实验	姜 怀	18.00
亚麻纺纱织造与产品开发	严 伟	36.00
纺织厂空调工程(第2版)	陈民权	37.00
纺织机械制图(第4版)	刘培文	40.00
纺织机械制图习题集(第2版)	刘培文	35.00
【全国纺织高职高专教材】		
纺织品检验	田 恬	36.00
机织技术	刘 森	48.00
纺织材料	张一心	48.00
纺织品设计	谢光银	46.00
纺纱技术	孙卫国	36.00
非织造工艺学	言宏元	25.00
实用纺织商品学	朱进忠	25.00
【中职技工教材】		
纺织电工	张自勇	39.80
棉织基础(第3版)上册	《棉织基础》编委会	18.00
棉织基础(第3版)下册	《棉织基础》编委会	22.00
棉纺基础(第3版)上册	《棉纺基础》编委会	25.00
棉纺基础(第3版)下册	《棉纺基础》编委会	30.00
纺织电气基础	丁跃军 吴清荣	30.00
棉纺织行业织布工(无梭织机)操作指导	中国棉纺织行业协会	15.00
FA系列棉纺设备值车操作指导	无锡纺织机械试验中心	24.00
毛精纺厂各工序设备值车工作法	王 霞	26.00
棉纺概论(第2版)	唐俊武	20.00
棉纺(第3版)	刘樾身 高忠诚	20.00
棉织(第2版)	刘樾身	15.00
棉纺织计算(第2次修订本)	庄心光	35.00
GA615/1515型织机零件图册	胡景林	28.00
纺织机械基础知识	杜德铭	18.00
织布保全(第2版)	刘华实	22.00

推荐图书书目：纺织类

书　名	作　者	定价(元)
毛纺工艺学(上册)	总会教育部	24.00
毛纺工艺学(下册)	江兰玉	24.00
毛纺工艺学(中册)	江兰玉	15.00
毛纺	王树惠　王清波	16.00
毛织基础(合订本)	倪鉴明	35.00
机织学(上册)(第2版)	戴继光	34.00
机械基础教程	火恩铭	32.00

【纺织生产技术】

书　名	作　者	定价(元)
梳棉机工艺技术研究	孙鹏子	62.00
壳聚糖及纳米材料在柞蚕丝功能改性中的应用	路艳华　林　杰　著	38.00
毛巾类家用纺织品的设计与生产	刘付仁　张康虎	29.00
针刺法非织造布工艺技术与质量控制	冯学本	30.00
HXFA299型精梳机的生产与工艺	周金冠	20.00
纺织品循环加工及其再利用	[美]王佑江	35.00
运动用纺织品	(瑞典)斯索	45.00
纺织纤维鉴别手册(第3版)	李青山	26.00
纱线形成与技术	刘国涛	38.00
横机羊毛衫生产工艺设计(第2版)	杨荣贤	38.00
经编工艺设计与质量控制	许期颐　陆　明	28.00
梳理针布的工艺特性、制造和使用	费　青	45.00
现代准备与织造工艺	郭兴峰	32.00
绒毛织物设计与生产	盛明善　陈雪珍	38.00
紧密纺技术	李济群　瞿彩莲	26.00
新型纺纱	刘国涛　谢春萍　徐伯俊	18.00
转杯纺实用技术	马克永	26.00
现代精梳生产工艺与技术	周金冠	22.00
转杯纺系统生产技术	汤龙世	35.00
喷气织机引纬原理与工艺	张平国	30.00
GA308型浆纱机的原理与使用	汤其伟	18.00
喷水织造实用技术300问	裴愉发　吕　波	35.00
喷水织造实用技术	裴愉发	38.00
新型纺织测试仪器使用手册	慎仁安	50.00
新型织造设备与工艺	毛新华	18.00
新型浆纱设备与工艺	萧汉滨	42.00
织造质量控制	郭　嫣　王绍斌	25.00
亚麻生物化学加工与染整	史加强	25.00
喷气织机使用疑难问题	张俊康	16.00
纺织新材料及其识别	邢声远	27.00
棉纺质量控制	徐少范	25.00
提花织物的设计与工艺	翁越飞	30.00

注:若本书目中的价格与成书价格不同,则以成书价格为准。中国纺织出版社图书营销中心销售电话:

(010)87155894。或登陆我们的网站查询最新书目:

中国纺织出版社网址:www.c－textilep.com

中国国际贸易促进委员会纺织行业分会

  中国国际贸易促进委员会纺织行业分会成立于 1988 年,成立十多年来,致力于促进中国和世界各国(地区)纺织服装业的贸易往来和经济技术合作,立足为纺织行业服务,为企业服务,以我们高质量的工作促进纺织行业的不断发展。

➤ 简况

◆ **每年举办(或参与)约 20 个国际展览会**
涵盖纺织服装完整产业链,在中国北京、上海和美国、欧洲、俄罗斯、东南亚、日本等地举办
◆ **广泛的国际联络网**
与全球近百家纺织服装界的协会和贸易商会保持联络
◆ **业内外会员单位 2000 多家**
涵盖纺织服装全行业,以外向型企业为主
◆ **纺织贸促网www. ccpittex. com**
中英文,内容专业、全面,与几十家业内外网络链接
◆ **《纺织贸促》月刊**
已创刊十六年,内容以经贸信息、协助企业开拓市场为主线
◆ **中国纺织法律服务网www. cntextilelaw. com**
专业、高质量的服务

➤ 业务项目概览

◆ 中国国际纺织机械展览会暨 ITMA 亚洲展览会(每两年一届)
◆ 中国国际纺织面料及辅料博览会(每年分春夏、秋冬两届,分别在北京、上海举办)
◆ 中国国际家用纺织品及辅料博览会(每年分春夏、秋冬两届,均在上海举办)
◆ 中国国际服装服饰博览会(每年举办一届)
◆ 中国国际产业用纺织品及非织造布展览会(每两年一届,逢双数年举办)
◆ 中国国际纺织纱线展览会(每年分春夏、秋冬两届,分别在北京、上海举办)
◆ 中国国际针织博览会(每年举办一届)
◆ 深圳国际纺织面料及辅料博览会(每年举办一届)
◆ 美国 TEXWORLD 服装面料展(TEXWORLD USA)暨中国纺织品服装贸易展览会(面料)(每年 7 月在美国纽约举办)
◆ 纽约国际服装采购展(APP)暨中国纺织品服装贸易展览会(服装)(每年 7 月在美国纽约举办)
◆ 纽约国际家纺展(HTFSE)暨中国纺织品服装贸易展览会(家纺)(每年 7 月在美国纽约举办)
◆ 中国纺织品服装贸易展览会(巴黎)(每年 9 月在巴黎举办)
◆ 组织中国服装企业到美国、日本、欧洲及亚洲等其他地区参加各种展览会
◆ 组织纺织服装行业的各种国际会议、研讨会
◆ 纺织服装业国际贸易和投资环境研究、信息咨询服务
◆ 纺织服装业法律服务

更多相关信息请点击**纺织贸促网** www. ccpittex. com